Wolfgang Hingst

Grundlinien
für ein
neues Weltbild

Weltgeschichte 1

Gewidmet meinen sieben Enkelsöhnen Kai, Arthur, Constantin, Julius, Richard, Kent und Santo

Druck und Vertrieb im Auftrag der Autorin/des Autors:
Buchschmiede von Dataform Media GmbH, Wien
www.buchschmiede.at

ISBN: 978-3-99057-764-6 (Paperback)

Printed in Austria

Inhalt

Das Schönste, das wir erleben können, ist das Geheimnisvolle. Es ist das Grundgefühl, das an der Wiege von wahrer Kunst und Wissenschaft steht.
Albert Einstein, Mein Weltbild

Einleitung

Das Universum ist paradox und quantenverrückt. Es funktio= niert nach dem Schlüssel-Schloss-Prinzip und zeigt als Grundform die Spirale, die spiegelt, wie aus Chaos Ordnung hervorgeht. Das All ist ein Phänomen, das vor allem den Prinzipien der Mathematik gehorcht. Die Konsequenzen für eine neue Sicht auf die Weltgeschichte, für die Grundlinien eines neuen Weltbildes sind atemberaubend. Sie werfen mehr Fragen auf, als sie Antworten geben.

Sein Leben lang sucht man nach dem einzigen einfachen, wahren, wahrhaftigen, wirklichen Satz. Endlich glaubt man, ihn gefunden zu haben. Das Weltall ist Mathematik, reine Geometrie. Der Sinn existiert. Doch am Ende rinnt einem der Sand durch die Finger, wird alles komplex und undurchsichtig, so dass wir bekennen müssen, dass wir nicht wissen können. Gebunden an eine beachtliche Hirnstruktur, mit der Ge= schichte, selbstreflektierend, nur in ihrem eigenen System erkannt werden kann, sind wir nicht im Besitz der Wahrheit, von der Galilei mit Recht behauptete, dass es nur eine einzige gebe. Logischerweise.

Die knifflige Frage lautet: Wo sind die Beweise? Und dann wird es schwierig. Wo ist der Sinn in einer Welt, in der alles sich zu spießen scheint, in der alles Sowohl-als-auch ist, dualistisch, gut und böse, hässlich und schön. Bei all dem Schmutz existiert gleichzeitig auch die Schönheit in der Natur, der Trost der Musik und der Kunst, die Eleganz, der Witz. Mathematische Klarheit? Sicher, aber zum größten Teil unverständlich selbst für Insider. Warum ist überhaupt etwas und nicht nichts? Die Grundfrage der Menschheit ist bis heute unbeantwortet.

Auch die Quantenphysik hat das nicht ändern können. Slavoj Žižek, der marxistische Philosoph aus Ljubljana, schreibt in seinem monumentalen Buch (1408 Seiten) „Weniger als Nichts": „Alles, was erscheint, erscheint letztlich aus dem Nichts - oder, um es in den Begriffen der Quantenphysik auszudrücken: Alle Entitäten gehen aus den Quanten= schwankungen der Leere hervor." (Žižek, 2012:58) Žižek hat die Frage sogar umgedreht: „Für einen echten Dialektiker ist das wahre Rätsel nicht die Frage ‚Warum gibt es etwas und nicht nichts?', sondern ‚Warum gibt es nichts und nicht etwas?' Oder anders gefragt: Wie kommt es, dass wir immer mehr Leere finden, je genauer wir die Realität untersuchen?"

(Žižek, 2012:1257) Die Dialektik, so Žižek, hänge eng mit der Sprache zusammen. Durch eine Bejahung etwa verorte man „dieses Etwas vor dem Hintergrund seines möglichen Verschwindens, oder, um Parmenides zu paraphrasieren: Denken/Sprechen und Nichtsein sind dasselbe". Das Reale selbst sei eben „nichts als eine Leere".

In enger Beziehung zur Leere sieht Žižek das Nirwanaprinzip, das Streben nach Auflösung jeglicher Spannung, die Sehn= sucht nach einer Rückkehr zurm ursprünglichen Nichts. Das Nirwanaprinzip stehe dem Lustprinzip nicht entgegen, sondern sei sein höchster und radikalster Ausdruck. Im buddhistischen Nirwana dreht sich das Rad des Verlangens zwar weiter, aber der Erleuchtete ist ihm entzogen, nicht mehr darin gefangen. (Žižek, 2012:186) In diesem Nirvana nimmt man die Leere existenziell an. Im Zen-Buddhismus erreicht der Adept in der Erleuchtung einen Punkt, an dem es weder Nichts noch Etwas gibt - die Freiheit.

Der japanische Zen-Meister Shunryu Suzuki ersucht uns in seinem Buch „Zen-Geist – Anfänger-Geist" höflich, alle vorge= fassten Meinungen zu vergessen: „Für die meisten Leute existiert alles; sie glauben, was sie auch sehen und was sie auch hören, existiert." Genau das ist aber nach Suzuki nicht so - oder, nach einem geflügelten Wort von ihm, zumindest „nicht immer so". Das Verständnis des Buddhisten vom Leben schließt Existenz und Nichtexistenz ein. „Der Vogel existiert und existiert nicht, zur gleichen Zeit.“ (Suzuki, 1990:117f.) Das erinnert sehr heftig an Schrödingers Katze. (Siehe Kapitel „Schrödingers Katze: tot und lebendig zugleich“)

Sehr witzig ist auch der Vergleich Žižeks zwischen Buddhis= mus und der Hegelschen Dialektik beziehungsweise dem dialektischen Materialismus: „Der Buddhismus bietet eine radikale Antwort auf *die* Frage: Warum gibt es etwas und nicht nichts? Es *gibt* nur das Nichts, nichts ‚existiert wirklich', alle ‚Etwasse', alle bestimmten Entitäten entstehen ausschließlich aus einer subjektiven perspektivischen Täuschung. Der dialektische Materialismus geht hier einen Schritt weiter: *Sogar das Nichts existiert nicht* – wenn wir unter dem ‚Nichts' den Urabgrund verstehen, in dem alle Differenzen ausgelöscht werden. Was es letztlich ‚gibt', ist nur die absolute Differenz, die sich von sich selbst abstoßende Lücke.“ (Žižek, 2012:520)

Ende 2015 fand in Oxford eine internationale Mathematiker-Konferenz statt. Thema: Beweis der abc-Vermutung durch den Japaner Shinichi Mochizuki auf mehr als 500 Seiten. Problem: Niemand versteht den Beweis. „Einer der Leser dachte, das Papier komme aus der Zukunft oder den Tiefen des Alls“ (Dworschak, 2015) Fazit aus der „Todeszone der Mathema= tik“: „Die Hexenmeister der Zahlen verstehen ihr eigenes Fach nicht mehr.“ Die abc-Vermutung wurde 1985 von Joseph Oesterlé und David Masser angestellt. Dabei geht es um den gemeinsamen Inhalt an Primfaktoren von Tripeln zueinander teilfremder natürlicher Zahlen, bei denen die dritte die Summe der beiden anderen ist.

Die Beweise der Physik? Landen am Ende in der Verrücktheit. Ein Teilchen kann sowohl da wie dort sein, sowohl Quant wie Welle. Die Physiker nennen dieses Paradox Welle-Teilchen-Dualismus. Es gibt möglicherweise unendlich viele Welten, die aus dem Nichts entstanden – oder immer schon da waren. Die Generalformel für alles Seiende ist nicht in Sicht. Die Gravita= tion entzieht sich, sträubt sich gegen die Einordnung.

Der Welle-Teilchen-Dualismus des Lichts führt übrigens in die Welt der unauflösbaren Widersprüche – solange man nicht begreift, dass es nicht immer ein Entweder-Oder gibt, sondern ein untrennbar Beides. Das Licht, so der der an der Universität Cambridge lehrende Naturwissenschaftler Brian Clegg, ist weder das eine noch das andere – „es ist einfach nur Licht" (Clegg, 2012:219) Die Quantenphysik sagt: „Eine Welle existiert nicht wirklich, sie ist vielmehr eine Eigenschaft oder ein Ereignis, das an etwas Existierendem auftritt." (Žižek, 2012:1262) Ein Geheimnis bleibe freilich, so Žižek, „nämlich das des sprichwörtlichen Sandkörnchens, das aus einzelnen Sandkörnern einen Haufen macht, der sich wie eine Welle verhält".

So bleibt am Ende der Versuch, sich der Kompliziertheit, der Nicht-Einfachkeit zu stellen, das Unverständliche einzu=

kreisen, doch das Unmögliche zu wagen: Eine Weltformel in ihren Grundlagen wenigstens anzudeuten – und zuzugeben, dass niemand die Wahrheit gepachtet hat. Dafür ist wieder die Spirale das Urbild, nach dem, einem inneren Impuls folgend, die meisten Galaxien geformt sind: Mit einem Fuß im Chaos, mit dem anderen in der Ordnung. Immerhin gibt es auch kugelförmige Galaxien. Und dazwischen Zwischenraum, um durchzuschaun.

Objektivität ist in der Geschichte (wie auch sonst) unerreich= bar. Es gilt die historische Relativitätstheorie. Objektivitäts= gebote sind so papieren wie im Journalismus. Alles hängt vom Betrachter ab - im Fall der Medien von den Eigentümern und ihren Geldgebern. Was bleibt, ist der Anspruch auf Wahrheit, untermauert durch Sachlichkeit und Recherche, ein Anspruch, der höchstens mit an Sicherheit grenzender Wahrschein= lichkeit zu erfüllen ist. (Siehe Kapitel „Eine Quantentheorie der Geschichte")

Außerdem spielt mitunter der Größenwahn herein. Es ist der Größenwahn der großen Zahl. Die Realität ist aber so nicht fassbar. Ähnlich verhält es sich in der Kosmologie. Die Di= mensionen sind dem Menschen, diesem Abkömmling eines den Menschenaffen sehr ähnlichen Wesens, als Konkretes verschlossen. Schon die Entfernungen in unserem Sonnen= system sind nicht vorstellbar. Die Weltraumsonde Pioneer 10, gestartet am 3. März 1972, hat 30 Jahre gebraucht, um seinen

Rand zu erreichen und das Schwerefeld der Sonne zu verlassen – bei einer Geschwindigkeit von 132.000 Stunden=kilometern.

Nur in Lichtjahren (siehe Kapitel „Wir bestehen aus Sternen=staub") sind die Distanzen im Weltall zu erfassen, in dem sich mehr als hundert Milliarden Galaxien befinden. Unsere Galaxie hat einen Durchmesser von 100.000 bis 120.000 Lichtjahren. Unsere Balkenspiralgalaxie beherbergt zwischen 100 und 300 Milliarden Sterne ähnlich unserer Sonne. Um das Unvorstellbare komplett zu machen: Unser Universum hat einen Durchmesser von 45 Milliarden Lichtjahren. Sein Alter reicht an die 13,8 Milliarden Jahre. (Siehe Kapitel „Expansion")

Beschränkung ist ebenso angesagt wie Zurückhaltung. Keine Vorspiegelung einer möchtegernallwissenden Instanz, die über Unfassliches schreibt: über Geschichte. Es gibt keinen Archimedischen Punkt außerhalb der Geschichte. Sie ist eine Aneinanderreihung von Einmaligkeiten, von Quantensprüngen auch. Es gibt keine allgemeinen Gesetze, die man aus einer Kette von Einzelereignissen subsummieren kann.

Bisher haben sich nur wenige Historiker an das Projekt Weltgeschichte herangewagt, unter ihnen der Schweizer Kultur- und Kunsthistoriker Jacob Burckhardt (1818 – 1897) in seinen „Weltgeschichtlichen Betrachtungen". Das Gebirgs=massiv, vor dem ein Wagemutiger steht, der eine Weltge=

schichte schreibt, hat schon Burckhardt eindringlich be= schrieben: „Und nun vollends der Polyhistor, der nach der heutigen Fassung des Begriffs eigentlich alles studieren müsste! Denn alles ist Quelle, nicht bloß die Historiker, sondern die ganze Literatur- und Denkmälerwelt, ja letztere ist für die ältesten Zeiten die einzige Quelle. Alles irgendwie Überlieferte hängt irgendwie mit dem Geiste und seinen Wandlungen zusammen und ist Kunde und Ausdruck davon." (Burckhardt, 1955)

Ein solcher Bezug scheint heute vermessen, ja anachro= nistisch – und ist dennoch das genaue Gegenteil, nämlich ein höchst aktueller Dienst an der Menschheit. Denn in einer Welt der totalen Spezialisierung in allen Bereichen ist es unbedingt notwendig, das Ganze nicht aus den Augen zu verlieren und zumindest den Versuch zu wagen, aus allen möglichen Blickwinkeln zu beschreiben, was die Welt im Innersten zusammenhält. Ein faustisches Anliegen, das Faust in der Nacht heraufbeschwört, nachdem er bekannt hat, dass er sich der Magie ergeben, hoffend, „Daß ich nicht mehr mit saurem Schweiß/Zu sagen brauche, was ich nicht weiß;/Daß ich erkenne, was die Welt im Innersten zusammenhält,/Schau' alle Wirkenskraft und Samen..." (Faust 1, 380ff.)

Das Unmögliche wagen, weil man wissen will, ob es wirklich unmöglich ist. George Mallory, der 1924 mit seinem Freund Andrew Irvine am Mount Everest beim Versuch der

Erstbesteigung ums Leben kam – seine sterblichen Überreste wurden erst 1999 gefunden – antwortete auf die Frage, warum er denn den Everest besteigen wolle: „Einfach weil er da ist."

Die „Weltgeschichte" von Burckhardt ist ein Juwel der Geschichtsschreibung, auch wenn darin aus heutiger Sicht haarsträubende Sätze stehen wie der von der „wahren Erneuerung des Lebens" (Burckhardt, 1955:164) durch den Krieg. Burckhardt war eben ganz ein Kind (ein konservatives dazu) seiner Zeit, des 19. und beginnenden 20. Jahrhunderts, in dem der Krieg heroisiert wurde. Man denke nur an Ernst Jüngers Buch „In Stahlgewittern", dessen Fundament seine Kriegstagebücher im Ersten Weltkrieg sind. Aber von den schmutzigen Vernichtungskriegen des 20. Jahrhunderts - Kriege waren in der gesamten Geschichte der Zivilisationen immer schmutzig - tauchte vor Burckhardts prophetischen Auge schon eine Ahnung auf. Fast ein halbes Jahrhundert vor dem Ersten Weltkrieg sagte er in den „Weltgeschichtlichen Betrachtungen: „Drohend aber steht die Verflechtung der gegenwärtigen Krisis mit gewaltigen Völkerkriegen in Aussicht."

Die „Weltgeschichtlichen Betrachtungen" wurden erst 1905 von seinem Schwestersohn Jokob Oeri posthum heraus=gegeben und basierten auf einem Vorlesungskonzept, das Burckhardt in den Jahren 1868 bis 1870 verfasste und nach dem er frei vorgetragen hat – kurz nach Königgrätz.

Heute kommt zur Tradition des „Polyhistors“ noch eine erdrückende Last hinzu: die totale Informationsüberflutung (die aber auch ihr Gutes hat). Ungeheuer sind die Möglichkeiten des Wissens, unüberschaubar die Wissensgebiete und Disziplinen. Da wirkt es fast vermessen, auch nur einen Überblick zu wagen. Dennoch: Wir brauchen diese Schneisen im Dschungel, um ein wenig über den Tellerrand zu schauen und nicht im Chaos zu versinken. Auch Jacob Burckhardt hat in seinen Vorlesungen, die dann als Buch erschienen, keine enzyklopädische Weltgeschichte im Auge gehabt, sondern eine Geschichte ihrer Bewegungsvektoren und Grundlagen: Kultur, Staat und Religion und die Stellung des Individuums in diesen Spannungsfeldern. Das unterscheidet seinen Ansatz gänzlich etwa von dem des britischen Autors H. G. Wells (Herbert George Wells, 1866-1946), der in seiner „Geschichte unserer Welt“ die historische Entwicklung von den Anfängen an zu überblicken versuchte. Das Buch ist im Original unter dem Titel „A Short History of the World“ 1922 erstmals erschienen, in deutscher Übersetzung bei Paul Zsolnay 1926. (Ich habe die Ausgabe aus dem Jahr 1932 verwendet.) Sein historischer Bogen endet logischerweise nach dem Ersten Weltkrieg.

Wells war Historiker, Soziologe und Science-Fiction-Pionier (The Time Machine, 1895, The War of der Worlds, 1898). Er publizierte Romane, Novellen und Sachbücher. Im englischen Sprachraum ist er nach wie vor populär. Wells war ein unglaublich fleißiger und vielseitiger Autor. Unter der Flut seiner Sachbücher fallen mehrere Arbeiten zur Weltgeschichte auf.

Mit einem Stipendium studierte Wells an der „Normal School of Science“ in South Physik, Chemie, Geologie, Astronomie und Biologie. Vor allem der Biologe Thomas Henry Huxley, ein Darwinist, übte starken Einfluss auf ihn aus. Von ihm übernahm Wells die kritischen Ansichten zum Christentum und die Auffassung, dass der Mensch als eine Art weiterentwickelter Affe im Evolutionsprozess tendenziell unmoralisch sei und stets eher zur eigenen Zerstörung als zum Fortschritt neige.

1887 kam Wells durch George Bernard Shaw zur Fabian Society, eine intellektuelle sozialistische Bewegung, deren Repräsentanten um 1900 auch an der Gründung der Sozialistischen Partei in Österreich beteiligt waren. In der Folge wurde Wells auch engagiertes Mitglied der neu gegründeten Labour Party. Trotz seiner linksgerichteten politischen Einstellung war Wells ein Anhänger der Eugenik und ein ziemlicher Rassist. In „Die Geschichte unserer Welt“ trägt ein Kapitel die Überschrift „Affen und Untermenschen“, wobei er mit Untermenschen Neandertaler und andere Menschen der Altsteinzeit meinte. Wells verstieg sich zu der Behauptung, Kinder aus Mischehen von Schwarzafrikanern und Weißen seien „hässlich, kränklich und wenig lebendig“: „ugly, sickly and rarely live“. (zitiert nach Levy, Peart, 2002)

Zu den wenigen, die sich angesichts der Unermesslichkeit des Themas an eine „Weltgeschichte“ herangewagt haben, gehört auch der Althistoriker, Kulturwissenschaftler und Universi= tätsprofessor Alexander Demandt, der 2007 eine „Kleine Weltgeschichte“ vorlegte, die in ihrer Komprimiertheit zeigt, welchen Weg wir seit dem Erwachen der Menschheit zurückgelegt haben.

Die Sphinx im Archäologischen Museum von Delphi (um 560 vor Christus) ist eine Schimäre aus einem geflügelten Löwenkörper mit einem Mädchenkopf. Ihr Vorbild, das auf einem Felsen nahe Delphi hauste, stürzte jeden vorbeikommenden Wanderer, der ihr Rätsel nicht beantworten konnte, in den Abgrund. Ihre Frage war: Was ist am Morgen vierfüßig, zu Mittag zweifüßig und am Abend dreifüßig. Niemand konnte sie beantworten, bis Ödipus kam, der Sohn des Laios, des Königs von Theben. Der wusste die richtige Antwort: Der Mensch. Da stürzte sich die Sphinx selbst in die Tiefe. Der Todesdämon triumphiert nur, solange die Un= wissenheit des Menschen über sich selbst existiert.

Aus dieser berühmten Geschichte des klassischen Altertums erkennen wir unser sich ständig wiederholendes Schicksal der Ausgesetztheit, damals wie heute. Laios hatte seinen Sohn aussetzen lassen, weil das Delphische Orakel ihm prophezeit hatte, er werde von seinem eigenen Sohn ermordet. Doch korinthische Hirten finden ihn, ziehen ihn auf, geben ihm den Namen Ödipus – „Schwellfuß“ – weil ihm sein lieber Vater vor dem Aussetzen noch sicherheitshalber die Knöchel durchbohren ließ. Herangewachsen, begibt er sich auf der Suche nach Vater und Mutter ratsuchend zum Orakel nach Delphi und das Schicksal nimmt seinen Lauf... Wissen wir heute schon mehr über uns selbst als Ödipus?

Das Hauptaugenmerk der vorliegenden Arbeit liegt in dem Versuch, die Welt zu verstehen. Dazu gehören in erster Linie auch Physik, Chemie und Biologie. Der Autor sieht sie von seinem archimedischen Punkt aus, der Geschichtswissen=schaft. Das wichtigste ist doch ein Weltbild – und das sollte möglichst reichhaltig und ästhetisch sein. Das Ausschlag=gebende ist die Schönheit.

Das vorliegende Buch verdankt wichtige Anregungen dem Physiker und Autor Michael Springer und seinem Aufsatz „Die Wirklichkeit der Natur“ für das Magazin „Spektrum der Wissenschaft“ und dem Schriftsteller Michael Scharang. Sehr wertvoll waren auch die wissenden Hinweise von Johannes Königshausen in Würzburg. Ich danke meiner Frau und allen, die mir hilfreich zur Seite standen, für ihre Geduld und Unterstützung.

Wie alles begann

Im Anfang war das Nichts

Um es gleich vorweg zu nehmen: Vom Nichts als Anfang steht in der Bibel nichts. Im Gegenteil: Der erste Satz der Genesis lautet: „Im Anfang schuf Gott Himmel und Erde." Im Anfang war also nicht das Nichts, sondern Gott. Woraus er das Universum schuf, wird nicht erwähnt. Das ist der Ansatz der Religion. Das Nichts hat der Mensch an den Anfang gesetzt – mit einer spitzfindigen Begründung. Der gewiefte Kirchenmann Augustinus, Bischof von Hippo in Numidien, hat erklärt: Die göttliche Schöpfung könne nur aus dem Nichts erfolgt sein, denn alles andere wäre keine Schöpfung, sondern nur eine Umwandlung eines bereits Bestehenden.

Der britische Astrophysiker Stephen Hawking – er versucht gerade mit dem russischen Milliardär Juri Milner mit einer Armee von winzigen Raumschiffen das Sternensystem Alpha Centauri (siehe Kapitel „Wie das Leben entstand") nach außerirdischem Leben zu untersuchen - hat den Schub, aus dem das Universum entstand, mit der immer noch mysteriösesten aller Naturkräfte gleichgesetzt – der Gravitation: „Da es ein Gesetz wie das der Gravitation gibt, kann und wird sich das Universum ... aus dem Nichts erzeugen.“ (Hawking, Mlodinow, 2010:176f.; zit. nach Žižek, 2012:1279)

Der erste Ansatz, die Entstehung des Universums aus dem Nichts ließe sich wissenschaftlich begründen, stammte von dem US-amerikanischen US-amerikanischen Physiker Edward Tryon, der die Idee 1973 in seinem Aufsatz „Is the Universe a Vacuum Fluctuation?” publizierte. (Tryon, 1973:396f.) Tryon unterbreitete der verblüfften Öffentlichtkeit darin den Vorschlag, dass in ganz seltenen Fällen auch ein ganzes Universum (inklusive unser eigenes) aus dem Vakuum (dem Nichts) hervorgehen könne. Seine Arbeit wurde zunächst für zu spekulativ gehalten, bis sich allmählich der Gedanke durchsetzte, dass da was dran sei. „Bei Tryons Ansatz entsteht das Universum aus dem Vakuum oder, wie man auch sagen könnte, aus dem leeren Raum.

Folgt man der Quantentheorie, dann ist das augenscheinlich ruhige Vakuum keineswegs leer, denn im subatomaren Bereich herrscht ein permanentes Gewitter, und es brodelt vor Aktivität. So kann es beispielsweise vorkommen, dass ein Elektron und sein Antiteilchen, das Positron, aus dem Vakuum entstehen, für sehr kurze Zeit existieren und sich dann wieder ins Nichts auflösen. Solche Vakuumfluktuationen lassen sich nicht direkt beobachten, da sie typischerweise nur 10^{-21} Sekunden lang anhalten und der Abstand wischen dem Elektron und dem Positron maximal 10^{-10} Zentimeter beträgt." (Guth, 2002:432; 10^{-21} = eine Trilliardstel Sekunde)

Der US-Physiker Alan Guth hat dazu angemerkt, dass die Physiker heutzutage mit Hilfe indirekter Methoden nun „fest davon überzeugt" seien, dass diese Fluktuationen real sind. Guth hat 1981 das Modell eines inflationären Universums entwickelt (Guth, 1981:347-356) und erklärt, dass die Lebensdauer einer Fluktuation von der beteiligten Masse abhängt. Sie sei umso kürzer, je größer die Masse ist. Wie kommt es dann zu einer Lebensdauer von rund 13,8 Milliarden Jahren wie im Fall unseres Universums? Ganz einfach: Die entsprechende Masse dürfe nicht mehr als 10^{-65} Gramm betragen, ein Betrag, der 10^{38} mal kleiner ist als die Elektronenmasse! (Guth, 2002:433)

Wenn unser Universum aus dem leeren Raum entstanden ist, wie kommt dann der leere Raum zustande? Der besitzt keine Masse, keine Farbe, keine Struktur, keine Festigkeit, keine Temperatur. Mit einem Wort, man kann ihn nicht „begreifen". In unserer alltäglichen Erfahrung neigen wir dazu, den leeren Raum mit dem „Nichts" gleichzusetzen, aber Alan Guth hält dem entgegen: „Aus der Sicht der Allgemeinen Relativitätstheorie stellt der leere Raum in unzweideutiger Weise *etwas* dar. Dort bildet der Raum nicht einfach einen passiven Hintergrund, sondern er wird zu einem flexiblen Medium, das sich krümmen, verdrehen und verbiegen kann. Durch die Krümmung des Raums wird ein Gravitationsfeld beschrieben. Von diesem Standpunkt aus betrachtet scheint der Vorschlag, das Universum sei aus einem leeren Raum entstanden, nicht grundsätzlich verschieden zu sein von dem Vorschlag, das Universum sei aus einem Stück Gummi hervorgegangen. Das mag zwar richtig sein, aber man fragt sich immer noch, wo das Stück Gummi herkommt." (Guth, 2002:434) Festzuhalten ist: Der Raum hat keine starre Geometrie. Er ist verformbar, plastisch.

1982 hat dann der russischstämmige Physiker Alexander Vilenkin (siehe Kapitel „Kosmische Hintergrundstrahlung") eine Erweiterung von Tryons Ansatz vorgeschlagen: das Universum sei durch Quantenprozesse aus „buchstäblich *Nichts*" hervorgegangen, eine Formulierung, mit der er nicht nur die Abwesenheit von Materie, sondern auch die Abwesenheit von Raum und Zeit verband. (Guth, 2002:435) Vilenkin konnte zeigen, dass sich der Begriff des absoluten Nichts wenigstens mathematisch widerspruchsfrei definieren lässt. Ein fundamentaler Punkt. Alan Guth schreibt: „Nimmt man all dies zusammen, so kann man sich vorstellen, dass das Universum im Zustand der absolut leeren Geometrie begann und dann in Form eines quantenmechanischen Tunnelprozesses einen Übergang zu einem nichtleeren Raum machte."

Als Tryon seine These entwickelte, war die Inflation noch unbekannt. Vilenkin konnte schon darauf zurückgreifen. Während Tryon sich mit der Frage herumschlagen musste, ob eine Quantenfluktuation auf der kosmischen Skala überhaupt vorstelltbar wäre, konnte Vilenkin sich schon auf den Inflationsmechanismus berufen, den 1981 Alan Guth in den Mittelpunkt des Geschehens gerückt hatte. (Siehe Kapitel „Expansion").

Lange dachte man, zwischen den etwa 100 Milliarden Gala= xien mit ihren jeweils 100 Milliarden Sternen im All sei „nichts". Vom Standpunkt der Physik aus ist das Nichts das absolute Vakuum. Genau an diesem Punkt beginnen die Widersprüche, die allem, was wir historisch betrachten, immanent sind, Widersprüche, die mit den Begriffen, in der Sprache und ihrer Interpretation beginnen und enden. Widersprüche, die tief in der Physik und der Sprache wurzeln.

Der US-amerikanische Kosmologe Lawrence M. Krauss präzisiert, nachdem er erörtert, dass das Nichts der „leere Raum" sei: „Mit Nichts meine ich nicht nichts, sondern vielmehr die Abwesenheit von Materie, jenes Nichts, das wir normalerweise leeren Raum nennen." (Krauss, 2013:198, 88) Das Vakuum ist demnach also die Leere. Physiker in der Gegenwart stellten fest, dass dieses Nichts vollgefüllt ist mit Energie, virtuellen Teilchen und Anti-Teilchen. Was ist das: virtuell? Ein Teilchen heißt virtuell, wenn es nicht direkt beobachtet werden kann, weil seine Energie nur für äußerst kurze Zeit existiert. Die Energie, die geborgt werden muss, errechnet sich nach Einsteins berühmter Formel $E = mc^2$. Nach der Quantenfeldheorie kann man sich den virtuellen Zustand eines Teilchens als einen kurzlebigen Zwischen=zustand vorstellen, der während einer Wechselwirkung zweier Teilchen auftritt, die sich in „normalen“, also reellen Zuständen befinden. So werden etwa in der elektromagnetischen Wech=selwirkung zwei Elektronen in reellen Zuständen durch ein virtuelles Photon vermittelt. Das virtuelle Teilchen stellt als Austauschteilchen diese Wechselwirkung eigentlich erst her, ist aber im virtuellen Zustand nach außen niemals sichtbar. Virtuelle Teilchen besitzen auch keine definierte Masse. Nach Krauss können virtuelle Teilchen „spontan aus dem Nichts erscheinen, solange sie anschließend in immer kürzeren Zeitabschnitten wieder verschwinden“ Ihre Lebensdauer ist kürzer als die Planck-Zeit von $5{,}391.10^{-44}$ Sekunden.

Lawrence Maxwell Krauss, geboren 1954 in New York City, ist ein US-amerikanischer theoretischer Physiker, der sich insbesondere mit Kosmologie beschäftigt. Seit 2008 ist er Professor an der Arizona State University. Er ist auch Direktor der „Origins Initiative“, einem Zentrum, das sich interdisziplinär mit den Ursprüngen des Kosmos, des Menschen, des Bewusstseins und der Kultur beschäftigt. Er ist in den USA weithin durch landesweite öffentliche Vorträge zur Popularisierung der Naturwissenschaften bekannt und beteiligt sich aktiv im Kampf gegen den Kreationismus, dem die meisten Evangelikalen anhängen.

Die Energie des leeren Raumes, die mit der kosmologischen Konstante zusammenhängt, wurde zuerst 1967 vom russischen Kosmologen Jakow Seldowitsch postuliert. Sie gehört nach Krauss zu den „tiefsten ungelösten Grund= satzproblemen der heutigen Physik". Aufgrund von Symmetrien in der Natur könnten die Physiker oft zeigen, so Krauss, dass es exakt gleiche, entgegengesetzte Beiträge gebe: Sie heben einander auf und lassen exakt nichts übrig. Oder noch einmal, das Nichts". (Krauss, 2013:104ff.)

Auch Philosophen nähern sich auf leisen Sohlen dem Nichts. Žižek sagt: „Es gibt etwas und nicht nichts, nicht weil die Realität mehr wäre als das bloße Nichts, sondern weil sie *weniger ist als nichts*. Die Realität braucht die Ergänzung durch die Fiktion, um diese ihre Leere zu verbergen. (Žižek, 2014:15) Slavoj Žižek hat im Gefolge von Galileis berühmtem, angeblich nach dem Abschwören seiner Lehre (seiner Existenz) vor der Inquisition geäußerten Satz „Eppur si muove" („Und sie bewegt sich doch") und der Hegelschen Philosophie das Nichts zum Gegenstand seines Denkens gemacht - wie auch Hegel selbst. „Eppur si muove" bezog sich auf die Erde, die sich die Kirche als unbeweglichen, von Gott geschaffenen Mittelpunkt des Universums dachte.

Zeitgenossen, die zweifeln, ob das Nichts eine zentrale Bedeutung hat, sollten den alten Laotse (4. Jahrhundert v. Chr.) aufschlagen. Er hat in seinem unsterblichen Buch vom Sinn und Leben, dem Taoteking (Laotse, 1957:51), über die zentrale Bedeutung des Nichts geschrieben:

Dreißig Speichen umgeben eine Nabe: In ihrem Nichts besteht des Wagens Werk.
Man höhlt Ton und bildet ihn zu Töpfen:
In ihrem Nichts besteht der Töpfe Werk.
Man gräbt Türen und Fenster, damit die Kammer werde:
In ihrem Nichts besteht der Kammer Werk.
Darum: Was ist, dient zum Besitz.
Was nicht ist, dient zum Werk.

Beim Graben von Türen und Fenstern muss Laotse an die in den Löss hineingebauten Häuser am Gelben Fluss gedacht haben. Wie man sieht: Nichts ist doch etwas und darin liegt der Sinn. Ist also das Nichts der Sinn, von dem Laotse sagt: „Der Sinn, der sich aussprechen lässt, ist nicht der ewige Sinn“? Das erinnert an Satz 7 in Ludwig Wittgensteins „Tractatus logico-philosophicus“: "Wovon man nicht sprechen kann, darüber muß man schweigen."

In der Philosophie war das Nichts lange Zeit der bloße Gegensatz zum Seienden, bis Friedrich Hegel in seiner „Wissenschaft der Logik“ Sein und Nichtsein, Sein und Nichts als spiegelbildliche Abstraktion definierte. Zunächst sagt er: „*Das Absolute ist das Sein.*" (§ 86). Daraus leitet er ab: „Dieses reine Sein ist nun die *reine Abstraktion*, damit das *Absolut-Negative*, welches, gleichfalls unmittelbar genommen, das *Nichts* ist.... Es folgt hieraus die zweite Definition des Absoluten, daß es das *Nichts* ist." (§ 87) (Hegel, 11:108f) Heißt: Das Sein und das Nichts sind ein und dasselbe.

Folgerichtig schreibt Žižek: „Es gibt keine Spannung zwischen Sein und Nichts, die den unaufhörlichen Übergang des einen in das andere erzeugen würde; an sich selbst, vor der eigentlichen Dialektik, sind das Sein und das Nichts direkt und unmittelbar gleich, sie sind ununterscheidbar." (Žižek, 2012:316)

Platon hat in seinem „Parmenides" (1958:80f., Bd. IV, 144 a-e) seiner Seinsphilosophie die Eins zugrundegelegt, wobei die Eins gleichzeitig das Sein und die Zahl begründet und umgekehrt auch das Sein die Eins und die Zahl: „Wenn also Eins ist, so ist notwendig auch Zahl... Und wenn Zahl ist, so ist auch Vieles und eine unendliche Menge Seiendes... Jedem einzelnen Teile des Seins wohnt also das Eins bei...Weder das Seiende verlässt das Eins noch das Eins das Seiende." Am Ende des „Parmenides" kommt Platon zu einer „unheimlichen Hypothese", wie Žižek es genannt hat: „Wenn Eins nicht ist, so ist überhaupt gar nichts." (Parmenides, 165 e, siehe auch „Einleitung") Von allem aber existiere, so Žižek, auch sein Gegenteil: jedes Teilchen habe sein Antiteilchen, das Eins das Nicht-Eins oder umgekehrt das Nichts das Ichts, das „Weniger-als-nichts“, das schon Demokrit kannte, der Begründer des antiken Materialismus. Die Übersetzung des altgriechischen „den“ als „Ichts“, als positive Version des Nichts, geht nach Žižek vermutlich auf Meister Eckhart zurück. Gemeint ist die Leere, von der jede Schöpfung ausgeht. (Žižek, 2012:86)

Wer mit der Philosophie nicht weiterkommt, kann sich immerhin an die Physik halten: Der Tiroler Autor des grandiosen Bruder-Buches „Erste Erde Epos“, Raoul Schrott, vergleichender Literaturwissenschaftler an den Universitäten Tübingen, Bern und Innsbruck, versiert auch in naturwissenschaftlichen Themen, weist darauf hin, dass „Materie zu 99,9999999999999 % aus leerem Raum besteht“. Nur die negativen, einander abstoßenden elektrischen Ladungen an Atom- und Molekülоberflächen bewirkten, „dass wir nicht im Boden versinken“. (Schrott, 2016:703) Ein beruhigende Vorstellung...

Warum interessiert uns das Nichts? Weil wir heute durch die Beobachtungen der Astronomen wissen, dass das Weltall, das wir kennen, einen Anfang hatte. Das Universum, sagen heute die meisten Physiker, ist in einem „Urknall“ entstanden, in einer „Singularität“, einer Einzigartigkeit (abgeleitet vom lateinischen singulus), einem Punkt, der nicht Bestandteil der

Raumzeit war. Abstrakt, unvorstellbar für ein Wesen aus der Raumzeit wie den Menschen. Aber alles, was wir heute wissen, führt zu diesem Punkt ohne Ausdehnung, zu diesem Nichts. Woher die riesige Energie für den Urknall kam? Wir wissen es nicht. Aus dem Nichts?

Seit dem 20. Jahrhundert wird unter dem Begriff Nichts die dem menschlichen Verstand nicht zugängliche Abwesenheit jeglichen Seins verstanden. Nach dem Standardmodell der Kosmologie wird angenommen, dass Raum und Zeit erst im sogenannten Urknall entstanden sind. Die Singualarität ist ein Punkt außerhalb der Raumzeit. Bedeutet das Nichts also „Vor dem Urknall"? Die Singularität ist zwar eine Konsequenz der klassischen Allgemeinen Relativitätstheorie. Bei der Annährung an die Singularität bricht aber die klassische Physik einschließlich der Einsteinschen Relativitättheorie zusammen. An ihre Stelle tritt dann eine noch zu findende Quantengravitation. Alles, was wir derzeit wissen, ist, dass sich unser Universum aus einem singulären Zustand heraus *unausweichlich* entwickelt haben muß („Lexikon der Physik" im „Spektrum der Wissenschaft").

Durch die Annäherung an den „Big-Bang" vor rund 13,8 Milliarden Jahren zeigt sich eine blinde Tür. Wie weit kommen wir in der Annährerung? Die Planck-Zeit beschreibt das kleinstmögliche Zeitintervall, für das die bekannten Gesetze der Physik noch gültig sind. Sie beträgt $5{,}391.10^{-44}$ Sekunden.

Wir bewegen uns in diesen Dimensionen außerhalb jeder Messbarkeit und Fasslichkeit, aber innerhalb der mathemati= schen Berechenbarkeit. (Siehe Kapitel „Naturkonstanten“)

Der deutsche Physiker Max Karl Ernst Ludwig Planck (1858-1847) begründete um 1900 die Quantenphysik – die Wissenschaft des äußerst Kleinen - durch die Entdeckung, dass in der subatomaren Welt die Teilchen (Quanten) zugleich Wellen sind. 1919 erhielt er den Nobelpreis für Physik. Plancks abenteuerliche Forschungen hatten mit der Strahlung Schwarzer Körper begonnen, womit er den Grundstein für die Quantenmechanik legte. Denn es zeigte sich, dass Strahlung in Paketen, in Quanten übertragen wird. Bis heute sind Schwarzkörper von einem Geheimnis umgeben. Sie absorbieren die gesamte auftreffende Energie der elektromagnetischen Strahlen, also auch das Licht. Sie sind „wahrhaftig schwarz, eine Leere und ein unsichtbares Nichts“. (Clegg, 2012:125) Aber der Schwarze Körper strahlt trotzdem: „Aufgrund der statistischen Bewegung seiner Moleküle wird er dennoch thermische Strahlung abgeben.“ (Guth, 2002:114) Das ist der Grund für die kosmische Hintergrundstrahlung (siehe Kapitel „Kosmische Hintergrundstrahlung“) Sie ist die Strahlung eines Schwarzen Körpers mit einer Temperatur von 2,726 Grad Kelvin und „stimmt mit dem Spektrum eines Hohlraumstrahlers überein, wie es von der Urknalltheorie vorhergesagt wurde“. (Guth, 2002:141) Ein Schwarzer Körper (Schwarzer Strahler, Planckscher Strahler) ist eine idealisierte thermische Strahlungsquelle, die als Grundlage für theore= tische Betrachtungen sowie als Referenz für praktische Untersuchungen elektromagnetischer Strahlung dient.

Der Begriff „Schwarzer Körper“ wurde 1860 von dem deutschen Physiker Gustav Kirchhoff geprägt. Außer bei der Temperatur des absoluten Nullpunkts sendet der Schwarze Körper eine als Wärmestrahlung oder Schwarze Strahlung bezeichnete elektromagnetische Strahlung aus. Ein idealer Schwarzer Körper lässt sich nicht realisieren. Es sind keine Materialien bekannt, welche elektromagnetische Wellen frequenzunabhängig vollständig absorbieren. Die NASA-Forschungssonde COBE (siehe Kapitel „Kosmische Hinter= grundstrahlung“) zeigte ein „wunderbar sauberes Spektrum von Schwarzkörperstrahlung... ein Indiz dafür, dass man das frühe Universum als eine einfache Schwarzkörperquelle... betrachten konnte“. (Clegg, 2012:169)

Die Theorie der schwarzen Körper ist zugleich die Theorie der Wärmestrahlung. Ein Mensch, der etwa 37 Grad warm ist, strahlt infrarotes Licht ab. Infrarotlicht wird daher oft "Wärmestrahlung" genannt. Infrarotstrahlung ist im Vergleich zu sichtbarem Licht langwellig. Macht man einen Körper nun heiß, so wird seine Wärmestrahlung immer kurzwelliger und man kann erreichen, dass er sichtbares Licht abstrahlt. Die Regel, dass die Wellenlänge der Wärmestrahlung bei steigen=

der Temperatur kleiner wird, nennt man nach dem Physiker Wilhelm Wien „Wiensches Verschiebungsgesetz".

Ende des 19. Jahrhunderts war das Interesse an der Wärmestrahlung sehr groß und man versuchte mit Hilfe der damals recht jungen Physik der Wärme - der Thermodynamik oder statistischen Physik - diese Strahlung zu erklären. J. Stefan und L. Boltzmann gelang es, die Abhängigkeit der gesamten Strahlungenergie von der Temperatur vorherzu= sagen. Für die genaue Verteilung der Wärmestrahlung gab es aber nur Ansätze, die nicht zufriedenstellend waren. Das Rayleigh-Jeanssche Strahlungsgesetz besagte sogar, dass die Strahlung für kleine Wellenlängen unendlich wird. Dieser Schwachpunkt der sonst recht brauchbaren Theorie ist als Ultraviolett-Katastrophe bekannt.

Im Jahr 1900 gelang es Max Planck die Formel für die Schwarzkörperstrahlung herzuleiten, indem er das Licht in einem Hohlraum als ein Gas von Teilchen beschrieb. In einem Gas einer bestimmten Temperatur erhalten die einzelnen Gasatome unterschiedliche Bewegungsenergie, sie bewegen sich also unterschiedlich schnell. Je heißer ein Gas ist, desto schneller bewegen sich die Moleküle. Planck führte nun Lichtteilchen ein, die anstelle unterschiedlicher Geschwindig= keiten unterschiedliche Wellenlängen haben. Ein Teilchen kurzwelliges Licht sollte mehr Energie haben, als ein Teilchen langwelliges Licht. Wellenlängen und Energien verknüpfte er durch eine Zahl, die man später Plancksches Wirkungs= quantum nannte. Extrem kurzwelliges Licht war nach diesem Modell ebenso selten, wie es extrem schnelle Atome in einem Gas sind, damit war die Ultraviolett-Katastrophe bezwungen. Die Theorie wurde ein großer Erfolg, da sie die gemessene Strahlung exakt wiedergab. Gleichzeitig war sie, ohne dass Planck das geahnt hatte, der Anfang der Quantenmechanik. (Joachim Schulz, www.quantenwelt.de)

Wer sich mit Quantenphysik beschäftigt, sollte einen gewissen Irrsinnsfaktor einkalkulieren (seinen eigenen) und akzeptieren, dass die Theorie sehr weit von dem entfernt ist, was wir „begreifen" können. „Wir können die Realität niemals erkennen, wie sie unabhängig von uns ist, weil wir selbst ein Teil dieser Realität sind." (Žižek, 2012:880, Anm. 35) Da das Weltall aber Mathematik ist (siehe Kapitel „Die Welt ist Mathematik"), müssen wir akzeptieren, dass es Dinge und Erscheinungen gibt, die wir errechnen, aber nicht begreifen können. Niels Bohr pflegte zu sagen, dass niemand die Quantentheorie verstanden habe, dem nicht gleichzeitig schwindlig im Kopf werde. (Fritzsch, 2005:76)

Zu den höchst erstaunlichen, erst durch die Quantenphysik erklärbaren Phänomenen im Weltall gehören die „Schwarzen Löcher". Stephen Hawking hat sie als, „schwarze Leeren im Weltraum" bezeichnet. (Hawking, 1988:108) Brian Clegg definiert sie als „Sterne, denen kein Licht entweicht ...

niemand hat jemals eins gesehen". (Clegg, 2012:227) Sie sind „theoretische Konstrukte". Dennoch können wir sie errechnen. Riesige Schwarze Löcher, meist im Zentrum von Galaxien angesiedelt, verschlucken und zerschreddern alle Materie in ihrem Umfeld. Das Leben im Weltall ist eine extreme Randerscheinung. Es herrschen zuweilen durchaus aggres= sive, lebensfeindliche Bedingungen. Allerdings könnten theoretisch Milliarden von Planeten in der habitablen Zone der Sterne ähnliche Bedingungen bieten wie die Erde in unserem Sonnsystem.

Schon der englische Naturphilosoph und Geologe John Michell (1724-1793) hatte vermutet, dass es „Schwarze Sterne" mit großer Masse geben müsse, denen kein Licht entkommen könne. Aber erst der US-Physiker John Wheeler (1911-2008) nannte solche Köper 1967 „Schwarze Löcher". Heute ist die Vermutungen mehr als berechtigt, dass solche Gebilde bei der Explosion einer Supernova entstehen, die den Raum dirartig krümmt, dass kein Licht entkommen kann. Einstein stand Pate. „Dann ist der Stern zu einem Schwarzen Loch geworden. In der Theorie allerdings hält nichts die Kontraktion auf, bis eine Singularität eintritt, ein Punkt unendlicher Dichte im Zentrum des Schwarzen Lochs." (Clegg, 2012:231) Es gibt Schwarze Löcher, die nur über wenige Sonnenmassen verfügen, und es gibt riesiege Schwarze Löcher mit millionenfachen Sonnenmassen im

Zentrum von Galaxien – bei unserer Milchstraße auf 3,7 Millionen geschätzt.

Ist ein Schwarzes Loch ein Nichts? Es ist die Umkehrung der Enttropie, der Zunahme der Unordnung, ins Gegenteil: in die absolute Ordnung? (Siehe Kapitel „Chaos und Ordnung“) Wir wissen es nicht, denn Schwarze Löcher lassen sich nicht beobachten. Neuerdings wird vermutet, dass in solchen Schwarzen Löchern ganze Universen existieren („Universen-in-einem-Loch“). Neil Turok von der Cambridge University und Paul Steinhardt aus Princeton legten noch eins drauf und entwickelten aus einer Branen-Kollision im Zeitrahmen von einer Billion Jahren die Theorie zyklischer Universen in einem „Ekpyrotischen Universum“ (siehe Kapitel „Unendlich viele Welten“), ein Universum, entstanden aus Feuer. Die Branen sind laut Clegg „am Limit auf der zehnten Dimension“. Der Abstand zwischen ihnen betrage 10^{-32} Meter (eine 1 geteilt durch einhundert Milliarden Milliarden Milliarden Milliarden Milliarden). Vorstellbarkeit perdu. Reine Mathematik.

Das gilt auch für die Theorie der Schleifenquantengravitation, die versucht, die Relativitätstheorie mit der Quantentheorie zu vereinen. Kommentar von Brian Clegg: „Es könnte sein, dass im Vorläufer-Universum sich jenes Quantendurcheinander auf der Ebene einer Lebenswelt fortsetzte, wo die Raumzeit ähnlich chaotisch war – eine wahrhaft seltsame Welt.“ Interessant, wenn man bedenkt, dass Chaos und Ordnung schon in unserer Welt verflochten sind. (Siehe Kapitel „Chaos und Ordnung") Nach dieser Theorie wäre unser Universum als eine Art „Schmetterlingseffekt" aus Quantenschankungen entstanden – und nicht aus dem Nichts. (Clegg, 2012:247f.; siehe Kapitel „Schmetterling und Wirbelsturm") Ähnlich wie bei der Steady-State-Theorie wäre dann der Urknall plus Inflation verzichtbar.

Der US-amerikanische Physiker Lee Smolin entwickelte in seinem Buch „Warum gibt es die Welt?" die Idee, dass aus massiven Schwarzen Löchern neue „Baby-Universen" ent= stehen, die wesentliche Eigenschaften der „Mutter-Universen" übernehmen. Auf diese Weise könnte es zu einer „kosmologischen Evolution" kommen, bei der sich „erfolg= reiche" Universen gegenüber anderen durchsetzen. Ein solches knospendes Universum ist eine biologistische Vorstellung und klingt nach Darwinismus.

Wir leben derzeit in einer vollkommen ungezügelten kapitalistischen Weltwirtschaft, in einer Zeit des zunehmenden Chaos. Aber selbst aus dem Chaos kann, wie neue Forschungen belegen, durch Selbstorganisation wieder Ordnung entstehen. (Siehe die Kapitel „Chaos und Ordnung" und „Emergenz") Die Chinesen haben das im Yin-Yang-Symbol, dem berühmten Tai-Gi, symbolisiert. Yin enthält im Kern Yang und Yang enthält im Kern Yin. Yin und Yang sind gleichrangig und komplementär. Eines entwickelt sich aus dem anderen und steht mit ihm in Wechselwirkung. Und ebenso verhält es sich mit Chaos und Ordnung.

Vorhersagbarkeit und Steuerbarkeit zukünftiger Entwicklungen sind begrenzt, weil die Geschichte eben nicht wie ein Uhrwerk abläuft. Überall stoßen wir auf chaotische Formen: beim Auf- und Abtanzen der Mücken in einem Schwarm ebenso wie bei der blasenartigen Struktur des Weltraums, die bewirkt, dass sich die 55 Milliarden Galaxien an den Wänden der Blasen befinden, dazwischen „dunkle Energie", die abstoßend wirkt. Das besagt zumindest das „Fractal Bubble Model" des neuseeländischen Physikers David Wiltshire. (Kramar, 2008:40) In der häufigsten Form der Galaxien, der Spirale, ist die Entstehung von Ordnung aus dem Chaos zum Bild geworden.

Seltsamerweise nähert sich die moderne Physik der creatio ex nihil des Augustinus ohne Zutun eines Schöpfers. Das Univ= ersum könnte auf entsprechend der Quantenphysik (siehe Kapitel „Quantenmechanik") spukhafte Weise hervorgebracht worden sein. Winzigste energiegeladene Teilchen wären dann möglicherweise am Beginn der Entstehung der Welt aus dem Nichts entstanden.

Nach neuesten Forschungen entpuppen sich auch die Neutrinos, aus denen sich ein beträchtlicher Teil der Materie des Universums zusammensetzt, immer mehr als rätsel- und geisterhaft. Sie haben zwei Massen, zwischen denen die winzigen Kobolde oszillieren. (Kramar, 2008:24)

Brian Clegg stellt in seinem Buch „Vor dem Urknall“ die auch heute noch entscheidende Frage, die von der „Wissenschaft seit jeher tabuisiert“ werde: „Was war vor dem Ukrnall?“ Man habe diese Frage, so Clegg, zu Unrecht in den Bereich der Religion abgeschoben. Er bezweifelt, ob es den „Urknall überhaupt jemals gegeben hat“. Die Indizienbeweise seien „zum Teil so dünn, dass sie selbst vor Gericht kaum eine Chance darauf hätten, standzuhalten“. Und: „Im Falle eines Urknalls sieht es so aus, als sei die Chance äußerst gering, irgendetwas Messbares zu finden, das uns Einsicht verschaffen könnte, ob er tatsächlich stattfand.“ Die gesamte Wissenschaft sei nur eine „Ansammlung von Theorien“. (Clegg, 2012:98f.) Nur wenn wir etwas widerlegen können, liege ein sicherer wissenschaftllicher Beweis vor, was offenbar Sir Karl Poppers Falsifikationstheorie entliehen ist.

Lawrence Maxwell Krauss geht in seinem Buch „Ein Universum aus Nichts“ (2013) von Quantenfluktuation aus, von der Energie des leeren Raumes. Für Krauss ist das Nichts, aus dem unser beobachtbares Etwas hervorgeht, „das Vakuum des leeren Raumes“. (Kraus, 2013:213) Ist die Entstehung des Universums einem Zufall zuzuschreiben, der es aus einer Instabilität im Vakuum des leeren Raums ständig neu entstehen lässt? Schon Albert Einstein wollte wissen, „ob

Gott bei der Erschaffung des Universums eine Wahl hatte" (wobei zu bedenken ist, dass Gott für Einstein das Universum selber war). Wir wissen es nicht.

Das Weltall entstand, so die Urknalltheorie, aus einem falschen Vakuum, einer besonders dichten Form der Materie, die ein abstoßendes Gravitationsfeld erzeugte und zu einer exponentiellen Inflation führte (siehe Kapitel „Expansion"). Am Anfang herrscht eine unvorstellbare Dichte: „Wollte man die gesamte Masse im sichtbaren Universum auf eine Dichte komprimieren, die der Dichte für das falsche Vakuum ent= spricht, könnte man sie in einem Volumen einschließen, das immer noch kleiner ist als das Volumen eines einzigen Atoms!" (Guth, 2002:408)

Wenn die Physiker am Ende sind, holen sie das Zauberwort „Ur" aus der Tasche: Urkraft, Urknall.. Alle heute beob= achtbaren Naturkräfte seien vor dem Urknall, noch in einer einzigen Kraft, der Urkraft, vereinigt gewesen. Man spreche von der Supersymmetrie des Alls, weil die einzelnen Kräfte nicht unterscheidbar waren. Wodurch das Aufbrechen dieser Supersymmetrie zustande kam, sei unbekannt. Fest stehe nur, dass es ohne eine winzige asymmetrische Entwicklung von Materie und Antimaterie von eins zu einer Milliarde nach der Stunde Null, dem „Tag ohne Gestern", zugunsten der Materie keine Galaxien, kein Leben gegeben hätte. Das „Nichts wäre unumschränkter Herrscher" geblieben. Diese kleine Asymmetrie bezeichnet Krauss als „den Augenblick der Schöpfung“. (Krauss, 2013:208)

Nach dem US-amerikanischen Physiker Steven Weinberg (Nobelpreis 1979) gibt es im Universum 10^{78} Baryonen (Protonen und Neuronen), aber nur eine verschwindend kleine Anzahl von Antibaryonen. Sie würden, wenn sie aufeinander treffen, sofort zu purer Energie zerstrahlen. Kurz nach dem Urknall war das Universum so heiß, dass Protonen und Neutronen nicht existieren konnten. Nur Quarks (siehe Kapitel „Die seltsame Welt der Physik“) schwirrten als freie Teilchen herum. Zu diesem Zeitpunkt kamen auf 300 Millionen Quarks 299.999.999 Antiquarks. Im Zuge der raschen Abkühlung blieb dann von den 300 Millionen Quarks nur ein einziges übrig. Dieser winzige Überschuss ermöglicht es, dass es überhaupt Etwas gibt und nicht Nichts.

Die Kosmologen nehmen an, dass Sterne und Galaxien draußen im Weltall alle aus normaler Materie bestehen, aber sicher ist das keineswegs. Sie könnten auch aus Antimaterie zusammengesetzt sein. Die äußere Erscheinung verrät es nicht, nicht einmal das Spektrum. (Guth, 2002:178ff.) Wie es ausgerechnet zu der Zahl von 10^{78} Baryonen kommt, können die Physiker nicht erklären, ebenso wenig, warum die Natur sich für eine derart winzige Asymmetrie entschieden hat.

Das Nichts des Lawrence Krauss hat es in sich. Denn aus Sicht der Quantenphysik gibt es eigentlich gar keinen leeren Raum. Er könne vielmehr als ein „siedendes, blubberndes Gebräu virtueller Teilchen und Felder erscheinen". (Krauss, 2013:134). Quantenfluktuationen nennen Physiker diese Verhältnisse im Vakuum. Sie verstehen darunter das spontane Entstehen eines Teilchens und seines Pendants, eines Antiteilchens. Normalerweise löschen sie sich kurz darauf wieder gegenseitig aus, doch am Anfang des Universums kam es zu einer winzigen Ungleichverteilung, einem leichten Überschuss von Materie über Antimaterie.

Ein kleines Mehr an Materie blieb bestehen. An dieser Stelle kommt nach Krauss die Inflation des Universums ins Spiel: „Quantenfluktuationen, die ansonsten völlig unsichtbar geblie= ben wären, frieren aufgrund der Inflation ein und tauchen danach als Dichtefluktuationen auf, die alles hervorbringen, was wir sehen können! Wenn wir alle Sternenstaub sind, so trifft es auch zu, dass wir alle buchstäblich aus einem Quanten-Nichts hervorgegangen sind." (Krauss, 2013:135; siehe Kapitel „Wir bestehen aus Sternenstaub") Diese kleine Asymmetrie reichte aus, um so viel Materie zu erzeugen, wie wir sie heute im Universum sehen.

Auch eine andere Asymmetrie hat das Universum erst ermöglicht. Wären Neutronen, die Teilchen im Atomkern, die keine elektrische Ladung aufweisen, um weniger als ein

Prozent leichter, führte das zu einem Zerfall der elektrisch positiv geladenen Protonen im Atomkern in ein Neutron und ein Positron (Antiteilchen des Elektrons, mit dem es bis auf das Vorzeichen der elektrischen Landung und des magnetischen Moments in allen Eigenschaften überein= stimmt), was die Bildung von herkömmlichen Atomen unmöglich machte. Es gäbe überhaupt keine Materie. (Clegg, 2012:28) Es verdichtet sich der Eindruck, dass etwas in der Materie nach Erhaltung ihrer selbst strebt.

„Wenn Raum und Zeit selbst aus einer Quantenfluktuation entstehen, dann kann man das, woraus sie entstehen, schon mit dem Namen ‚Nichts' versehen", sagt Hermann Nicolai, theoretischer Physiker am Max-Planck-Institut für Gravitationsphysik in Potsdam. „Das Nichts ist instabil", sagt Krauss, und diese Behauptung jedenfalls ist experimentell gesichert. Quantenfluktuationen sind messbar, ihre Bedeutung beim Entstehen des Alls erscheint plausibel. Als Materialist glaubt Krauss, mit diesem Schachzug eine schöpferische Instanz außerhalb des physikalischen Geschehens überflüssig gemacht zu haben. Das Nichts hat nach Krauss eine produktive, eine positive Bedeutung. Es ist der Grund allen Seins, ein fruchtbarer Acker.

Dem gegenüber hatte das Nichts im Abendland eher einen schlechten Ruf. Schon griechische Philosophen der Antike, allen voran Aristoteles, waren der Ansicht, dass die Natur vor dem Nichts „zurückschrecke". Der Kosmos geriete aus den Fugen, ließe man einen Hohlraum zu. Das Nichts „nichtet", wie der Philosoph Martin Heidegger feststellte. Er verknüpft das Nichts mit einem Gefühl der Angst.

Otto von Guericke, Bürgermeister von Magdeburg, erzeugte 1657 in zwei aneinander gepressten Halbkugeln mit Hilfe einer Luftpumpe ein Vakuum. Selbst je acht Pferde, die in entgegengesetzten Richtungen an ihnen zogen, konnten die Kugeln nicht auseinanderzwingen. Es gab ihn also, den leeren Raum. Und welche Kraft in ihm steckte! Guericke maß dem Vakuum eine mächtige Rolle zu im Spiel der Welten. Er schwärmte von einem unendlichen Universum, in dem das Vakuum eine „aktive und mächtige Rolle" spiele, wie der Wissenschaftshistoriker Helge Kragh von der Universität Aarhus schreibt. Die Leere sei für Guericke voller himmlischer Herrlichkeit gewesen, höher als die Sterne, heller als der Blitz und die Vollkommenheit an sich.

Zu dieser Zeit nahm man noch an, dass der Weltraum von einem „Äther" erfüllt sei. Erst mit Einsteins Relativitätstheorie wurde Anfang des 20. Jahrhunderts die Annahme eines ätherischen Mediums zwischen den Welten hinfällig. Die Physik kam ohne den Äther aus, er war schlicht überflüssig geworden. Die aktuelle Diskussion zeigt jedoch, dass der Äther von einst unter anderen Vorzeichen wieder aufer= standen war. Das mit virtuellen Partikeln angefüllte Vakuum des Weltraums als neuer Äther ist zum Ausgangspunkt grundlegender Reflexionen über den Kosmos geworden. Möglicherweise ist dieses „Quantenvakuum“ die Quelle der „dunklen Energie“. Es ist offenbar so mächtig, dass es dazu imstande ist, das Weltall immer schneller auseinanderzutreiben. (Siehe Kapitel „Dunkle Materie – Dunkle Energie“)

„Das Schicksal des Universums, so hat es den Anschein, wird durch die Eigenschaften des Vakuums entschieden“, formuliert der Physiker Paul Davies von der Staatlichen Universität von Arizona. Ob das Geschehen in einem Kosmos der dunklen Leere ende, in dem Materie und Energie unendlich verdünnt sind, oder furios in einem „großen Knatsch“ (Big Crunch), in dem das All in sich zusammenstürzt, sei abhängig vom Quantenvakuum. Das große Ringen zwischen Fülle und Leere ist noch nicht entschieden. Aber womöglich sind beide auch aufeinander angewiesen, so, wie Werden und Vergehen zusammengehören.

Einem großen Kollaps würde dann eine Wiedergeburt in einem neuen Urknall folgen. Danach hätte es vor dem Urknall ein anderes Universum gegeben und nicht Nichts, und davor wieder eines ad infinitum. Es würde ein zyklisches Universum existieren – ohne Anfang und Ende. Ein solches Modell verlangt, dass sich die Dunkle Energie mit der Zeit abschwächt und die Gravitation das Universum wieder zusammenzieht, was nach den gängigen Analysen von Dunkler Materie und Dunkler Energie tatsächlich möglich zu sein scheint.

Etwas aus Nichts? Die Frage bleibt. Brian Clegg hat es als „Taschenspielertrick" bezeichnet, „offenbar etwas aus dem Nichts zu erschaffen". (Clegg, 2012:134) Der Trick habe daraus bestanden, die Gravitation als Form negativer Energie zu betrachten. Wenn man auf dem Standpunkt stehe, Materie sei nichts als positive Energie, dann sei es vorstellbar, „dass Materie praktisch aus dem Nichts ins Dasein gelangen kann, indem sie die negative Energie der Gravitation ausgleicht".

Etwas aus Nichts? Das Alltagsbegreifen versagt angesichts der Kunststücke von Kosmologen und Mathematikern. Die heutige Physik erfordert einen soliden Sinn für Humor und Unerklärliches, vor allem aber den Verzicht auf den sogenannten „gesunden Menschenverstand". Erst dann können Normalbürger begreifen, „dass die Energie des leeren Raums (Nichts) in die Energie von etwas verwandelt wird" (Krauss, 2013:201), was die Glitzerwelt des Kosmos hervorbringt, und dass die „Inflation einfach nur die Spitze des kosmischen Eisbergs des Nichts ausmachen kann" (Krauss, 2013:202)

Erst ein halbes Jahrhundert nach Einstein entwickelte als einer der ersten der britische Astrophysiker Stephen Hawking eine Theorie, nach der im Rahmen einer Quantentheorie der Gravitation Raum entsteht, wo zuvor nichts war. Er hat das Thema „Etwas aus Nichts“ zwar nicht weiter verfolgt, aber es ist entscheidend für eine künftige einheitliche Theorie des Universums.

Was geschah vor dem Urknall? Was existierte vor dem Urknall? Brian Clegg meint, dass wir darauf womöglich nie eine definitive Antwort geben können. Vielleicht ist es so wie in der Mathematik, mit der Kurt Gödel bewies, dass es Fragen gibt, deren Antworten sich nicht beweisen lassen. Ähnlich wie das Barbier-Paradox von Bertrand Russel aus dem Jahr 1918: „Man kann einen Barbier als einen definieren, der all jene und nur jene rasiert, die sich nicht selbst rasieren. Die Frage ist dann: Wer rasiert den Barbier? (Russel, 1918:228) Wenn er sich selbst rasiert, widerspricht er dem Barbierprinzip, nur jene zu rasieren, die sich selbst nicht rasieren. Die Katze beißt in ihren eigenen Schwanz. Angenommen, es gilt das Gegenteil, und der Barbier rasiert sich nicht selbst, dann erfüllt er selbst die Eigenschaft derer, die er rasiert, entgegen der Annahme. Das heißt im Klartext: Es gibt keinen, der genau diejenigen rasiert, die sich nicht selbst rasieren. Die auf den ersten Blick sinnvoll erscheinende Barbier-Definition erzeugt also einen harmlosen leeren Begriff. Russels Frage ist nicht beantwortbar.

Was passierte vor dem Urknall, jenem singulären Punkt, an dem alle physikalischen Gesetze aufgehoben waren? Nichts. Nach dem britischen Physiker Paul Davies lag der Anfang des Universums nicht in der Zeit, sondern schuf überhaupt erst die Zeit. (Žižek, 2012:1258) Nach Einsteins Raum-Zeit-Kontinuum gilt das Gleiche auch für den Raum. Es ist ja auch tatsächlich nicht die Zeit, sondern der Raum, der seit dem Urknall expandiert.

Die Anfänge des Weltalls sind nach wie vor undurchsichtig. Im heutigen Universum scheint eine Balance zwischen der auseinandertreibenden kinetischen Energie der Materie und der anziehenden Energie aufgrund der Graviation zu bestehen. Damit, so der deutsche Physiker Harald Fritzsch, „eröffnet sich die Möglichkeit, dass unser Weltall spontan aus dem Nichts entstanden ist“. (Fritzsch, 2005:295)

Nach der Theorie vom inflationären Urknall und der anschließenden Expansion „ensteht das Universum praktisch aus dem Nichts“, schreibt Alan Guth. Wie immer man dieses Nichts definieren oder klassifizierten mag – es ist und bleibt ein Mirakel, ein unzugängliches Etwas, das sich unserer haptischen Vorstellungskraft entzieht – zugleich ein Erbe der Antike und eine Vermächtnis der revolutinären Entwicklung der Physik und Mathematik der letzten hundert Jahre.

Koinzidenzen

Die Russische Avantgarde, die zwischen 1910 und 1920 – also vor der Oktober-Revolution 1917 und dem Ersten Weltkrieg beginnend - in der Kunstgeschichte eine Innovation von Weltrang zustande brachte, ist unter anderen verbunden mit den Namen Wassily Kandinsky (1866-1944) und Kasimir Malewitsch (1878-1935). Kandinsky malte 1910 das weltweit erste abstrakte Bild überhaupt. Und Malewitsch trieb die Abstraktion im „Suprematismus“ auf die Spitze. Seine Schwarzen Quadrate auf weißem Grund ab 1913 machten Geschichte. Zuvor hatte er mit Arbeiten wie „Morgen nach dem Schneesturm im Dorf“ (1911) oder „Der Schleifer“ (1912) den Kubismus mit geprägt, den Pablo Picasso mit seinen „Les Demoiselle d'Avignon“ (1906) ins Leben gerufen hatte.

Die neue Kunst, so Malewitsch, habe auf dem Gebiet der Malerei die Fläche überwunden und sei von der illu= sionistischen Darstellung dreidimensionaler Körper auf zweidimensionalen Flächen zur Darstellung von Körpern und ihren Beziehungen im Raum übergegangen. Die Abstraktion und der Suprematismus wurden vom Kubismus eingeleitet. „Ich glaube, dass dieser Vorstoß der Kunst auch die übrige menschliche Gesellschaft zu der Erkenntnis führen wird, dass auch ihr eigentliches Wesen die weiße gegenstandslose Gleichheit ist.“ Für Malewitsch ist der Suprematismus die

„gegenstandslose, weiße Gleichheit". Er setzt diese „gegenstandslose Wesenheit" mit Gott gleich. (Malewitsch, 1962:74) Ebenso ist die gesamte Natur für ihn gegenstandslos.

Malewitschs leicht verzogenes, kleineres Rotes Quadrat von 1915 trägt den Untertitel „Malerischer Realismus einer Bauernfrau in zwei Dimensionen". Mit dem Schwarzen Kreis und dem Schwarzen Kreuz - auch diese, wie die Quadrate, auf weißem Grund - hat man in der Petrograder Ausstellung 1915 alle Formen beisammen, die Malewitschs vom „Ballast der Gegenständlichkeit" befreite Kunst ausmachen, für die er den Namen Suprematismus erfand. „Suprematismus – die gegenstandslose Welt oder das befreite Nichts": Diese Schrift von 1922 war die zentrale programmatische Proklamation der Kunst im nachrevolutionären Russland, die einen neuen Menschen forderte.

Es ist kein banaler Zufall, sondern Koinzidenz, dass zugleich mit den Auseinandersetzungen der Physiker und Mathe= matiker mit Schwarzen Strahlern und dem Nichts in der Darstellenden Kunst der Suprematismus als „befreites Nichts" entstand. Solche Synchronizitäten des Geistes erscheinen in der Geschichte immer wieder, vor allem dann, wenn es sich um archetypische Muster handelt.

Der deutsche Physiker Max Karl Ernst Ludwig Planck (1858-1847; 1919 Nobelpreis für Physik) hatte um 1900 die Quantenphysik – die Wissenschaft des äußerst Kleinen - durch die Entdeckung begründet, dass in der subatomaren Welt die Teilchen (Quanten) zugleich Wellen sind. Plancks abenteuerliche Forschungen hatten mit der Strahlung Schwarzer Körper begonnen, womit er den Grundstein für die Quantenmechanik legte. (Siehe Kapitel „Im Anfang war das Nichts")

Planck zeigte: Das durch Quantensprünge von Elektronen in Atomschalen (siehe Kapitel „Mikrowelten werden entdeckt") ausgesandte Licht, produzierte Interferenzmuster, die nur durch Wellen erzeugt werden konnten. Plancks Zahlen waren aber nur dann zu erklären, wenn das Licht sich nicht in kontinuierlichen Wellen ausbreitete, sondern in kleinen partikelartigen Paketen, die er als Quanten bezeichnete. Niels Bohr hat das dann 1913 beschrieben: Wenn ein Elektron von einen äußeren Umlaufbahn (mit einem höheren Energieniveau) auf eine innere Umlaufbahn (mit einem niedrigeren Energieniveau) springt, wird Energie in Form eines Lichtquantums, eines Photons frei.
Der deutsche Psychoanalytiker und Mathematiker Gerhard Schneider denkt beim Schwarzen Quadrat von Malewitsch nicht von ungefähr an die „platonische Kosmologie mit ihren geometrischen Elementarformen und deren Ableitungen, zu denen auch das Quadrat gehört". (Siehe Kapitel „Der

Mathematische Kosmos") Malewitsch habe die Aufgabe der Malerei darin gesehen, „das ungegenständliche ‚Nichts' der Natur zu ‚befreien'." (Schneider, 1999:228ff.)

Kurz nach 1900 begannen die ersten Maler und Bildhauer sich immer weiter von der Wiedergabe der realen Welt zu entfernen. Programmatisch legte Kandinsky mit seiner 1910 verfassten Schrift „Über das Geistige in der Kunst" die theoretische Grundlage für die neue Richtung in der Malerei. Das Schwarze Quadrat von Kasimir Malewitsch wurde erstmals 1915 ausgestellt. Es gilt als eine der Ikonen der Malerei des 20. Jahrhunderts. Das mit Öl auf Leinwand gemalte Bild ist 79 x 79 Zentimeter groß und befindet sich in der Tretjakow-Galerie in Moskau. Weitere Gemälde mit dem Motiv des Schwarzen Quadrats hat Malewitsch in den 20er Jahren des 20. Jahrhunderts gemalt. Auf der Fotografie der Letzten Futuristischen „Ausstellung 0,10" in Petrograd von 1915 sind neben der Urfassung in der Bildmitte noch zwei kleinere Schwarze Quadrate auf der linken Bildhälfte zu erkennen.

Das Schwarze Quadrat tauchte zuerst 1913 auf einem Bühnenvorhang von Malewitsch für die futuristische Oper von Alexander Skrjabin „Sieg über die Sonne" auf. Malewitsch hat 1913 als Entstehungsjahr des Suprematismus angegeben, als Ausdruck seines „verzweifelten Bemühens, die Kunst vom Ballast der gegenständlichen Welt zu befreien". Das Schwarze

Quadrat hat keine Nachbarn, allenfalls einen assoziativen historischen Vorläufer in Dürers Kupferstich Melencolia I, wo im magischen Quadrat die vier mal vier Zahlenreihen jeweils die Summe 34 ergeben:

16	3	2	13
5	10	11	8
9	6	7	12
4	15	14	1

Ein anderes magisches Quadrat wird dem weisen chinesischen Kaiser Yü (2205 – 2198) zugeschrieben. Im Mythos ist er der Überwinder des furchtbaren neunköpfigen Drachens. Konfuzius berichtet, dem Kaiser sei, als er gerade über die Errichtung von Dämmen gegen die häufigen und oft katastrophalen Überschwemmungen des Gelben Flusses nachsann, im Wasser eine Schildkröte mit dem Namen Hi erschienen. Auf ihrem Rücken habe sie in Form von Punkten die Figur des magischen Quadrats getragen. (Endres, Schimmel, 1985:44) Yü, Begründer der Hsia-Dynastie, verkörpert das Urbild eines Geomanten. Die Quer- und Diagonalsummen seines magischen Quadrats eregeben immer 15:

4	9	2
3	5	7
8	1	6

Ein anderes „magisches Qudrat“ operiert mit der Zahl 66, die sich aus den senkrecht, horizontal und diagonal ergebenden Summen ergibt:

21	26	19
20	22	24
25	18	23

Ein magisches Quadrat bildet auch den Grundraster in Leonardos „Vitruvianischem Menschen“. Die Zeichnung, die um 1490 entstand, stammt aus einem seiner Tagebücher und kommt der „Quadratur des Kreises“ ziemlich nahe. Sie erinnert an den römischen Architekten Vitruvius (ca. 80–70 bis ca. 10), der zwischen 33 und 22 vor Christus zehn Bücher über Architektur (*De architectura libri decem)* verfasste: die einzigen erhalten gebliebenen Abhandlungen über Architektur der Antike. Sie waren nicht illustriert und regten viele spätere Künstler zu eigenen Bebilderungen an, darunter Albrecht Dürer. Vitruvius gründete die Ästhetik seiner zehn Bücher über Architektur auf die Harmonie des „wohlgeformten Menschen“ (*homo bene figuratus*) mit einem idealen Verhältnis der Körperteile zueinander. Er schrieb: „Ferner ist natürlicherweise der Mittelpunkt des Körpers der Nabel. Liegt nämlich ein Mensch mit gespreizten Armen und Beinen auf dem Rücken, und setzt man die Zirkelspitze an der Stelle des Nabels ein und schlägt einen Kreis, dann werden von dem Kreis die Fingerspitzen beider Hände und die Zehenspitzen berührt. Ebenso, wie sich am Körper ein Kreis ergibt, wird sich auch die Figur eines Quadrats an ihm finden. Wenn man nämlich von den Fußsohlen bis zum Scheitel Maß nimmt und wendet dieses Maß auf die ausgestreckten Arme an, so wird sich die gleiche Breite und Höhe ergeben, wie bei Flächen, die nach dem Winkelmaß quadratisch angelegt sind."

Den endgültigen Schritt zur suprematistischen Malerei hat Kasimir Malewitsch 1923 vollzogen, als er zwei leere monochrome Leinwände ausstellte. „Dort aber, wo es keine Unterschiede gibt, wo Schweigen herrscht, liegen Anzeichen der weißen Gegenstandslosigkeit vor", schreibt er in seiner Schrift „Suprematismus als reine Erkenntnis" (Malewitsch, 1962:127) Und:: „Wenn es eine Wahrheit gibt, so nur in der Gegenstandslosigkeit, im Nichts!" (Malewitsch, 1962:64) Suprematismus ist für ihn reine Gegenstandslosigkeit: das „befreite Nichts". Die schöpferische Tätigkeit kenne keine Begrenzungen: „Sie ist in ihrem Wirken wie das Universum grenzenlos und kann daher zum ‚Nichts', zur ‚ewigen Ruhe' gelangen." (Malewitsch, 1962:117)

Es fällt auf, dass sich im „abstrakten Zeitgeist" nach 1900 Malerei, Bildhauerei und Musik parallel entwickelten. Das gilt neben der russischen Avantgarde auch für die Künstler des Blauen Reiters, die ihre Verwandtschaft mit der Zwölfton-Musik erkannten. Matthias Hauer hat 1919 als Erster mit seiner 12tönigen Komposition *Nomos*, op. 19 in diesem System komponiert. Eine Stelle in Malewitschs

„Suprematismus als reine Erkenntnis“ korrespondiert frappierend mit den Erkenntnissen der Quantenphysik: „Dem Bewusstsein der Allgemeinheit stellt sich das ‚Nichts’ als Untätigkeit, als Leere dar und wird darum abgelehnt, ja sogar für unser Leben für gefährlich gehalten. In Wirklichkeit bedeutet dieses ‚Nichts’ aber durchaus nicht Leere, sondern das Wirken in einer Sphäre, in die der Mensch bisher noch nicht einzudringen vermochte. Denn die Wirklichkeit als Gegenstand, als Stoff, bleibt unfassbar, weil es sie nicht gibt.“ (Malewitsch, 1962:139)

Es geht um Kunst als Darstellung der Wirklichkeit und Wissenschaft und als Analyse der Wirklichkeit in einem. Diese Verschmelzung von Kunst und Wissenschaft überschreitet alle Grenzen. Sie ist die wahre auf Quantenphysik basierende Geschichte.

Expansion

Als Kosmologische Inflation wird eine Phase extrem rascher Expansion des Universums bezeichnet, von der man annimmt, dass sie unmittelbar nach der Entstehung der Singularität stattgefunden hat. Diese Expansion fand innerhalb von extrem kleinen Bruchteilen einer Sekunde statt. Erst ab etwa 10^{-6} Sekunden (einer Millionstel Sekunde) nach dem Urknall hatte sich das Universum so weit ausgedehnt und abgekühlt, dass seine weitere Entwicklung von Prozessen bestimmt wurde, wie sie heute in der Elementarteilchenphysik beobachtet werden können. Erst nach etwa 200 Millionen Jahren entstanden die ersten Sterne und Galaxien. Das weiß man seit 2001, als ein Forscherteam um Johan Richard an der Universität von Lyon Aufnahmen des Weltraumteleskops Hubble vom kugelförmigen Galaxienhaufen Abell 383 auswertete. Es zeigte sich, dass die neuentdeckte Galaxie überraschend alte Sterne enthalten musste, die sich schon rund 200 Millionen Jahre nach dem Urknall gebildet hatten. (Althaus, 2011)

Die Entdeckung der Expansion (Inflation) des Universums entspricht der Revolution des Kopernikus, Keplers und Galileis, die erkannten, dass die Erde nicht der Mittelpunkt des Universums ist, an die Erkenntnis von Sigmund Freud, dass das Ich nicht der Mittelpunkt der menschlichen Psyche ist, sondern das Unbewusste oder Es. Aus der Expansion des Universums folgt, dass es einen Anfang und ein Ende hat. Kam es aus dem Nichts, endet es im Nichts?

In unvorstellbar winzigen Bruchteilen einer Sekunde nach dem „Urknall", dem kosmischen Anfang, von dem die meisten Physiker und Astronomen heute ausgehen, zeigten sich die

Grundlagen unseres Universums. Die Wissenschaftler am Large Hadron Colider (LHC = Großer Hadronen-Speicherring, 2007 in Betrieb genommen), dem Teilchenbeschleuniger am Europäischen Kernforschungszentrum Cern bei Genf, haben es so zusammengefasst (26.1.2015, Was bisher geschah. lhc-news.ch):

Vor 13,8 Milliarden Jahren seien im „Urknall" Raum und Zeit entstanden. Bei 10^{-43} Sekunden habe die Planck-GUT-Ära eingesetzt, in der die vier Grundkräfte - elektromagnetische Kraft, starke Kraft, schwache Kraft und die Gravitation als „Urkraft" vorlagen. In der folgenden GUT-Ära (GUT = Grand Unified Theories) habe sich die Urkraft in die Gravitation und in die 3 übrigen Kräfte aufgeteilt. Zwischen 10^{-35} bis 10^{-32} Sekunden nach dem Urknall sei es zur Inflation gekommen. Überall habe es eine überlichtschnelle Ausdehnung des Raumes um den Faktor 10^{50} gegeben. Bei 10^{-30} Sekunden nach dem Urknall sei es zur Baryogenese gekommen. Erste Quarks und Antiquarks seien entstanden. Das extrem heisse Universum habe zu diesem Zeitpunkt ein Quark-Gluonen=plasma entwickelt. (Baryonen sind schwere Teilchen, die zu den Hadronen gehören. Aus den Hadronen entstanden später Protonen und Neutronen, die Bausteine der Atomkerne. Siehe Kapitel „Die seltsame Welt der Physik")

Die Fortsetzung der Geschichte unseres Kosmos nach den CERN-Leuten war nicht weniger spektakulär. 10^{-6} Sekunden nach Urknall sei es zur „Primordialen Nukleosynthese“ gekommen: Das Universum habe sich weiter abgekühlt und aus den Quarks erste Protonen und Neutronen gebildet. Davon sei der grösste Teil mit der Antimaterie zerstrahlt. Das Verhältnis Materie/Antimaterie sei aber zugunsten der Materie ausgefallen. Die Gründe für dieses Ungleichgewicht seien noch immer unbekannt. Zehn Sekunden nach dem Urknall habe die Kernfusion eingesetzt, in der es durch Vereinigung von Protonen und Neutronen zu ersten Deuterium-Atomkernen gekommen sei. Drei Minuten nach dem Urknall sei die Kernfusion durch weiter sinkende Temperaturen zum Erliegen gekommen. Die übriggebliebenen freien Neutronen seien in Protonen und Elektronen zerfallen wordurch sich leichte Elemente wie Helium, Lithium und Beryllium bildeten.

400.000 Jahre nach dem Urknall habe die „Rekom= binationsepoche“ begonnen. Das Universum habe sich soweit abgekühlt, dass immer stabilere Atome entstanden. Die Dichte habe weiter abgenommen und das Universum sei durchsichtig geworden. 200 - 550 Millionen Jahre nach dem Urknall sei es zur Sternentstehung und Galaxienbildung gekommen. Gas= wolken gruppierten sich zu ersten Galaxien, darunter auch unsere Milchstrasse, deren Alter auf 13,6 Miilliarden Jahre geschätzt wird. Vor etwas mehr als neun Milliarden Jahren nach dem Urknall entstand dann im Orion-Arm unserer Milchstrasse unser Sonnensystem. In der protoplanetaren Staubscheibe sei es zu immer grösseren Verklumpungen von

Staubteilchen (Koagulation) gekommen, welche Planete= simalen bildeten, die Bausteine der Planeten. Diese Vor-Planeten hatten bereits genug Masse, um sich durch ihre Gravitation mit anderen Planetesimalen zu grösseren Objek= ten zu vereinigen: den Planeten.

Durch astronomische Beobachtungen und Berechnungen wissen wir heute, wie alt unser Universum ist: 13,798 ± 0,037 oder rund 13,8 Milliarden Jahre. Nach der gängigen Theorie ist es in einem „Urknall" entstanden, einer Singularität jenseits von Materie, Raum und Zeit. Man erreicht sie, wenn man die Entwicklung zeitlich rückwärts bis zu dem Punkt betrachtet, an dem die Allgemeine Relativitätstheorie Einsteins ihre Gültigkeit verliert, weil die Dichte gegen unendlich tendiert. Ob eine künftige Theorie der Quantengravitation das Frühuniversum beschreiben könnte, bleibt ungewiss. Das Kleinste und das Größte scheinen nicht kompatibel zu sein, denn „die Gravitationskraft zwischen zwei Elementarteilchen ist so schwach, dass sie noch niemals beobachtet wurde". (Guth, 2002:192)

Der russische Physiker und Mathematiker Alexander Alexandrowitsch Friedmann (1888-1925) hatte 1922 in seiner Arbeit „Über die Krümmung des Raumes" als erster die Idee eines expandierenden Universums vorgestellt. Er legte damit den Grundstein für die Urknall-Theorie. Obwohl Einstein anerkannte, dass Friedmanns Arbeit mit der Allgemeinen

Relativitätstheorie vereinbar war, wurde seine Arbeit zunächst kaum diskutiert, da keine astronomischen Beobachtungen auf eine Expansion des Universums hindeuteten.

Friedmann unterschied zwei Möglichkeiten: Eine dynamische Welt expandiert entweder immer weiter oder aber die Expansion kehrt sich irgendwann in eine Kontraktion um. Friedmann schätzte, dass eine solche „Weltperiode“ 10 Milliarden Jahre dauern könne und kam damit schon grob heutigen, verbesserten Schätzungen des Alters unseres Universums nahe. In ihrem Buch „A. Friedmann: the man who made the universe expand“ (Cambridge 1993) findet sich durch die Verfasser Tropp, Frenkel und Chernin diese Würdigung: „So wie Copernicus die Erde um die Sonne kreisen ließ, so wurde das Universum durch Friedmann ein expandierendes.“

Friedmanns Lösung wurde erst 1927 durch den katholischen belgischen Theologen und Physiker Abbé Georges Lemaître (1894-1966) wiederentdeckt und aufgenommen. Er ging, auch aufgrund eigener Überlegungen und Berechnungen, von einer Expansion des Weltalls aus und nahm an, dass diese von einem unendlich kleinen Punkt ausging, den er „Uratom“ nannte. Kein gewöhnliches Atom, sondern ein „gewaltiges Objekt, das jedes einzelne Proton, Neutron und Elektron, das heute existiert, schon enthielt“. (Clegg, 2012:131)

Lemaître hoffte Einstein von seiner Expansions-These zu überzeugen. Der aber lehnte diese „grässliche Physik“ ab. Das bewirkte, dass sie im wissenschaftlichen Establishment keine Chance hatte - bis Edwin Hubble die Bühne betrat. Der US-amerikanische Astronom Edwin Powell Hubble (1889-1953) hatte zwei Jahre nach Lemaître, 1929, eine Studie über den direkt proportionalen Zusammenhang zwischen der in den Weltraum-Teleskopen beobachtbaren Rotverschiebung und der Entfernung der Galaxien veröffentlicht. Sie bewegten sich, so Hubble, umso schneller von unserer Milchstraße weg, je weiter sie entfernt sind.

Seither ist die Expansion weltweit anerkannt und unbestritten. Die Größe, welche sie beschreibt, wird Hubble-Konstante genannt. Mit ihrer Hilfe lässt sich das Alter des Weltalls abschätzen. Hubble hatte die Rotverschiebung zuerst an den Cepheiden gemessen, Riesensternen im Sternbild des Cepheus (so benannt nach Cepheus, in der griechischen Mythologie König Äthiopiens, Gemahl der Kassiopeia und Vater der Andromeda) außerhalb der Milchstraße. Dabei hatte er festgestellt, dass sie zur Entfernung der Riesensterne proportional war - als Folge einer Expansion des Universums. Lemaîtres Vorhersage wurde damit glänzend bestätigt.

Damals, als Hubble seinen Blick mit Hilfe des Hooker-Teleskops auf dem Mount Wilson (2,45 Meter Spiegel= durchmesser) in den Weltraum richtete, bestand das

Universum nach gängiger Meinung nur aus der Milchstraße. Welch ein Quantensprung, als sich durch seine Forschungen herausstellte, dass es „da draußen“ noch ganz andere Dimensionen gab! Erst seit relativ kurzer Zeit weiß man, dass außer unserer Galaxie noch rund weitere 100 Milliarden Galaxien existierten. Erst in Hubbles Zeit fand man heraus, dass der „Andromeda-Nebel“ in Wahrheit unsere Nachbar= galaxie ist, mit der wir eines Tages verschmelzen werden (weshalb das Licht der Andromeda-Galaxie, die sich uns nähert, nach blau verschoben ist, nicht so, wie bei den meisten anderen nach rot). Mit einem Wimpernschlag hatte sich die Dimension des Alls um den Faktor 10^{10} vergrößert! Unfassbar!

Die Theorie der Expansion des Weltalls durch einen „Urknall“ blieb nicht unbestritten. Der englische Astronom und Mathematiker Sir Fred Hoyle (1915-2001) machte sich darüber lustig und prägte in einer BBC-Radiosendung 1950 den Begriff „Big Bang“. Er hatte 1948 mit zwei Kollegen aus Wien, Thomas Gold und Hermann Bondi ein eigenes Modell vom Universum entwickelt: die Steady-State-Theorie, nach welcher sich das Universum in einem Zustand befinde, in dem die kontinuierliche Erzeugung von Materie die Expansion des Weltalls bedinge. Da sie bereits wussten, dass sich die Galaxien voneinander wegbewegen, gingen sie davon aus, dass kontinuierlich Masse erzeugt wird, um die größer werdenden Leerräume zwischen den bereits bestehenden Galaxien wieder auszufüllen.

Brian Clegg spricht Hoyle einen „rabiaten Unabhängig=keitsgeist" zu, der unumwunden und freimütig sprach. (Clegg, 2012:138) Clegg selbst war als Jugendlicher ein Anhänger der Steady-State-Theorie (Gleichgewichtstheorie). Er stellte Fragen, die im Grund genommen noch immer unbeantwortet sind: „Warum sollte dieses anfänglich extrem kompakte Universum sich auszudehnen beginnen, wenn die gesamte Materie im Universum von der Schwerkraft zusammen=gepresst wurde? Und wie war es möglich, alles im Universum – diese gigantische Menge an Materie – in einem darart winzigen Punkt zu verdichten?" (Clegg, 2012:11) Auch Clegg hält den Ausdruck „Big Bang" für eine Ironie Hoyles, auch wenn der dies stets bestritten habe.

Bis in die 1960er Jahre blieb das Match zwischen Urknall- und Steady-State-Theorie offen. Leider bringt der Begriff „Urknall" jede Menge Konfusion, denn das Universum entstand nicht durch eine „Explosion", wie der Ausdruck Big Bang assoziiert, sondern durch eine „Expansion", allerdings eine außer=ordentlich rasante. Die Verwirrung ist deshalb so groß, weil es im Universum dauernd zu Explosionen und Kollisionen kommt. Supernovae explodieren mit unvorstellbarer Gewalt. Sie haben eine Helligkeit von zehn Milliarden Sternen. Ab der dritten Generation sind sie allerdings durch die Erzeugung von

Elementen jenseits von Beryllium die Basis des Lebens im Universum.

Unser Planetensystem ist aus brutalsten Zusammenstößen hervorgegangen. Wie man heute annimmt, ist der Mond vor 4,527 Milliarden Jahren (Kleine et al., 2005) durch eine Kollision der Früherde Gaia mit dem etwas mehr als marsgroßen Protoplaneten Theia (benannt nach der Mutter der griechischen Mondgöttin Selene) entstanden. Die Kollision setzte eine Energie von zehn Billlionen Wasserstoffbomben frei. Nur weil Theia in einem spitzen Winkel einschlug, blieb die Erde erhalten. Bei einem frontalen Zusammenstoß hätte es unseren Planeten zerrissen. (Schrott, 2016:717, 720) Der Aufprall führte zu einer Neigung der Erdachse und einer schnelleren Rotation, die wiederum zusammen mit einer Anreicherung von Eisen unser Magnetfeld erzeugte. Dieses Feld ist lebenswichtig, weil es die Sonnenwinde abschirmt, die sonst die Ozonschicht auflösen und das Leben zerstören würden. Außerdem würde die Erdachse ohne Mond chaotisch taumeln, was die Entwicklung von Leben unmöglich gemacht hätte.

Israelische Forscher um die Astrophysikerin Raluca Rufu vom Weizmann-Instiut in Rehovot haben mit Hilfe von Computer=simulationen eine völlig neue Theorie der Mondentstehung entworfen, nach welcher der Erdtrabant aus rund zwanzig Einschlägen kleinerer Himmelskörper entstand. Der Mond, so

Raluca Rufu sei vor allem aus in den Raum geschleuderter Materie der Erde entstanden, weshalb er (das weiß man durch Untersuchungen des Mondgesteins) ein extrem ähnliches Isotopenverhältnis aufweise. (Rufu et al., 2017)

Die Zweifel am „Urknall" sind bis heute nicht vollständig ausgeräumt. So meinte etwa der US-amerikanische Physiker Robert Betts Laughlin – er erhielt 1998 zusammen mit Daniel Tsui und Horst Ludwig Strömer den Physiknobelpreis für seine Arbeiten über den fraktionalen Quanten-Hall-Effekt - die Ur= knalltheorie sei nichts als pseudoreligiöses Marketing. (Der Spiegel 1/2008) Das gelte auch für die Bemühungen, eine „Weltformel" zu finden. In Zukunft würde sich die Physik vor allem mit makroskopischen Phänomenen wie der Selbstorganisation der Materie befassen. (Lughlin, 2007; siehe Kapitel „Emergenz" und „Apfelmännchen") Theorien von Explosionen einschließlich der ersten Picosekunden des Big Bang, seien „nicht falsifizierbar", so Laughlin, der sich dabei auf die Philosophie Karl Poppers in dessen Buch „Logik der Forschung" (1994) bezieht. (Laughlin, 2007:307, 233, Anm. 8) Das bedeutet, dass die Theorie nicht überprüfbar ist.

Das Modell eines inflationären, sich ständig ausdehnenden Universums hat 1981 der US-amerikanische Physiker Alan Guth entworfen, ein Spezialist für Kosmologie. Woher der Impuls kam, konnte auch er nicht erklären. Gemäß der Guthschen These fing die Inflation nach 10^{-35} Sekunden an –

„aus unbekannten Gründen", wie Brian Clegg schreibt. (Clegg, 2012:157) Vielleicht berechenbar, aber unvorstellbar. In dieser „lächerlich kurzen Zeitspanne" soll das Universum vom Durchmesser 10^{-52} Zentimeter auf 10 Zentimeter gewachsen sein. Bei Temperaturen jenseits aller Vorstellungskraft seien dabei gemäß Einsteins Gleichung $E = mc^2$ ständig Teilchen und Energie ineinander umgewandelt worden. Woher kamen die Kräfte? Guth schlug vor, dass sich die Gravitation kurz nach dem Urknall für sehr kurze Zeit umkehrte und statt anziehend abstoßend wirkte. Guth hat das quanten= physikalisch mit dem Druck begründet, den ein „falsches Vakuum" hervorgerufen habe: „Das falsche Vakuum führt tatsächlich zu einer starken Gravitationsabstoßung." (Guth, 2002:280) Nach Guth hat dann Andrei Linde die Theorie des inflationären Universums weiter entwickelt. Sie konnte sich schließlich als Erklärungsmodell durchsetzen.

Unbestimmtheit regiert die Quantenwelt seit Heisenbergs Unschärferelation. (Siehe Kapitel „Die Welt ist Mathematik") Interessant ist, dass diese Relation auch bei makroskopischen Körpern gilt. „Nur sind hier die von der Quantentheorie erzwungenen Unschärfen zwischen dem Ort und der Geschwindigkeit so winzig, dass man sie problemlos vernachlässigen kann, und dies ist letztlich der Grund für die Tatsache, dass unser intuitives Erfassen der Naturprozesse die Quantennatur der Wirklichkeit völlig ausblendet." (Fritzsch, 2005:77f.)

„Nichts außer der Ungewissheit ist gewiss“, schreibt Clegg. Diesen Satz sollte man bei allen Auseinandersetzungen mit der sogenannten Realität nie vergessen. Bemerkenswert ist die Hilflosigkeit der Physiker, die Singularität zu beschreiben. Sie wird als Punkt gedacht, dessen Ausdehnung gegen unendlich klein geht. In der auf die Singularität folgenden GUT-Planck-Zeit sei der Kosmos 10^{32} Kelvin heiß gewesen, habe eine Ausdehnung von 10^{-35} Meter und eine Dichte von 10^{94} Gramm pro Kubikzentimeter gehabt. (Zum Vergleich: 0 Grad Celsius = 273,16 Kelvin; der Siedepunkt von Wasser auf Meereshöhe liegt bei 330,95 Kelvin.) Im ersten Stadium nach dem Urknall spielten Quanteneffekte eine zentrale Rolle. Die Zeit sei hinter der Planck-Zeit von 10^{-43} Sekunden verschwunden und mit ihr, im Kontinuum, der Raum. Seltsam, dass das unverstellbar Kleine und das unvorstellbar Große so nahe beieinander liegen.

Entscheidend war offenbar die GUT-Ära vor der Inflation, in der es zu einer Asymmetrie zwischen Materie und Antimaterie kam. Die Anteile an Materie und Antimaterie zerstrahlten in Form von Vernichtungsstrahlung, ließen aber aufgrund einer Asymmetrie einen milliardsten Teil der Materie übrig. Das war der Keim für die ersten kosmischen Objekte, wie Galaxien, Sterne und Planeten - mit der Chance auf Leben in einer habitablen Zone, nicht zu weit weg und nicht zu nah an ihrem Mutterstern. Die GUT-Ära in der Inflationsphase ab 10^{-35} Sekunden sah eine überlichtschnelle Ausdehnung des Uni=

versums. Das steht nur scheinbar im Widerspruch zur Einsteinschen Relativitätstheorie, da diese nur eine über=lichtschnelle Bewegung *im Raum*, nicht jedoch eine über=lichtschnelle Ausdehnung *des Raumes selbst* verbietet.

Die Expansion unseres Universums wird die Geschichte bis in alle Ewigkeit bestimmen. So unfasslich wie der Anfang wird auch das Ende sein: In ungefähr einer Billion Jahren, so Lawrence M. Krauss, werden sich alle Galaxien unserer lokalen Gruppe zu einer großen Meta-Galaxie vereint haben. (Krauss, 2013:147) Sollte es dann noch Beobachter geben, würden sie genau das sehen, was die Astronomen 1915 zu sehen glaubten: eine einzige Galaxie, in der ihr Stern und ihr Planet zu Hause sind – umgeben von einem ansonsten leeren, ungeheuer weiten statischen Weltraum.

Kosmische Hintergrundstrahlung

Die Urknall-Theorie fußt auf der Rotverschiebung und der Mikrowellen-Hintergrundstrahlung. Anfangs, als das Univer=sum eine Sekunde alt war, lag die Temperatur des dichten Plasmas, in dem das ganze Weltall komprimiert war, bei etwa 10 Milliarden Grad. (Krauss, 2013.40) Zu diesem Zeitpunkt beginnt auch die Mikrowellen-Hintergrundstrahlung. Sie wird als Echo des Urknalls bezeichnet. Der russisch-amerikanische Physiker George A. Gamow (1904–1968) nahm bereits 1946 an, dass während dieser Abkühlungsphase eine „fossile“ Urstrahlung übrig geblieben sei, die sich aufgrund der schnellen Ausdehnung des Universums auf eine Temperatur von ungefähr fünf Grad über dem absoluten Nullpunkt abkühlte. Der absolute Nullpunkt oder Null Grad Kelvin entspricht −273,16 Grad Celsius. Er ist eine rechnerische Messgröße, welche nicht erreichbar ist. Reale Temperaturen können dem absoluten Nullpunkt nur nahe kommen.

Schon der superheiße Beginn des Universums sei, so Krauss, eine Bestätigung für den Urknall: „Nur ein heißer Urknall kann den beobachteten Überschuss leichter Elemente hervor= bringen und mit der derzeit beobachteten Expansion des Universums in Übereinstimmung bleiben.“ (Krauss, 2013:40f.) Damit sind die Elemente jenseits von Lithium gemeint, dem drittleichtesten Element in der Natur. Alle anderen Elemente entstanden nicht im Verlauf des Urknalls, sondern in den Feuerkernen der Sterne und wurden durch Supernovae in den Kosmos hinausgeschleudert. „Im Lauf der Geschichte unserer Galaxis sind etwa 200 Millionen Sterne explodiert. Diese Myriaden Sterne opferten sich, wenn man so will, damit wir eines Tages geboren werden konnten.“ (Krauss, 2013:41)

Die kosmische Hintergrundstrahlung war schon 1948 von Ralph Alpher, George Gamow und Robert Herman vorher=

gesagt worden, aber erst Arno A. Penzias und Robert W. Wilson von den amerikanischen Bell-Telephone- Laboratories in New Jersey fanden sie im Jahr 1964 tatsächlich mit einer rauscharmen 6-Meter-Hornreflektorantenne für Radiowellen auf einer Wellenlänge von 7,35 Zentimetern aus allen Him= melsrichtungen in der gleichen Intensität und der gleichen Temperatur. Nachdem alle potenziellen Störquellen ausgeschaltet waren, zeigte sich, dass diese Radiostrahlung nichts anderes war als ein kosmisches Relikt, ein „Nachglühen des Urknalls". Forschungen in Princeton, vor allem durch den Physiker Robert H. Dicke bestätigten, dass es sich tatsächlich um den Strahlungshintergrund des Universums handelte – eine Bestätigung der Urknall-Theorie. (Guth, 2002:108ff.) Dicke war auch der erste, der für ein zyklisches oder oszillierendes Universum eintrat. (Clegg, 2012:210)

Erst mit Hilfe der NASA-Forschungssonde COBE (Cosmic Background Explorer) konnte dann von der Hinter= grundstrahlung schlüssig auf den Urzustand des Alls und damit den „Urknall" geschlossen werden. Von 1992 bis 1996 durchleuchtete die Sonde die Hintergrundstrahlung und stellte dabei „Falten" im Raum-Zeit-Gewebe des Kosmos in Form von winzigen Schwankungen und minimalen Tempera= turunterschieden fest.

Nach den neuesten Erkenntnissen entstanden kurz nach dem Urknall Gravitationswellen, die der kosmischen Hintergrund=

strahlung ein charakteristisches Polarisationsmuster auf= prägten. Dafür fanden Astronomen im März 2014 erste Hinweise. Die Interpretation dieser Messungen ist noch umstritten. Gleichwohl handelt es sich offenbar um eine Botschaft aus der Geburtsstunde unseres Universums. (Harvard-Smithsonian Center for Astrophysics: First Direct Evidence of Cosmic Inflation, 17.3.2014)

US-amerikanische Wissenschaftler des Center for Astro= physics (CfA) hatten auf der Amundsen-Scott-Südpolstation mit dem BICEP2-Teleskop zur Messung der kosmischen Mikrowellen-Hintergrundstrahlung erstmals ein Signal registriert, das auf die intensive Erzeugung von Gravitationswellen in der Inflationsphase kurz nach dem Urknall hindeutete. Die Gravitationsswellen werden derzeit mit einem US-Teleskop namens LIGO (Laser-Interferometer Gravitationswellen-Observatorium) beobachtet, das auf zwei 3000 Kilometer voneinander entferne Orte verteilt ist. Auf= grund der Ergebnisse wird eine Bestätigung der Urknall-Theorie erwartet.

Gravitationswellen hatte schon Albert Einstein vorhergesagt. Solche Wellen sind Änderungen in der Struktur der Raumzeit, die sich mit Lichtgeschwindigkeit ausbreiten. Sie sind Zeugen aus der allerfrühesten Frühzeit unseres Universums, aus der ersten Sekunde nach dem Zeitpunkt Null durch eine unvorstellbar schnelle Aufblähung (Inflation) des Weltalls. Das

Forscherteam habe drei Jahre lang über alle möglichen Fehlerquellen nachgedacht, sagt der Leiter des Experiments John Kovac. Staub im Weltall oder Temperaturschwankungen in der Atmosphäre könnten die Messung stören. Doch für Kovac steht fest: Diese Signale stammen tatsächlich aus der Frühzeit des Universums. Wenn er recht hat, wäre das eine nobelpreiswürdige Sensation, der „Anfang einer neuen Ära" wie Bernhard Schutz vom Albert-Einstein-Institut in Potsdam sagte. Und der Kosmologe Max Tegmark sprach von der „größten Entdeckungen in der Geschichte der Wissenschaft. "Für mich ist das der endgültige Beleg, dass die Inflation tatsächlich stattgefunden hat." (Rauner, Schnabel: 2014)

Max Tegmark, geboren 1976 in Stockholm, US-ameri= kanischer Staatsbürger, seit 2000 am Massachusetts Institute of Technology (MIT) Professor für Physik, ist Direktor des „Fundamental Questions in Physics Institute".

Die von Einstein vorhergesagte Existenz von Gravi= tationswellen wurde kaum je bezweifelt. Schon 1974 hatten die beiden US-Astronomen Russell Alan Hulse und Joseph Taylor ein Doppelsystem aus zwei besonderen Neutronensternen entdeckt, die sich eng umkreisen. Ihre Umlaufzeit nahm langsam ab, was sich exakt mit dem Energieverlust durch Gravitationswellen erklären ließ. Für diesen indirekten Nachweis bekamen sie 1993 den Physik-Nobelpreis.

So war es nur folgerichtig, dass Anfang Februar 2016 die Meldung kam: „Albert Einsteins vorhergesagte Gravita= tionswellen von Ligo-Observatorium nachgewiesen". Was war geschehen? Das Spezialobservatorium LIGO hatte mit einer neuen Art Teleskop die Signatur zweier verschmelzender Schwarzer Löcher aufgefangen. Doppel-Schwarze-Löcher lassen sich auf keinem anderen Weg als mit Gravita= tionswellen nachweisen, denn sie senden kein Licht oder andere elektromagnetische Strahlung aus. Die Möglichkeit, Gravitationswellen direkt zu messen, stellt somit ein fundamental neues Werkzeug zur Erforschung des Universums dar. Die Forscher sprechen von einer neuen Ära in der Physik und Astronomie.

Den Analysen zufolge hat sich die Verschmelzung der beiden Schwarzen Löcher in etwa 1,3 Milliarden Lichtjahren Ent= fernung in einem Gebiet am Südhimmel in Richtung des Sternbilds Schwertfisch ereignet. Die beiden Schwarzen Löcher hatten 29 und 36 Mal so viel Masse wie unsere Sonne. Das aus ihrer Verschmelzung hervorgegangene Schwarze Loch besitzt jedoch nur 62 Sonnenmassen. Die Differenz von 3 Sonnenmassen ist gemäß Einsteins Masse-Energie-Äquivalenz in Form von Gravitationswellenenergie abgestrahlt worden.

Das Observatorium LIGO wurde 1992 speziell für die Beobachtung von Gravitationswellen gebaut, die vom Urknall, von Pulsaren, Neutronensternen, Schwarzen Löchern und Supernovae erzeugt werden. Inzwischen sind in dem Projekt hunderte Wissenschaftler in über 40 Instituten weltweit tätig. LIGO besteht aus zwei Observatorien, die sich in Hanford (Washington) und Livingston (Louisiana) befinden.

Gravitationswellen stauchen und strecken den Raum. Sie breiten sich in alle Richtungen aus und verbiegen den Raum, ähnlich wie ein ins Wasser geworfener Stein die Oberfläche. Sie sind umso stärker, je mehr Masse ein Körper hat. In der Regel sind sie aber so schwach, dass nicht einmal Einstein daran glaubte, dass man das leise Zittern der Raumzeit je werde messen können.

LIGO misst dieses Zittern der Raumzeit mit Hilfe von zwei jeweils vier Kilometer langen Röhren, die auf einem flachen Boden rechtwinklig aufeinandertreffen. Über ein Lasersystem in den Röhren lässt sich die Länge der Arme extrem genau überwachen. Läuft eine Gravitationswelle durch die Anlage, staucht und streckt sie die Arme unterschiedlich stark. Die verschmelzenden Schwarzen Löcher stauchten die Anlage nur um ein Tausendstel der Dicke eines Wasserstoffatomkerns. Dennoch schlug der Detektor an. Die Forscher beschrieben ihre Entdeckung im Fachblatt "Physical Review Letters".

Eine Deutung der Theorie der inflationären Ausdehnung des Universums berücksichtigt auch Ereignisse vor dem Urknall.

Durch die gigantische Ausdehnung innerhalb von Sekundenbruchteilen könnte das gesamte Universum aus einer verschwindend geringen Masse von weniger als 10 Kilogramm mit sehr geringer Ausdehnung entstanden sein. Dazu bedürfe es allerdings, wie z.B. Krauss annimmt, aufgrund des falschen Vakuumzustands einer extrem hohen Dichte.

2001 startete die NASA die Raumsonde WMAP (Wilkinson Microwave Anisotropy Probe), benannt nach dem Physiker David Wilkinson, zur Messung der Mikrowellen-Hinter=grundstrahlung. Die gelieferten Daten zeigen ein Bild des gesamten Mikrowellenhimmels auf einer Ebene projiziert, wobei die Milchstraße (die aber aus dem Bild entfernt wurde) den Äquator bildet.

Die NASA-Sonde konnte Temperaturunterschiede in der Hintergrundstrahlung bis auf ein Millionstel Grad genau messen und berechnen. Das Ergebnis war eine 360-Grad-Karte des „Baby-Universums“ im „Feuerballstadium“ im Alter von 380.000 Jahren nach dem Urknall, als Sterne und Galaxien noch nicht existierten.

Und es gibt weitere starke Indizien für die Urknalltheorie: So spricht beispielsweise die heutige mittlere Dichte der beobachtbaren leuchtenden Materie im Kosmos, die sich in Sternen oder im interstellaren Gas und Staub befindet, ganz eindeutig für das Big-Bang-Szenario. Das Gleiche gilt für den Anteil der Elemente Helium, Lithium und Deuterium in der Urmaterie vor der Bildung der Sterne. Nicht zuletzt können Astronomen mit der Analyse des radioaktiven Zerfalls in Meteoriten, aber auch aus der Entwicklungszeit von Kugelsternhaufen und der Abkühlzeit von Weißen Zwergsternen das Alter des Universum ziemlich exakt bestimmen: Der „Tag ohne Gestern“ brach vor 13,798 ± 0,037 oder rund 13,8 Milliarden Jahren an.

Dunkle Materie – Dunkle Energie

Zirka eine Million Jahre nach der Stunde Null des Universums bildeten sich großräumige Strukturen: riesige kugelförmige Halos (vom griechischen „Lichthof“ abgeleitet) aus Dunkler Materie und Gaswolken, in denen dann Galaxien entstanden. Solche Halos existieren auch heute noch. Der Halo der Milchstraße hat einen Durchmesser von ungefähr 165.000 Lichtjahren. Aus welcher Art von Teilchen die dunkle Materie gebildet wird, ist derzeit noch unbekannt. Und selbst das ist ungewiss: „Die meisten Kosmologen halten die Dunkle Materie für einen exotischen Stoff, eine besondere Art von

Materie, die sich nicht so verhält, wie man es von normalen Atomen erwartet.“ (Clegg, 2012:185)

Die kollabierenden Gaswolken hatten sich soweit verdichtet, dass sich die ersten Sterne bildeten. Diese waren wesentlich massereicher als unsere Sonne, so dass sie sehr hohe Temperaturen und Drücke entwickelten. Infolgedessen wurden auch schwerere Elemente wie Kohlenstoff, Sauerstoff und Eisen durch Kernfusion erzeugt. Wegen ihrer großen Masse war die Lebensdauer dieser Sterne mit 3–10 Millionen Jahren relativ kurz, sie explodierten in einer Supernova. Während der Explosion wurden durch Neutroneneinfang Elemente schwerer als Eisen wie etwa Uran gebildet und gelangten in den interstellaren Raum. Der Explosionsdruck verdichtete angrenzende Gaswolken, die dadurch schneller neue Sterne hervorbringen konnten. Da die mit Metallen angereicherten Gaswolken schneller auskühlten, entstanden masseärmere und kleinere Sterne mit schwächerer Leucht=kraft, aber von längerer Lebensdauer. Es bildeten sich die ersten Kugelsternhaufen aus diesen Sternen, und schließlich die ersten Galaxien.

Bewegungen von Galaxien innerhalb von Galaxienhaufen, so genannten Galaxieclustern, berechtigten zu der Annahme, dass zwischen den Galaxien nicht „nichts“ existiert, sondern unsichtbare Materie, „die zwar Masse, aber keine messbare Substanz zu haben scheint“. (Malin, 1999:9) Ob Dunkle

Materie oder Dunkle Energie oder Nichts: Wir wissen nicht, was sie sind, nur dass sie alles dominieren, wie ein riesiger Schatten, der alles Sichtbare begleitet. Die Existenz dieses Schattens kennen wir nur aus Rückschlüssen, welche die Wissenschaft schon seit 1933 begleiten, als der Astronom Fritz Zwicky vom California Institute of Technology bei Beobachtungen eines Galaxiehaufens mit über 1000 Galaxien im Sternbild „Haar der Berenike" Verrücktheiten diagno= stizierte: Die äußeren Galaxien des Haufens bewegten sich viel schneller, als zu erwarten war, so schnell, dass sie hätten davon fliegen müssen. Den gleichen Effekt konstatierte in den 60er Jahren Vera Rubin von der Georgetown University an äußeren Sternen unserer Milchstraße. Etwas mit „mehr Masse" musste die Ursache sein. „Aber dieses Etwas war unsichtbar." (Clegg, 2012:184)

Ähnliches gilt für die Dunkle Energie. Als Astronomen in den 90er Jahren die Expansionsgeschwindigkeit des Universums überprüften, fuhr ihnen der Schreck in die Glieder: Das Tempo verlangsamte sich nicht, sondern beschleunigte sich sogar. Irgendetwas schien sich gegen die Gravitation zu stemmen. Und dieses Etwas nannten sie „Dunkle Energie". Schon Albert Einstein hatte sie vorhergesagt. Doch diese Prognose – sie inkludierte, dass das Universum eines fernen Tages dem „Big Freeze", dem entropischen Wärmetod erliegen würde – erschien ihm so gewagt, dass er sie als seine „größte Eselei" bezeichnete. (Clegg, 2012:189f.)

Dunkle Materie und Dunkle Energie bestimmten die Fluchtgeschwindigkeiten ferner Galaxien, die größer sind, als in einem sichtbaren Universum zu erwarten ist. Und sie halten auch die Galaxien im Inneren zusammen, sonst würden die Sterne auseinander fliegen und sich nicht in diesen wunder= schönen Spiralen ordnen. Lawrence M. Krauss hat in seinem Buch „Ein Universum aus Nichts... und warum da trotzdem etwas ist" das Dilemma der Physik mit der Dunkler Materie so auf den Punkt gebracht: „Inzwischen sind wir uns praktisch sicher, dass die Dunkle Materie ... aus etwas vollkommen Neuem bestehen muss, etwas, das es auf der Erde normalerweise nicht gibt. Diese Art von Material, das kein Sternenstoff ist, ist auch kein irdischer Stoff! Aber es ist zweifellos etwas!" Die Partikel der Dunklen Materie befänden sich, so Krauss, überall um uns herum ebenso wie draußen im Weltall. Die Frage sei, ob es sich um eine neue Art von Elementarteilchen handle. In Tunneln, tief unter der Erde, und im LHC in Genf liefe ein Wettrennen um die Klärung dieser Fragen. (Krauss, 2013:61f.)

Wenn es Elementarteilchen sind, dann sind sie offenbar so winzig wie Neutrinos oder WIMPs (weakly interacting massive particles, schwach wechselwirkende massive Teilchen), die sämtliche Materie ohne Schwierigkeiten durchdringen. Sogenannte Massive Neutrinos könnten auch Dunkle Materie sein, wenn sie eine Masse haben. Laboruntersuchungen konnten bis jetzt diese Frage nicht beantworten. Dunkle

Materie und Dunkle Energie haben jedenfalls gegenüber der „normalen Materie“ (Atome) einen enormen Anteil, der 380.000 Jahre nach dem „Urknall“ noch wesentlich großer war.

Lawrence Krauss stützt sich bei der Annahme von Dunkler Materie und Dunkler Energie auf die Vermessung des Universums durch die Beobachtung ferner Supernovae in den 1990er Jahren. Unter dem Titel „A Universe from Nothing“ hielt Krauss 2009 eine Reihe von Vorträgen, in denen er die Entstehung des Universums damit erklärte, dass der leere Raum nicht wirklich leer ist, sondern dass darin quantendynamisch virtuelle Partikel existieren. Bei der Dunklen Materie handelt es sich nach Lawrence Kraus höchstwahrscheinlich um eine neue Art von Elementar=teilchen. Der Ursprung der Dunkler Energie sei „derzeit ein absolutes Geheimnis“. (Krauss, 2013:185)

Ursprung und Art der Dunklen Energie, so Krauss, „stellen heute ohne jeden Zweifel das größte Mysterium der Grundlagenphysik dar“. Die Physiker verstünden im Grunde nicht, wo sie herkommt und warum sie den errechneten Wert besitzt. Deshalb hätten sie auch keine Ahnung, warum sie vor 5 Milliarden Jahren begann, die Expansion des Universums zu beherrschen. Es liege aber die Vermutung nahe, „dass ihre Natur auf irgendeine grundlegende Weise mit dem Ursprung des Universums verknüpft ist“. (Krauss, 2013:125)

Apropos „Mysterium“: Warum ist die Gravitation so viel schwächer als die anderen Naturkräfte - elektromagnetische, starke und schwache Wechselwirkung? Warum ist das Proton im Atomkern 2000 mal schwerer als das den Kern umkreisende Elektron? Und warum gibt es drei Familien von Elementarteilchen? Warum gibt es drei verschiedene Gruppen von Quarks, wenn doch die Gruppe mit der niedrigsten Energie den größten Teil der auf der Erde vorgefundenen Materie ausmacht? Endet das Universum an den sichtbaren Grenzen (des Lichts), die wir gegenwärtig auf 45 Milliarden Lichtjahre schätzen? Warum dehnte sich das Universum nach der Urknall-Theorie innerhalb einer Sekunde ins Riesenhafte aus, während es sich dann in einem beispiellosen Schneckenprozess Milliarden Jahre für seine Entwicklung Zeit ließ? Erst wenn diese fundamentalen Fragen beantwortet wären, könnten wir davon reden, dass wir die Welt verstehen.

Milky Way

Das Alter unserer Milchstraße konnte erst 2004 genauer berechnet werden. Eine Forschergruppe von der Europäi=schen Südsternwarte ESO auf dem Berg Paranal in Chile (Paranal Observatory, Very Large Telescope VLT) nutzte dabei einen Spezial-Detektor. Damit gelang erstmals eine Messung, wie viel Beryllium die Sterne im Kugelsternhaufen

NGC 6397 enthalten. Die Menge des stabilen Isotops Beryllium-9 in einem Stern kann von den Astronomen als "kosmische Uhr" genutzt werden. Damit lässt sich die Zeit ablesen, die zwischen der Entstehung der Milchstraße und der Entstehung des Sterns abgelaufen ist, in dem das Beryllium entstanden ist. Beryllium besitzt nur ein stabiles Isotop: Be-9. Die natürlichen radioaktiven Isotope Be-7 und Be-10 sind kosmogen und auf der Erde nur ihn geringsten Spuren vorhanden. Die Konzentration von Be-10 zeigt eine Korrelation mit der die Erde erreichenden kosmischen Strahlung. Diese hängt von der Stärke des Erdmagnetfeldes und der Sonnenaktivität ab (hohe Be-Konzentration bei geringer Sonnenaktivität).

Einem internationalen Astronomenteam gelang es mit Hilfe des VLT und dessen Spektrometer einen Blick in die frühe Epoche der Milchstraße zu werfen. Unter Anwendung einer Beryllium-Messung wurden zwei Sterne aus dem Sternen= cluster NGC 6397 untersucht. NGC 6397 ist ein etwa 7.200 Lichtjahre entfernter Sternencluster und liegt im Sternbild Ara am südlichen Himmel. Die Wissenschaftler wollten mit Hilfe dieser Beryllium-Methode den Zeitabstand zwischen den ersten und zugleich ältesten Sternen und der Milchstraße messen, um so das genaue Alter unserer Galaxie zu bestimmen.

Der Anteil an Beryllium hängt vom Alter des jeweiligen Sterns ab. Da die Sterne in NGC 6397 älter sind und schon mehr Beryllium enthalten als die meisten Sterne in der Milchstraße, kamen die Forscher zu dem Schluss, dass unsere Galaxie etwa 13,6 Milliarden Jahre alt ist, also rund 200 Millionen Jahre nach dem Urknall emtstand, in der Frühzeit des Universums.

Der französische Chemiker und Apotheker Louis-Nicolas Vauquelin hatte das Element Beryllium 1798 entdeckt, und zwar in Form eines Oxids aus dem meergrünen Edelstein Beryll. Schon im Altertum und im Mittelalter dienten durchsichtige Beryllstücke als „Zauberglas", da es, wie heute eine Lupe, Schriftzüge und Bilder vergrößert. Vom Wort Beryll leitet sich die Bezeichnung Brille (lateinisch *beryllus*) ab.

Der erste, der erkannte, dass die Milchstraße aus unzähligen einzelnen Sternen besteht, war der griechischen Philosoph Demokrit von Abdera (460/59-371; siehe Kapitel „Mikrowelten werden entdeckt"). Erst zweitausend Jahre später wurde seine Ansicht durch Galileo Galilei bewiesen, der – wieder eine Premiere – mit einem Fernrohr den Himmel beobachtete. Heute wissen wir, dass unsere Galaxie (vom altgriechischen *gala* = Milch) aus 100 bis 300 Milliarden Sternen besteht, dazwischen interstellarer Staub in der Größenordnung von 600 Millionen bis einigen Milliarden Sonnenmassen.

Unsere Milchstraße weist in der Aufsicht eine charak= teristische Balkenspiralform auf. Seitlich gesehen ist sie diskusförmig, mit einer Ausdehnung von 100.000 Lichtjahren. Die zentrale Ausbauchung hat einen Durchmesser von 3.000 Lichtjahren. Eine jüngere Untersuchung der Verteilung von Sternentstehungsgebieten und junger Sterne bestätigt die bekannte vierarmige Struktur der Milchstraße. (Urquhart et al., 2013)

Wie die Spiralstrukturen der Galaxien entstehen, die sich jeweils um ein galaktisches Zentrum (Bulge) drehen, ist noch nicht eindeutig geklärt. Nach der Dichtewellentheorie, die 1925 von dem schwedischen Astronomen Bertil Lindblad aufgestellt und 1969 von den chinesischen Astronomen Frank Shu und Chia-Chiao Lin weiterentwickelt wurde, werden die eliptischen Bahnen der Sterne in ihren Umlaufbahnen um das galaktische Zentrum versetzt gedreht. Die Theorie geht davon aus, dass die Spiralamre ein quantenphysikalisches Wellen= phänomen sind und ständig neu gebildet werden. Die Dichtewellen durchlaufen die Materie der Galaxie, wobei die Spiralarme die Gebiete maximaler Dichte darstellen. Die instellare Materie wird durch diese Wellen so stark komprimiert, dass junge Sterne entstehen – die leuchtendsten Lichtquellen der Spiralen.

Das Zentrum des Milchstraßensystems liegt von der Erde aus gesehen im Sternbild Schütze (Sagittarius) und ist hinter dunklen Staub- und Gaswolken verborgen, so dass es im sichtbaren Licht nicht direkt beobachtet werden kann. Seit den 1950er Jahren ist es aber gelungen, im Bereich von Radiowellen sowie im Infrarot- und Röntgenbereich Bilder aus der nahen Umgebung des galaktischen Zentrums zu gewinnen. Man hat dort eine starke Radioquelle entdeckt, Sagittarius A, bestehend aus einer Gruppe von Sternen mit einem Schwarzen Loch von 1300 Sonnenmassen in der Mitte. Das ergibt sich aus der Beobachtung des zentralen Sternhaufens, der eine Masse von 4,31 Millionen Sonnenmassen aufweist. (Gillessen et al., 2009:1075ff.)

Unsere Sonne mit ihren Planeten liegt in einem Seitenarm der Galaxie und umkreist das Zentrum der Milchstraße in einem „galaktischen Jahr“, was 220 bis 240 Millionen Erdenjahren entspricht, mit einer Geschwindigkeit von 267 Kilometern pro Sekunde.

Unser Sonnensystem umläuft das galaktische Zentrum nicht auf einer ungestörten ebenen Keplerbahn, sondern oszilliert durch die Scheibe auf und ab, die sie alle 30 bis 45 Millionen Jahre durchquert. Das stimmt auffällig mit schweren Impacten (siehe Kapitel „Der große Impact“) und erdgeschichtlichen Massensterben überein. Die in der Scheibe des Milch=straßensystems verteilte Masse übt eine starke Störung aus, so dass die Sonne zusätzlich zu ihrer Umlaufbahn um das

Zentrum auch regelmäßig durch die Scheibe auf und ab oszilliert.

Die benachbarte Andromedagalaxie ist eine der wenigen Galaxien im Universum, deren Spektrum eine Blau= verschiebung aufweist: Sie bewegt sich mit einer Geschwindigkeit von 120 Kilometern pro Sekunde auf unsere Milchstraße zu, wird in etwa drei Milliarden Jahren mit ihr zusammenstoßen und zu einer größeren Galaxie ver= schmelzen, zur „Milkomeda". Das sollte uns nicht betrüben. Nach dem britischen Astrophysiker Stephen Hawking wird es, wenn es so weiter geht, in 1.000 bis 10.000 Jahren zur Selbstausrottung der Menschheit durch Atomkriege, Erderwärmung oder gentechnisch erzeugte Viren kommen. (Die Presse, 20.1.2016)

Wir bestehen aus Sternenstaub

> „Wir alle sind buchstäblich Sternenkinder, und unser Körper besteht aus Sternenstaub."
>
> *Lawrence M. Strauss*

Die Gegenwart kann nur verstehen, wer die Vergangenheit kennt. Und unsere Vergangenheit reicht weit zurück: Unsere

Galaxie, die Milchstraße, ist 13,6 Milliarden Jahre alt. Ihr Durchmesser beträgt 100.000 Lichtjahre. Ein Lichtjahr ist die Strecke, die eine elektromagnetische Welle wie das Licht in einem julianischen Jahr im Vakuum zurücklegt. Das sind 9,461 Billionen Kilometer ($9{,}461 \cdot 10^{12}$ km). Das entspricht einer Geschwindigkeit von rund 300.000 Kilometern pro Sekunde. Das Feuerwerk, das sich im Weltraum abspielt, lässt den beobachtenden Menschen als eine Winzigkeit erscheinen, als eine nicht einmal marginale Größe. Dennoch steht der Mensch irgendwo in der Mitte zwischen der atomaren Welt der Grundbausteine - ein Atomkern ist kaum ein Millionstel Millimeter groß - und den Weiten des Universums. Ein Mensch mit 70 Kilo besteht aus 7.10^{27} Atomen von 60 verschiedenen Elementen. 99% davon sind Sauerstoff (65%), Wasserstoff (10%), Kohlenstoff (18%), Stickstoff (3%), Kalzium (2%) und Phosophor (1%). (Schrott, 2016:702)

Kurz nach dem Urknall haben sich im Universum vor allem zwei Elemente gebildet: Wasserstoff und Helium. Sie sind die Grundbausteine unseres Universums. Wasserstoff besteht nur aus einem Proton und einem Elektron und das Edelgas Helium aus zwei Protonen und zwei Elektronen. Dann bildet sich Beryllium-4 durch das Zusammentreffen zweier Alphateilchen (von zwei Helium-Atomkernen). Berylliumkerne kollidieren mit einem weiteren Alphateilchen und bilden Kohlenstoff. (Fritzsch, 2005:235; siehe Kapitel „Mysterium Kohlenstoff“)

Zu diesen Fusionen kommt es unter hohen Temperaturen (mehrere Millionen Grad Celsius) und hohem Druck. Werden Sterne gegen Ende ihrer Lebenszeit zu Roten Riesen, dann entwickeln sie in ihrem Kern Temperaturen von bis zu einer Milliarde Grad Celsius und es kommt zu einer Verschmelzung von Kohlenstoff-12 und Sauerstoff-16. Es entsteht eine Reihe von Elementen, die etwa das Doppelte ihrer eigenen Ausgangsmasse besitzen: Natrium-23, Silizium-28, Phosphor-31 und Schwefel-32. Danach fusioniert Silizium-28 mit Helium und bildet mit ihm Elemente bis zum Eisen. Im letzten Stadium ihrer Entwicklung besitzen solche Sterne eine Struktur aus konzentrischen Schalen: Der Kern besteht aus schwersten Elementen, gefolgt von Silizium, Kohlenstoff, Sauerstoff, Stickstoff, Helium und Wasserstoff. (Ball, 2002:27)

Die Ausbruchsenergie einer Supernova ist so gewaltig, dass neue Nukleosynthese-Reaktionen ausgelöst werden. Es entstehen Elemente bis zu Thorium und Uran. Sie alle werden in den Weltraum geblasen und gelangen in das interstellare Medium, wo sie von Sternengeneration zu Sternengeneration weitergegeben werden. „Aufgrund der Supernovae ist die Leere zwischen den Sternen mit dem Rohstoff durchsetzt, aus dem Welten gemacht sind." (Ball, 2002:28)

Unsere Sonne entstand zusammen mit ihren Planten vor rund 4,6 Milliarden Jahren durch den Kollaps einer interstellaren Gaswolke. Sie ist ein Stern der zweiten oder dritten

Generation mittlerer Größe, ein „gelber Zwerg“. Seit dem „Urknall“ vor rund 13,8 Milliarden Jahren, entstanden aus den riesigen Gas- und Staubwolken im All immer wieder Sterne und verschwanden wieder in einer Supernova, einer Sonnen-Explosion, wenn ihr Vorrat an Helium und Wasserstoff, durch deren Verschmelzung ihre enorme Energie entsteht, aufgebraucht war. Dabei wurden dann die schwereren Elemente bis zum Uran gebildet, aus denen auch unser Planet besteht.

Die Sonne enthält schon ein bis zwei Prozent schwere Elemente. Nachdem ihr Wasserstoff-Helium-Feuer gezündet war, umringte sie ein Teil dieser Elemente in einer Planetenscheibe, in der zum Teil Gesteinsatelliten wie Merkur, Erde, Mars und Venus entstanden. Die Erde bringt es auf rund 100 Elemente. Letztlich besteht alles auf unserem Planeten aus Sternenstaub. Der Astronom und Weltraumfotograf David Malin hat in seinem Buch „Das unsichtbare Universum“ den geradezu alchemistischen Vorgang bei der Entstehung einer Supernova, ohne den Natur und Mensch nicht existieren würden, so beschrieben: „Während der Explosion waren die Bedingungen im Zentrum des Sterns für wenige Sekunden so extrem, dass chemische Elemente entstanden, die schwerer waren als Eisen. Fast alle schweren Elemente werden bei solchen Explosionen aus den ansonsten leichten Stoffen der Sterne geschmiedet. Das Vorkommen von Kupfer, Zinn, Quecksilber, Gold und großen Mengen Eisen in der Erdkruste verrät, dass die Bestandteile des Sonnensystems im Schmelzofen einer Supernova zustande kamen, lange bevor die Sonne mit ihren Planeten erschien. Asche verwandelt sich zu Gold, Staub zu Eisen und Kupfer, aber nicht auf der Erde. Die Kräfte, die diese Transformation bewirken, sind nur schwer vorstellbar, doch ohne sie gäbe es andererseits auch keine Vorstellungskraft." (Malin, 1999:44)

Die Goldmenge auf der Erde ist übrigens beträchtlich. Das Edelmetall wurde aus den goldführenden Gesteinsschichten ausgewaschen und über die Flüsse ins Meer gespült. Das Meerwasser enthält 0,001 bis 0,01 Milligramm Gold pro Kubikmeter (Holleman/Wiberg, 1964:476), so dass der Goldgehalt aller Weltmeere zusammen mehrere Millionen Tonnen beträgt.

Die Faszination, die von unserem Sonnesystem ausgeht, hat der Fotograf und Künstler Michael Bronson durch die Kombination und Bearbeitung der Weltraum-Bilder von NASA und ESA-Missionen in atemberaubender Ästhetik zusammen=gestellt. (Benson, 2016) Da sind etwa Basaltdünen auf dem Mars zu sehen, die durch eine Koppelung von Einzelbildern in Breitwandformat zu einem abstrakten Gemälde werden. Oder die feinen Uranusringe, die nicht wie die Saturnringe bei entsprechender Sonnenbeleuchtung einen Schatten auf ihren Heimatplaneten werfen. Oder die bizarren Eisstrukturen des Jupiter-Mondes Europa.

Die Erde ist rund 4,6 Milliarden Jahren alt. Sie war bei ihrer Geburt ein glühender Ball und es dauerte viele Millionen Jahre, bis sich die Oberfläche verfestigte. Von der ältesten Erdkruste sind nur winzige Zirkon-Kristalle erhalten. In den Jack Hills; im Westen Australiens. Alter: 4,36 Milliarden Jahre. In solchen Zirkonen wurden Kohlenstoffe gefunden, die aufgrund ihres Isotopenverhältnisses von C_{13} und C_{12} höchstwahrscheinlich biologischen Ursprungs sind. Das führt zur Annahme, dass das Leben vor dem letzten schweren Asteroiden-Bombardement 4,3 bis 4,2 Jahrmilliarden vor unserer Zeit im Ozean entstanden ist. (Schrott, 2016:735)

Die ältesten massiven Gesteinsformationen wurden von den Geologen O'Neil und McGill von der Universität Montral in Felsen des Nuvvuagittuq-Gesteinsgürtels im hohen Norden der kanadischen Provinz Québec gefunden und mit 4,28 Milliarden Jahren datiert. Diese Gesteine sind zum Teil vulkanischen Ursprungs. Um das genaue Alter zu bestimmen, konzentrierten sich die Forscher auf Isotope der Elemente Neodym und Samarium. Weil diese Isotope über die Jahrmillionen unterschiedlich schnell zerfallen, konnten die Forscher aus den Isotopenverhältnissen auf das Alter schließen. (O'Neil et al., 2008)

Die Elemente

Sie sind ein Mysterium, das wir zu kennen glauben. Sie haben uns auf die Spur der Atome gebracht und über sie zu noch winzigeren Teilchen, aus denen sich alles, was uns umgibt, zusammensetzt. Ein Teil der natürlichen Elemente ist stabil, ein anderer zerfällt ständig, manchmal in kurzen Zeiträumen wie etwa Tritium mit einer physikalischen Halbwertszeit von 12 Jahren, manchmal in Ewigkeiten wie z.B. Kalium-40 mit einer physikalischen Halbwertszeit von 1,28 Milliarden Jahren.

Die Elemente sind in geheimnisvollen Reihen miteinander verbunden, die wiederum mit ihrer atomaren Struktur zusammenhängen, was die ersten Forscher auf den richtigen Weg brachte. Manche sind überraus verbindungsfreudig (wie z.B. Sauerstoff), andere, wie die Edelgase, gehen Liaisonen kaum oder gar nicht ein. Auch das eine Folge ihrer innensten Beschaffenheit. Zum Periodensystem ist zu bemerken, dass die Elemente ab 112 erst zum Teil konkrete Namen tragen: 112 = Copernium (nach Copernicus), 114 = Flerovium (nach dem russischen Atomphysiker Georgi Flerow), 116 = Livermorium (nach der Kalifornischen Stadt Livermore). Das Element Dubnium Db mit der Ordnungszahl 105, wurde nach dem russsischen Kernforschungszentrum in Dubna bei Moskau genannt, wo es von Georgi Flerow entdeckt wurde. 1970 hat der US-amerikanische Kernphysiker Albert Ghiorso von der Universität von Kalifornien, Berkely, Db durch Teilchenbeschuss nachgewiesen und mit dem Namen Hahnium (nach dem deutschen Pionier der Radiochemie Otto Hahn) versehen. Es setzte sich aber die Bezeichnung Dubnium durch.

Das Erstaunlichste ist, dass viele natürlich-radioaktive Isotope, die unter Aussendung von Alpha-, Beta- oder Gamma= strahlung zerfallen, die gleiche Massenzahl haben wie ihre nichtradioaktiven Nachbarelemente. Es beginnt mit Wasserstoff H-3 (Tritium) und Helium He-3, Beryllium Be-7 und Lithium Li-7, Beryllium Be-10 und Bor B-10 sowie Kohlenstoff C-14 und Stickstoff 14. Und es endet bei Blei Pb-210-212, Pb-214 und Bismut Bi-209-212, Bi-214 und Bi-215. Ab Bismut (Bi-83) sind alle Elemente radioaktiv. Davor gibt es zwei Ausnahmen: Technetium (Tc-43) und Prometium (Pm-61). In den Kernen dieser beiden Elemente sind die Protonen und Neutronen auf eine Art angeordnet, die ihnen keine ausreichende Stabilität ermöglicht. (Gray, 2013:143)

Die natürliche Radioaktivität wurde 1896 von dem französischen Physiker Henri Becquerel (1852-1908) am Uran entdeckt. Uran, das auf einer lichtdicht verpackten Fotoplatte abgelegt war, bewirkte eine deutliche Belichtung der Fotoplatte, die nur durch eine bis dahin unbekannte Art von Strahlung hervorgerufen worden sein konnte. 1898 fanden Marie Curie (1867-1934) und ihr Ehemann Pierre Curie (1859-

1906) die radioaktiven Elemente Polonium und Radium. Sie führten auch die Begriffe „Radioaktivität“ und „radioaktive Strahlung“ in die Wissenschaft ein. Heute sind zirka 100 verschiedene natürliche Radionuklide bekannt. Mit wenigen Ausnahmen, etwa Kohlenstoff-14 oder Kalium-40, sind es Atomkerne von schweren Elementen, also von Elementen mit Ordnungszahlen zwischen 81 (Thallium) und 92 (Uran). Ab Neptunium, das 1940 an der Universität von Kaliformnien in Berkeley entdeckt wurde, sind alle radioaktiven Elemente künstlich hergestellt. Es gibt aber einen kleinen Einwand: „Uran gilt allgemein als das letzte natürlich vorkommende Element, aber uranhaltige Minerale müssten aufgrund der durch den Uranzerfall ausgelösten nuklearen Neben=reaktionen eigentlich winzige Mengen Neptunium enthalten.“ (Gray, 2013:215)

Bei schweren Atomkernen kommt es häufig vor, dass der beim radioaktiven Zerfall entstehende Tochterkern erneut zerfällt, der dabei entstehende Kern wieder und so weiter, bis nach etlichen Zerfallsprozessen schließlich ein stabiler Atomkern als Endprodukt entsteht. Man spricht in diesem Fall von einer Zerfallsreihe. Oberhalb der Ordnungszahl 83 (Bismut) zeigen alle in der Natur vorkommenden Atomkerne Radioaktivität und lassen sich in eine der vier natürlichen Zerfallsreihen einordnen: die Uran-Radium-, die Uran-Actinium-, die Thorium- und die Neptunium-Zerfallsreihe. (Letztere wird als „prähistorisch“ bezeichnet, weil seit der

Entstehung der Erde sämliches Neptunium zerfallen ist. Die Neptuniumreihe umfasst daher nur mehr künstlich hergestellt Atomkerne.)

Nuklide mit mehr als etwa 20 Protonen benötigen einen Neutronenüberschuss, um stabil zu sein. Das schwerste stabile Element ist Blei-208 mit 82 Protonen und 126 Neutronen. Das bedeutet, dass Atomkerne in ihrem Grundzustand nur dann stabil sind, wenn sie nicht mehr als 208 Nukleonen enthalten und bei leichten Nukliden das Verhältnis ihrer Neutronenzahl zur Protonenzahl etwa 1, bei schweren Nukliden bis zu 1,6 beträgt (Neutronenüberschuss). Die stabilsten Nuklide haben eine Massenzahl um 60. Da Atomkerne wie jedes physikalische System danach streben, durch Energieabgabe nach außen einen möglichst kleinen Energieinhalt zu erreichen, werden Elemente, die diesem Prinzip nicht gehorchen, instabil. Das heißt, radioaktiv. Die Natur experimentiert gerne in großer Zahl, um hohe Variabilität zu erreichen, aber sie ist sparsam.

Bei der natürlichen Radioaktivität tritt wieder das Naturgesetz in Kraft, das nach Ausgleich strebt. In diesem Fall handelt es sich um einen Ausgleich von zu viel Masse bezogen auf die vorhandene Bindungsenergie. Dabei wirken drei verschiedene Zerfallsarten: Alpha-, Beta- und Gamma-Zerfall. Wegen des Reichweitenunterschieds der Kräfte verringert sich die Bindungsenergie pro Nukleon zu hohen Massenzahlen hin.

Daher tritt bei manchen Nukliden mit Massenzahlen oberhalb etwa 140 Alpha-Zerfall auf, oberhalb etwa 230 auch spontane Spaltung. Beide Zerfallsarten führen zu Nukliden mit geringeren Massenzahlen.

Beim Alphazerfall wird ein Helium-4-Atomkern abgegeben. Dabei muss der sogenannte Coulombwall überwunden werden, dessen Höhe die Energie des Alphateilchens übertrifft. Nach der klassischen Physik wäre es daher nicht möglich, dass das Alphateilchen den Coulombwall überwindet. Mit einer gewissen Wahrscheinlichkeit, die im wesentlichen der Halbwertszeit des Zerfalls entspricht, verlässt es den Mutterkern aber mittels des quantenmechanischen Tunnel=effekts trotzdem. Dadurch nimmt die Massenzahl des Kerns um 4 Einheiten ab, und die Kernladungszahl verringert sich um 2 Einheiten.

Auch beim Beta-Zerfall handelt es sich um eine Teil=chenstrahlung. Betateilchen haben aber nur ein Acht=tausendstel der Masse von Alphateilchen. Sie entstehen, wenn sich im Kern eines der Neutronen in ein Proton, ein Antineutrino und ein Elektron beziehungsweise wenn sich eines der Protonen in ein Neutron, ein Neutrino und ein Positron umwandelt.

Die Gammastrahlung ist, wie die ihr ähnliche Röntgen=strahlung, besonders energiereich und tritt in Begleitung des

Alpha- und Beta-Zerfalls auf. Nach der Abgabe der Alpha- oder Betateilchen befindet sich der Atomkern in einem angeregten Zustand. Der Energieüberschuss wird in Form der Gammastrahlung abgegeben. Massen- und Kernladungszahl des Atoms werden dadurch nicht verändert.

Es ist auch möglich, Radionuklide durch Bestrahlung von Atomkernen mit Teilchen (z. B. Neutronen, Protonen, Alpha= teilchen) künstlich zu erzeugen. Die Erscheinung, dass künstlich hergestellte Nuklide radioaktiv sein können, wird als künstliche Radioaktivität bezeichnet. Beispiel: Bei Bestrahlung von Beryllium mit doppelt positiv geladenen Heliumkernen (Alphastrahlung) entsteht ein Kohlenstoffisotop. Es zerfällt unter Abgabe eines Neutrons und von Gammastrahlung.

Die künstliche Radioaktivität wurde 1934 von dem Ehepaar Irène Joliot-Curie (1897-1956) und Frederic Joliot-Curie (1900-1958) entdeckt. Sie bestrahlten Aluminium mit Alphateilchen und beobachteten die Emission von Positronen. Es bildete sich ein stabiles Silizium-Isotop. Die beiden Wissenschaftler erhielten dafür 1935 den Nobelpreis für Chemie.

Radioaktivität in der Natur hat verschiedene Quellen: Auf der Erde kommen natürliche Radionuklide mit sehr großer Halbwertszeit vor. Sie wurden bei der Entstehung der Erde gebildet und existieren wegen ihrer langen Halbwertszeit auch heute noch. Natürliche Radionuklide wandeln sich über viele

Zwischenkerne allmählich in ein stabiles Nuklid um. In diesen Zerfallsreihen sind die Zwischenkerne wieder radioaktiv. In der Erdatmosphäre werden durch kosmische Strahlung ständig Radionuklide mit relativ kurzer Halbwertszeit gebildet. Kosmische Strahlung selbst ist - wenn auch zu einem kleinen Teil - radioaktive Strahlung. Und aus der Uran-Radium-Zerfallsreihe steigt Radon aus dem Boden auf.

Isotope (Nuklide) sind Elemente mit gleicher Ordnungszahl, deren Atomkerne gleich viele Protonen, aber verschieden viele Neutronen enthalten. Sie haben verschiedene Massenzahlen. Die Isotope eines Elements verhalten sich – ob natürlichen oder künstlichen Ursprungs - chemisch fast identisch. Von jedem bekannten Element, mit Ausnahme des erst 2006 entdeckten Ununoctium, sind mehrere Isotope nachgewiesen. Insgesamt gibt es rund 3300 Nuklide. Etwa 250 davon sind stabil. Alle anderen sind instabil, d. h. sie verwandeln sich nach mehr oder weniger langer Zeit durch radioaktiven Zerfall in andere Atome.

Von den 91 bis zum Protactinium natürlich vorkommenden Elementen sind in der Natur 69 Gemische mehrerer Isotope (Mischelemente). Die übrigen 22 werden als Reinelemente bezeichnet:: Beryllium, Fluor, Natrium, Aluminium, Phosphor, Scandium, Mangan, Cobalt, Arsen, Yttrium, Niob , Rhodium, Iod, Caesium, Praseodym, Terbium, Holmium, Thulium, Gold, Bismut, Thorium und Plutonium. Dazu ist anzumerken, dass die radioaktiven Elemente nach Protactinium – Uran, Neptunium und Plutonium in Spuren auch in der Natur vorkommen. Uran wird bekanntlich bergmännisch abgebaut. Neptunium und Plutonium entstanden vor rund zwei Milliarden Jahren durch spontane Kernspaltung eines „Naturreaktors": in Oklo, zirka 500 Kilometer südöstlich von Libreville im westafrikanischen Gabun. (Hingst, 1987:26; siehe auch Fritzsch, 2005:241ff.)

Alle anderen Isotiope sind künstlich radioaktiv, manmade. Bismut ist als das letzte aller stabilen Elemente bekannt. Zu Unrecht, wie Gray anmerkt: Erst 2003 gelang es seine Halbwertszeit zu messen. Sie liegt bei 1,9 x 10^{19} Jahren! „Das ist etwa eine Milliarde Mal länger als das Alter des Universums." (Gray, 2013:193) Hat die Natur da etwa längerfristige Pläne?

Die Tabelle der heute bekannten Elemente zeigt, dass ihre Mehrzahl aus Metallen (Lithium bis Livermorium Lv-116 = Uuh-116) besteht, von denen sich die Halbmetalle (Bor bis Ununseptium = Uus-117), die Nichtmetalle (Wasserstoff bis Iod) und die Edelgase (Helium bis Ununoctium = Uuo-118) unterscheiden. An der Basis der Tabelle befinden sich die Lanthanoide (Metalle der Seltenen Erden von Lanthan bis Lutetium) und Actinoide (Metalle der Actiniumreihe bis Lawrencium, die alle radioaktiv sind. Wasserstoff ist übrigens nicht nur das häufigste (75 Prozent des Universums) und leichteste Element. Ein Chemiker neckt die Physiker: „Er ist auch besonders beliebt bei den Physikern, da er mit nur einem Proton und einem Elektron tatsächlich der Quantenmechanik gehorcht." (Gray, 2013:15)

Für die Griechen der Antike waren Feuer, Wasser, Luft und Erde Elemente, nicht weiter teilbare Stoffe. Es sollte bis in die Neuzeit dauern, bis klar wurde, dass sie der Definition nicht entsprachen, die Étienne de Clave im Widerspruch zu Aristoteles und zur mittelalterlichen Alchemie schon 1641 forumulierte: Die Elemente seien „einfache Stoffe, aus denen die gemischten Stoffe zusammengesetzt sind und in welche die gemischten Stoffe letztlich wieder zerlegt werden können". Die Wissenschaftler, die von da an Eigenschaften und Zahl der Elemente aufklärten, sind die wahren Entdecker.

Kosmos der Kristalle

Das Faszinierendste an den Elemente ist, dass sie fast alle Kristalle sind. Oder andersherum: Nur wenige erscheinen nicht in Kristallform. Peter Unfried, Professor am Chemischen Institut für anorganische Chemie der Universität Wien, machte den Autor darauf aufmerksam, dass die Erscheinungsform des Kohlenstoffs, die unter dem Namen Ruß bekannt ist, amorphe

Strukturen aufweist. Diamant und Graphit – ebenfalls reiner Kohlenstoff – bilden aber Kristalle. (Siehe die Kapitel „Mysterium Kohlenstoff", „Das Geheimnis des Lebens") Und wie steht es mit den gasförmigen und flüssigen Elementen? Da kommt es vor allem auf die Temperatur an.

Versuche mit gefrorenem Helium bei Temperaturen nahe dem absoluten Nullpunkt zeigten, dass Helium in diesem Zustand aus winzigen Kristalliten besteht. Es konnten aber auch größere Kristalle erzeugt werden, wenn das Gas bis zu vierzehn Stunden lang extrem abgekühlt wurde. Helium kristallisiert in einer hexagaonalen, alle anderen Edelgase bei sehr niedrigen Temperaturen bis zum Radon in einer kubisch-flächenzentrierten Struktur. Die Eigenschaften des Ununoc= tiums sind auf Grund der kurzen Halbwertszeit nicht experimentell ermittelbar. Nach theoretischen Überlegungen ist anzunehmen, dass das Element deutlich reaktiver ist als Radon. Auch ist es unwahrscheinlich, dass es bei Standardbedingungen gasförmig ist.

Die verschiedenen Kristallformen der Elemente kann man auch in dem aufschlussreichen Buch „Die Elemente. Bausteine unserer Welt" des Elemente-Sammlers Theodore Gray studieren. (Gray, 2013) Die Kristallstruktur der Elemente gibt Aufschluss über die Anordnung der Atome in der häufigsten Kristallform des reinen Elements, jener Elementar= zelle, auf der ein Kristall beruht. Bei Elementen, die normalerweise gasförmig oder flüssig sind, zeigt sich ihre ursprüngliche Kristallform, wenn sie so weit abgekühlt werden, dass sie fest werden (Gray, 2013:13)

Edelgaskristalle sind die am einfachsten aufgebauten Kristalle Zwischen den Atomen wirken ausschließlich die schwachen Van-der-Waals-Kräfte. (Hunklinger, 2007:10) Auch bei vielen Metallen finden sich einfache Kristallstrukturen. Oft erzwingt aber die chemische Bindung eine komplexere Anordnung, so etwa bei den Arsenkristallen, die in regelmäßigen Sechser= ringen schichtweise übereinander gestapelt sind. (Hunklinger, 2007:45)

Besonders faszinierend sind die Kristallformen der Metalle. Charakteristisch ist der „Cu-Typ". Im „Lehrbuch der Anor= ganischen Chemie" von A. F. Holleman und Egon Wiberg heißt es dazu, Kupfer kristallisiere wie viele andere Methalle „in kubisch dichtester Kugelpackung", wie auch Ag, Au, Ir, Pt, Ni, Fe, Ca, Al und Pb. Auch bei Mischformen der Elemente entstehen besonders schöne Kristalle, wie die typischen Würfel des Pyrits, der in reiner Zusammensetzung aus 46,6% Eisen und 54,4% Schwefel besteht.

Während sich aber in Flüssigkeiten oder Gasen die Position der Atome zeitlich ändert, bleibt deren räumliche Anordnung in Festkörpern weitgehend gleich. Aufgrund ihrer unter= schiedlichen atomaren Ordnung werden Festkörper in zwei

Gruppen eingeteilt. Siegfried Hunklinger, Professor am Kirchhoff-Institut der Universität Heidelberg, schreibt in seinem Buch „Festkörperphysik“: „Eine streng periodische Anein= anderreihung der atomaren Bausteine ist typisch für ideale Kristalle, eine völlig ungeordnete Anordnung der Atome charakterisiert dagegen ideale amorphe Festkörper. Die Struktur realer Festkörper liegt zwischen diesen beiden Grenzfällen: Kristalle weisen Fehler in ihrem Aufbau auf, amorphe Festkörper besitzen lokale Ordnung.“ (Hunklinger, 2007:3)

Bei idealen Kristallen, so Hunklinger, sind die immer wiederkehrenden Struktureinheiten typisch. Diese Basis besteht bei vielen Metallen nur aus einem einzigen Atom! Sie kann aber auch aus 100, im Falle von komplexen Protein= kristallen (siehe Kapitel „Die Struktur der Welt“) aus mehr als 10.000 Atomen zusammengesetzt sein. (Hunklinger, 2007:49) Zu dieser Kategorie gehören auch die aperiodischen Kristalle, die in den Chromosomen eine zentale Rolle spielen, wie schon Erwin Schrödinger erkannte. (Siehe Kapitel „Schrödingers Exkurs über das Leben“)

Generell lässt sich feststellen, dass beim Abkühlen einer Schmelze polykristalline Festkörper entstehen. Polykristalle bestehen aus vielen kleinen Einzelkristallen (Kristalliten). Strukturwerkstoffe wie Stahl, Aluminium und Titan haben eine polykristalline Struktur. Solarzellen werden aus poly=

kristallinem Silicium hergestellt, das billiger ist als monokristallines, das in der Halbleitertechnik (Mikrochips) eingesetzt wird. Polykristalline Solarzellen zeigen jedoch einen geringeren Wirkungsgrad.

Die Element-Kombinationen Gold-Silber, Gold-Palladium, Nickel-Mangan, Kupfer-Platin und Kupfer-Nickel sind beson= ders leicht mischbar, weil sie „den gleichen Kristallaufbau“ besitzen und sich in ihrer atomaren Abmessung nur gering= fügig unterscheiden. (Hunklinger, 2007:37)

Die Kristallstruktur der Elemente ist unterschiedlich. Die kubisch raumzentrierten Gitter (body centered cubic = bbc) kommen z.B. in der Natur häufig vor. Zu den bbc-Kristallen gehören die Alkalimetalle (Lithium, Natrium, Kalium, Rubidium, Caesium und Francium) sowie Eisen, Chrom und Barium. Eine weitere Kategorie basiert auf dem kubisch flächenzentrieren Gitter (face centered cubic = fcc). Zu ihr gehören die Edelgaskristalle (mit Ausnahme von Helium) sowie Kupfer, Silber, Gold und Nickel. (Hunklinger, 2007:52f.) Auch der Diamant zählt zur Gruppe mit fcc-Gitter. Ebenso kristallieren Siliizium, Germanicum und graues Zinn in dieser Struktur. (Hunklinger, 2007:65) Man hat sie schon relativ früh an Beugungsmustern unter Röntgenstrahlen identifiziert.

Mikrowelten werden entdeckt

Der erste, der den Elementen auf die Schliche kam, war der französiche Chemiker und Rechtsanwalt Antoine Laurent de Lavoisier (1743-1794). Er war ein penibler Experimentator und ließ Apparate und Instrumente konstruieren, mit denen vor allem Gase genauer als bisher gemessen und gewogen werden konnten. Später war er in der Lage, größere Gasmassen zu speichern und Gase bis auf eine Genauigkeit von 50 Milligramm zu wiegen. Mitte der 80er Jahre des 18. Jahrhunderts zum Leiter der Akademie der Wissenschaften Frankreichs berufen, wird Lavoisier 1793 als Erpresser und Steuereintreiber angeklagt und stirbt im Jahr darauf unter der Guillotine. Der vorsitzende Richter des Revolutionstribunals soll gesagt haben: „Die Republik braucht weder Wissen=schaftler noch Chemiker. Der Lauf der Justiz darf nicht aufgehalten werden.“ Darauf antwortete Lavoisiers Freund, der italienische Mathematiker und Astronom Joseph-Louis Lagrange: „Sie brauchten nur einen Moment, um diesen Kopf abzuschlagen, aber hundert Jahre genügen vielleicht nicht, einen ähnlichen hervorzubringen.“

Aufbauend auf den Erkenntnissen des englischen Natur=wissenschaftlers Henry Cavendish (1731-1810), der das Element Wasserstoff entdeckt hatte, konnte Lavoisier nachweisen, dass Wasser kein Element, sondern ein zu=

sammengesetzter Stoff aus Wasserstoff und Sauerstoff ist. Er brachte damit die noch auf Aristoteles beruhenden alten Denkgebäude, die Luft und Wasser für unzerstörbare Elemente hielten, zum Einsturz. Lavoisier war der erste, der aus Wasser Wasserstoff herstellte. Schon 1789 charak= terisierte Lavoisier die chemischen Elemente dadurch, dass sie nicht in andere Substanzen zerlegt werden konnten. Alle Stoffe sollten als elementar, d. h. nicht zusammengesetzt, gelten, solange keine Methoden zur weiteren Abtrennung einzelner Bestandteile gefunden wären.

Durch Lavoisier wurde der englische Naturforscher John Dalton 1803 auf eine heiße Spur geführt: auf die Existenz unveränderlicher und unzerstörbarer kleinster Materieteilchen, der Atome. Seine Hypothese, dass das Atom die kleinste Einheit der Materie ist, hat John Dalton (1766-1844) 1808 in seinem Buch „A New System of Chemical Philosophy" aufgestellt. Darin definierte er das Atom als kleinste Einheit der Materie: „Elemente bestehen aus für das jeweilige Element charakteristischen, in sich gleichen und unteilbaren Teilchen, den Atomen".

Nach Dalton wird ein Element durch eine Sorte einheitlicher Atome definiert, die sich nach festen Regeln mit anderen Atomen verbinden können. Das unterschiedliche Verhalten der Elemente wird dadurch erklärt, dass ihre Atomsorten sich in Masse, Größe und Bindungsmöglichkeiten zu anderen

Atomen unterscheiden. Daraus entsteht unter anderem die Möglichkeit, die relativen Atommassen der verschiedenen Elemente untereinander zu bestimmen, wodurch die Atome erstmals zum Gegenstand der experimentellen Natur= wissenschaft wurden.

Schon der griechische Philosoph Demokrit hatte Atome als Grundbausteine der Materie definiert: „Der gebräuchlichen Redeweise nach gibt es Farbe, Süßes, Bitteres, in Wahrheit aber nur Atome und Leeres." (Diels, 1957:106, vgl. Kapitel „Im Anfang war das Nichts") Das sage der Verstand. Im Streit= gespräch mit den Sinnen antworten die: „Armer Verstand! Hoffst du, uns zu schlagen, wo du doch deine Beweise von uns borgst? Dein Sieg ist deine Niederlage." Denn jedes naturwissenschaftliche Wissen, auch das der Physik, beruht auf Sinneswahrnehmungen. Umgekehrt entbehren die wissenschaftlichen Vorstellungen von den Naturvorgängen „jeglicher Sinnesqualitäten". Ein Dilemma, mit dem sich auch Erwin Schrödinger auseinandergesetzt hat. (Schrödinger, 1959:77)

Demokrit an anderer Stelle: „Wir aber erfassen in Wahrheit nichts Untrügliches, sondern nur was wechselt entsprechend der Verfassung unseres Körpers und der ihm zuströmenden oder entgegen wirkenden Atome." (Diels, 1957:101) Dalton stellte nun fest - und das war der markanteste Unterschied zu

Demokrit -, dass die Atome sich durch ihre Masse unter=
scheiden.

John Dalton stellte das erste wissenschaftlich fundierte Atommodell auf, das sich in vier Kernaussagen zusam= menfassen lässt: Jeder Stoff besteht aus kleinsten, nicht weiter teilbaren kugelförmigen Teilchen, den Atomen. Die Atome unterschiedlicher Elemente unterscheiden sich in ihrem Volumen und in ihrer Masse. Atome sind unzerstörbar. Sie können durch chemische Reaktionen weder vernichtet noch erzeugt werden. Bei chemischen Reaktionen werden die Atome der Ausgangsstoffe nur neu angeordnet und in bestimmten Anzahlverhältnissen miteinander verbunden.

In unmittelbarer Nachfolge Daltons stellte der deutsche Chemiker, Berater Goethes und Vordenker des Perioden= systems Johann Wolfgang Döbereiner (1780-1849) erstmals einen Zusammenhang zwischen der Atommasse und den chemischen Eigenschaften einzelner Elemente fest. Schon 1816 entdeckte er enge Beziehungen zwischen den Elemen= ten Calcium, Strontium und Barium, die im heute gültigen Periodensystem der Elemente in der Hauptgruppe II der Metalle untereinander stehen. Sie hatten sehr ähnliche Eigenschaften, und die Atommasse von Strontium war gerade der Mittelwert der Atommassen der beiden anderen Elemente. Diese Erkenntnis wurde 1829 in Döbereiners Arbeit „Versuch zu einer Gruppierung der elementaren Stoffe nach ihrer

Analogie“ veröffentlicht. Döbereiner ordnete dabei 30 von damals 53 bekannten Elementen in Dreiergruppen an, die er „Triaden“ nannte. Durch die Triadenregel konnten Vorhersagen über noch nicht bekannte Elemente gemacht werden. Sie bildet eine wichtige Grundlage für Mendelejews Periodensystem.

Eigentlicher Wegbereiter für korrekte Atomgewichte von Elementen war der französiche Chemiker Jean-Baptiste Dumas (1800-1884). Er bestimmte für 30 Elemente sehr exakt die Atomgewichte und fand, dass 22 Elemente Atomgewichte des Vielfachen des Atomgewichts von Wasserstoff besaßen. Auch Dumas war ein geborener Experimentator. Schon als Apothekerlehrling fertigte er verschiedene Apparaturen aus Buchvorlagen an. Mit 22 besuchte ihn der Gelehrte Alexander von Humboldt in Genf und riet ihm, wichtige Naturwissen= schaftler in Paris zu kontaktieren. 1823 zog Dumas nach Paris und lehrte an der École polytechnique. Mit 28 Jahren wurde er Professor an der Sorbonne. Später wurde er Agrar- und Handelsminister, 1875 Mitglied der Académie française.

Dumas entwickelte eine Methode zur exakten Bestimmung der Dichte von Gasen in bestimmten Temperaturbereichen. Mit dieser Methode konnte er für anorganische Chloride von Phosphor, Arsen, Bor, Zinn und Silizium aus den Dampf= dichten die exakten Atommassen der Elemente bestimmen. In Gemeinschaft mit dem belgischen Chemiker Jean Servais

Stas legte Dumas die Atommasse von Kohlenstoff mit 12 fest. Diese Arbeiten von Dumas waren wegbereitend für eine exakte Bestimmung.

1863 stellte der englische Chemiker John Alexander Reina Newlands (1837-1898) eine nach Atommassen geordnete Tabelle der damals bekannten 60 Elemente in Achtergruppen auf. Er fand heraus, dass sich bei Ordnung der Elemente nach steigender Atommasse die chemischen Eigenschaften in jeder achten Position wiederholen, was er mit Otaven in der Musik verglich und „Gesetz der Oktaven" nannte. Die Ordnungs=zahlen von Lithium und Natrium, Beryllium und Magnesium, Bor und Aluminium, Kohlenstoff und Silicium, Stickstoff und Phosphor, Sauerstoff und Schwefel sowie Fluor und Chlor liegen jeweils genau um 8 Punkte auseinander. Zwei Beispiele: Lithium ist ein sehr weiches und leichtes Metall – so wie sein Oktav-Nachbar Natrium. Silicium bildet ähnlich wie sein Elementnachbar Kohlenstoff komplexe Molekülketten. Von seinen Zeitgenossen wurde Newlands Theorie anfangs abgelehnt und lächerlich gemacht. Später erkannten Mendelejew und Meyer, dass Newlands Recht hatte.

Der russische Chemiker Dmitri Iwanowitsch Mendelejew (1834-1907) veröffentlichte 1869 als erster eine Grund-Tabelle des Periodensytemes der Elemente unter dem Titel „Über die Beziehungen der Eigenschaften zu den Atomgewichten der Elemente". (Mendelejew, 1869:405f.) in der „Zeitschrift für

Chemie“. Die Basis war sein richtungweisender Vortrag „Kernthesen zum Periodensystem“ vor der Russischen Gesellschaft für Chemie im März 1869.

Die nach Atomgewicht aufgereihten Elemente zeigen Periodizität in ihren Eigenschaften und ihrem Verhalten. Elemente mit gleichem Verhalten haben fast das gleiche Atomgewicht – etwa Platin, Iridium und Osmium - oder das Atomgewicht erhöht sich gleichmäßig, zum Beispiel bei Kalium, Rubidium und Cäsium. Die Anordnung der Elemente in Gruppen von Elementen entspricht ihrer Wertigkeit und, bis auf einige Ausnahmen, ihrem charakteristischen Verhalten. Die am häufigsten vorkommenden Elemente haben kleine Atomgewichte. Das Atomgewicht bestimmt die Eigenschaften des Elements, so wie die Eigenschaften eines Moleküls von seiner Größe bestimmt werden. Neben dem Atomgewicht, so Medelejew, habe er sich von ihren Eigenschaften leiten lassen: Ähnlichkeiten bei der Bildung von Verbindungen, beim elektrochemischen Verhalten und der Wertigkeit sowie im Bezug auf die Kristallform der Verbindungen.

Der deutsche Arzt und Chemiker Lothar Meyer (1830-1895) veröffentlichte wenige Monate später unabhängig von Mendelejew eine fast identische Tabelle. 1860 hatten beide Forscher am ersten großen Chemikertreffen in Karlsruhe teilgenommen, auf dem wichtige Grundbegriffe der Chemie wie Atom, Molekül und Massenzahl vereinheitlicht wurden.

1872 erschien dann Mendelejews berühmte Tabelle mit dem Periodensystem der Elemente – die erste systematische Übersicht der materiellen Grundbausteine der Welt.

Beide, Mendelejew und Meyer, haben die bekannten Elemente nach steigender Atommasse - damals *Atom=gewichte* genannt! - und nach Verhaltensähnlichkeit in verschiedenen Intervallen untereinander angeordnet. Die Ähnlichkeiten erschien ihnen wichtiger als die exakte Reihenfolge nach Atommassen, wie man es bei Tellur und Jod aus der Liste von Mendelejew ersehen kann. Ihre Theorie ging bereits soweit, dass sie einige Stellen frei ließen, für die sie die Existenz von bisher noch unbekannten Elementen postulierten. Später zeigte sich, dass sie damit vollkommen Recht hatten.

Dass diese Anordnung richtig war, bestätigte sich erstens durch die Erkenntnis, dass sich die Atommassen nicht kontinuierlich erhöhen, weil sich die meisten Elemente aus Isotopen unterschiedlicher Massen zusammensetzen. Die zufällige Häufigkeitsverteilung führt dazu, dass Argon mit Kalium, Cobalt mit Nickel sowie Tellur mit Iod ihre Plätze gegenüber der Massenreihenfolge vertauschen können.

Mendelejew war zugleich der Vater der russischen Ölindustrie. Bereits in den 1860er Jahren bereiste er die Ölfelder von Baku und Aserbaidschan und 1876, im Auftrag der russischen

Regierung, in Pennsylania in den USA, um dort die Ölförderung zu studieren. Zurückgekehrt, erfand er neue Raffineriemethoden. Mendelejew war ein Liberaler. In seinen Vorlesungen waren anders als bei seinen Kollegen auch Frauen zugelassen. Regelmäßig machte er Eingaben an die Regierung, wandte sich gegen die zaristische Bürokratie und politische Repressionen. Seine Informationen beschaffte er sich bei Bahnreisen durch Russland, auf denen er stets dritter Klasse reiste. 1890 trat er aus Protest gegen die Einschränkung der universitären Autonomie als Professor zurück. 1893 wurde er aber auf Betreiben des Finanzministers Direktor des Russischen Amts für Maße und Gewichte und führte daraufhin das metrische System in Russland ein. Wissenschaftler der University of California nannten 1955 das 101. chemische Element nach dem großen Chemiker „Memdelevium".

Mendelejew und Meyer haben aufgeklärt, was die Welt im Innersten zusammenhält. Denn alles was uns umgibt, besteht letztenendes aus Elementen. Und, soweit wir wissen, auch alles im Weltraum. Schon Mitte des 19. Jahrhunderts hatten sie tiefe Einsichten in das systematische Peripodensystem der Elemente: Das Atomgewicht ist jene Vergleichszahl, die angibt, wievielmal die Masse eines Atoms größer ist als die eines Standardatoms. Die nach Atomgewicht aufgereihten Elemente zeigen Regelmäßigkeiten in den Strukturen von Atomen, in ihren Eigenschaften und ihrem Verhalten.

Elemente mit gleichem Verhalten haben fast das gleiche Atomgewicht. Die Atommasse bzw. das Atomgewicht wird in u (früher amu = atomic mass unit) oder auch Dalton (Da) angegeben. 1 u ist der zwölfte Teil der Masse eines Atoms des Kohlenstoff-Isotops C-12: 1u = 1 Da = $1{,}6605402.10^{-27}$ kg. Die Massenzahl ergibt sich aus der Summe der in einem Atomkern enthaltenen Neutronen und Protonen. Sie entspricht dem gerundeten Wert der relativen Atommasse. Die Atommasse von Kohlenstoff beträgt 12,0107 amu.
Die Arbeiten der Chemiker Mendelejew und Meyer führten fast zwangsläufig zur Entdeckung der inneren physikalischen Struktur der Elemente durch die Physik. Hinzu kam, dass die polnisch-französische Physikerin Marie Curie (1867-1934, geborene Maria Salomea Skłodowska) sowie die französischen Physiker Pierre Curie (der Mann von Marie) und Antoine-Henri Becquerel (1852-1908) die Radioaktivität entdeckt hatten. Sie erhielten dafür 1903 gemeinsam den Nobelpreis für Physik. Marie Curie bekam zusätzlich 1911 den Nobelpreis für Chemie. Gemeinsam mit Pierre Curie entdeckte sie die Elemente Polonium und Radium.

Welche Pionierleistung die Arbeit von Marie Curie war, lässt sich aus ein paar Hinweisen aus ihrem Lebenslauf ahnen: Sie war in der damals zu Russland gehörenden Provinz Weichselland aufgewachsen. Da Frauen dort nicht zum Studium zugelassen wurden, zog sie nach Paris und begann Ende 1891 ein Studium an der Sorbonne, wo Frauen generell zum Studium zugelasssen waren. Marie Curie beendete das Studium mit Lehrbefugnissen in Physik und Mathematik. Im Dezember 1897 begann sie mit der Erforschung radioaktiver Substanzen, die seitdem den Schwerpunkt ihrer wissen= schaftlichen Tätigkeit bildeten. Nach dem tragischen Unfalltod ihres Mannes Pierre Curie wurden ihr 1906 zunächst seine Lehrverpflichtungen übertragen. Zwei Jahre später berief man sie schließlich auf den für ihn geschaffenen Lehrstuhl für Allgemeine Physik. Sie war die erste Frau und die erste Professorin, die an der Sorbonne lehrte. Als sich Marie Curie 1911 um einen Sitz in der Académie des science bewarb und im selben Jahr ihr Verhältnis mit dem Physiker Paul Langevin bekannt wurde, erschienen in der Boulevardpresse Artikel, in denen sie als Fremde, Intellektuelle, Jüdin und sonderbare Frau diffamiert wurde.

Die Erfahrung der Curies, dass Radium alles rundum radio= aktiv macht, führte kurze Zeit später zur Erkenntnis der Ursache der natürlichen Radioaktivität. Der neuseeländische Physiker Ernest Rutherford (1871-1937) - den man den „Vater der Atomphysik" nennt – entdeckte als erster, dass sich aus den Metallen Thorium und Uran radioaktive Gase bilden, nämlich Radon-Isotope. So wurde klar, dass sich aus radioaktiven Elementen spontan und ohne Einfluss von außen unter Abgabe radioaktiver Strahlung andere Elemente bilden. Sie zerfallen so lange, bis sie stabil werden. Uran-238 zerfällt über mehrere Stufen zu stabilem Blei Pb-206, Thorium zu Pb-208.

Rutherford erkannte, dass die ionisierende Strahlung des Urans aus mehreren Teilchenarten besteht. Später teilte er die Radioaktivität in Alpha-, Beta- und Gammastrahlaung ein und führte den Begriff der Halbwertszeit ein: Die physikalische Halbwertszeit ist jene Zeit, in der die Hälfte aller Atomkerne eines radioaktiven Stoffes zerfallen ist. Dafür erhielt er 1908 den Nobelpreis für Chemie. Schon 1902 hatte er die Hypothese aufgestellt, dass chemische Elemente durch radioaktiven Zerfall in Elemente mit niedrigerer Ordnungszahl übergehen.

Nach dem Rutherfordschen Atommodell besteht der Kern eines Atoms, in dem nahezu die ganze Masse konzentriert ist, aus positiv geladenen Protonen und neutralen Neutronen. Dieser Kern wird in großer Entfernung von negativ geladenen Elektronen umschwirrt, die der Zahl der Protonen ent=sprechen. Die Elektronen umkreisen den Kern in schalen=förmigen Räumen. (Siehe Kap. „Quantenmechanik“)

Rutherford entwickelte sein Atommodell 1911 auf der Basis seiner Streuversuche von Alphateilchen an Goldfolien. 1917 wies er experimentell nach, dass durch Bestrahlung mit Alphateilchen ein Stickstoff-Atom in das nächstschwerere

Element Sauerstoff umgewandelt wird. Bei diesen Experi= menten entdeckte er die Protonen.

Basierend auf den Erkenntnissen von Rutherford erkannten die Physiker nach und nach, dass der Durchmesser eines Atoms rund 10.000 mal größer ist als der des Kerns. Würde man den Kern als eine Erbse darstellen, dann würden ihn die Elektronen im Abstand von einem Viertelkilometer umkreisen. Oder anders formuliert: Atomkerne (Größenordnung 10^{-13} cm) sind etwa 100.000 mal kleiner als die Atome. Ein anderer Größenvergleich: Wenn man den Atomkern zur Größe eines Apfels aufblasen würde, hätte das Atom einen Durchmesser von 10 Kilometern. (Fritzsch, 2005:97) Ein Atom besteht also fast aus Nichts und dennoch setzt sich die gesamte greifbare Materie aus Atomen zusammen. Die Kernbausteine sind hingegen außerordentlich dicht zusammengepackt. Würde man in diesen Dimensionen einen Würfel von einem Kubikzentimenter zusammenfügen, hätte er eine Masse von mehreren Millionen Tonnen.

1913 verknüpfte der dänische Physiker Niels Bohr (1885-1962) das Rutherfordsche Atommodell mit den neuen Erkenntnissen der Quantenmechanik Max Plancks (1885-1947; siehe Kapitel „Quantenmechanik“). Er zeigte, dass sich die Elektronen nicht wie Planeten auf Umlaufbahnen um den Kern bewegen. Heute weiß man: Ein Elektron braucht nur eine Billiardstelsekunde (10 hoch minus 15 Sekunden), um einen

Atomkern zu umrunden. (Tegmark, 2015: 294 f.) Elektronen halten sich nie an einem bestimmten Ort auf, sondern befinden sich in „Wahrscheinlichkeitswolken“.

An chemischen Reaktionen sind in der Regel nur die Elektronen der äußeren Schale beteiligt. Die Alkalimetalle Lithium, Natrium und Kalium etwa sind weich, schneidbar und sehr reaktionsfähig. Das hängt damit zusammen, dass sich in der jeweiligen Außenhülle ihrer Atome nur ein locker gebundenes Elektron befindet, in einer Schale, in der jeweils 8 Elektronen Platz hätten. Dieses eine Elektron verbindet sich leicht mit anderen reaktionsfreudigen Atomen oder es wird leicht aus der Hülle herausgeschlagen. Bis zum Radon entsteht durch das Auffüllen der Schalen immer ein besonders stabiles, nicht reaktionsfreudiges Atom vom Typ der Edelgase, die in ihrer Außenschale eine komplette Anzahl von Elektronen besitzen. Daraus ergibt sich eine äußerst wichtige Beobachtung: Alle anderen Elemente besitzen diese stabile Ordnung in den Außenschalen ihrer Atome nicht und gehen daher Verbindungen ein, um deren Hülle einem stabilen Zustand anzupassen. Sie folgen einen Naturgesetz, das immer den Ausgleich und die Stabilität sucht. (Hingst, 1987:25) Beispiel: Das Edelgas Helium besitzt zwei Elektronen in seiner Außenhülle. Die innerste Schale ist daher voll besetzt.

Nach heutigem Stand ist das Periodensystem der Elemente so geordnet: Die Ordnungszahl, auch Atomnummer oder Kernladungszahl genannt, gibt die Anzahl der Protonen in einem Atomkern an, also beispielsweise 1 für Wasserstoff oder 8 für Sauerstoff. Da in jedem ungeladenen Atom die Zahl der Protonen im Kern mit der Zahl der Elektronen in der Atomhülle übereinstimmt, gibt die Ordnungszahl indirekt auch die Elektronenzahl in einem Atom an. Atome mit gleicher Ordnungszahl gehören zum selben chemischen Element und haben nahezu das gleiche Verhalten bei chemischen Reaktionen. Atome, die zwar die gleiche Ordnungszahl, aber unterschiedliche Massenzahlen haben, sind Isotope des jeweiligen Elements. So hat etwa Wasserstoff H-1 (Protium) zwei Isotope: H-2 (Deuterium) und H-3 (Tritium, radiokativ).

Seit 1922 sitzt in der Schweiz eine internationale Nichtregierungsorganisation zur Förderung und Vereinheitlichung der Physik (International Union of Pure and Applied Physics IUPAP = Internationale Union für reine und angewandte Physik). Sie hat 1961 entschieden, das Kohlenstoffisotop C-12 als Bezugsbasis für die relative Atommasse aller anderen Elemente anzunehmen. Sie gibt an, wievielmal größer die Masse des jeweiligen Atoms ist als 1/12 der Masse des C-12-Atoms ist. Da dieses Atom 12 Nukleonen enthält, 6 Protonen und 6 Neutronen, entspricht die Atommasse irgendeines Nuklids (Atomsorte) fast genau der Anzahl der in dessen Atomkern enthaltenen Nukleonen, der Massenzahl (Anzahl der Nukleonen, die den Atomkern eines Nuklids bilden). Eine geringe Abweichung wird durch den Massenunterschied zwischen Protonen und Neutronen und den Massendefekt verursacht. (Als Massendefekt bezeichnet man in der Kernphysik den Unterschied zwischen der Summe der Massen aller Nukleonen, aus denen ein Atomkern besteht, und der tatsächlich gemessenen stets kleineren Masse des Atomkerns. Die Summe der Elektronen in der Atomhülle wird dabei meist vernachlässigt.)

Derlei anschauliche Atommmodelle verbietet allerdings die Quantenmechanik. Sie verortet die Elektronen nicht an einem bestimmten Ort, also auch nicht in einer „Schale". Sie befinden sich vielmehr in einem Wahrscheinlichkeitsraum, in der „Aufenthaltswahrscheinlichkeitsdichte". Die Chemie, so Gray, beschäftige sich dennoch mit den Außenelektronen. Elemente mit der gleichen Zahl von Elektronen in der äußeren Schale verhielten sich chemisch ähnlich. Auf diesem Prinzip beruhe das Periodensystem: „Die Elemente innerhalb einer Gruppe haben die gleiche Anzahl von Außenelektronen oder ‚Valenzelektronen'. Jedes Mal, wenn man sich im Perioden=system von einem Element zum nächsten gewegt, kommt ein Valenzelektron hinzu, das diesem Element seine einzigartigen Eigenschaften verleiht." (Gray, 2013:163) Beispiel: Weil die Seltenerdmetalle von Lanthan bis Lutetium alle eine volle äußer Schale (6s) haben, unterscheiden sie sich chemisch kaum voneinander und kommen gemeinsam in denselbsten

Erzen vor. Die Differenz liegt in den magnetischen Eigen= schaften.

Ähnlich wie die Elektronen sind auch die Protonen und Neutronen im Atomkern in Schalen angeordnet, nur dass sie eben nicht wie die Elektronen zwischen den Schalen hin- und herspringen können. Das Kern-Schalenmodell wurde erstmals 1932 von den russischen Physikern Dmitri Iwanenko und Jewgeni Gapon vorgeschlagen. (Gapon, Iwanenko, 1932) Wenn in einem Kern alle Protonen- oder Neutronenschalen entweder vollständig gefüllt oder leer sind, ist dies eine besonders stabile Konfiguration, vergleichbar den Elektronen-Schalen bei den Edelgasen, die besondere Stabilität zeigen.

Kern-Schaleneffekte in den schwersten Elementen wurden erst 2012 von einem internationalen Wissenschaftlerteam direkt gemessen. Die Messungen unter Federfüährung des Helmholtz-Instituts Mainz erfolgten an den Elementen Nobelium und Lawrencium mit der Ionenfallenanlage SHIPTRAP. Die starke Wechselwirkung führt dazu, dass die Bausteine der Atomkerne, die Protonen und Neutronen, in Schalen angeordnet sind. Bei jeweils einer bestimmten als "magisch" bezeichneten Anzahl von Protonen und Neutronen sind Schalen komplett gefüllt und die Bausteine besonders stark gebunden. Die magischen Zahlen, die an natürlich vorkommenden Nukliden beobachtet werden, sind 2, 8, 20, 28, 50, 82 und 126. Kerne, bei denen Protonen *und* Neutronen die Bedingung erfüllen, heißen „doppelt magisch". Dem entsprechend sind solche Atomkerne stabiler und langlebiger. Ohne den stabilisierenden Einfluss der Schalen würden superschwere Atomkerne wegen der starken gegenseitigen Abstoßung der vielen Protonen augenblicklich zerfallen. Wieder ein Prinzip der Natur: Wie außen so innen, wie oben so unten.

Wer Geschichte als polyhistorische Disziplin betreibt, muss enorm viele Wissenschaften berücksichtigen. In den Anfängen genügen Astronomie, Physik, Chemie und Geologie. Nach=dem dann die Biologie, die Lehre vom Lebendigen, dazu kommt, explodieren die Informationen ebenso wie die Dimensionen in alle Richtungen. Und es erheben sich mehr Fragen, als Antworten gegeben werden können.

Die Entdeckung des Alls

1609 stieß der italienische Astronom Galileo Galilei (1564-1642) das Fenster zum All auf. Er erkannte als Erster die wahre Natur des silbernen Bandes der Milchstraße als Sternballungsgebiete. Galilei dankte das seinem Genie und Holländischen Brillenmachern, die schon im 16. Jahrhundert aus Glas Linsen für Sehhilfen entwickelt hatten. Aus diesen

Linsen wurden auch Vergrößerungsgläser geschliffen, die zentralen Bestandteile von Fernrohren, wie sie der nieder= ländische Brillenmacher Hans Lipperhey um 1608 erstmals anfertigte. Galileo Galilei baute davon ausgehend eigene Fernrohre, die man noch heute im Museo di Storia della Scienza in Florenz bewundern kann.

Mit Galilei setzte eine kometenhafte Entwicklung der Weltsicht ein, eine unerhörte Revolution, die bis heute von den meisten Menschen kaum bis garnicht verstanden wird. Kopernikus, Kepler, Galilei zerstörten endgültig das anthropozentrische und geozentrische Weltbild. Seit damals werden Fernrohre in den Himmel gerichtet, um zu erkennen, was da wirklich ist. Die empirische Wissenschaft beginnt. Isaac Newton veröffentlichte seine „Philosophiae naturalis principia mathematica“ und beschrieb, gestützt auf Galileis Gesetz der gleichförmigen Beschleunigung, die Schwerkraft. Da bestand der Weltraum für die Wissenschaftler erst aus einem winzigen Ausschnitt der Milchstraße.

Wenig verwunderlich, dass im Zeitalter der Französichen Revolution und Napoleons der nächste Schlag kam: Der in Hannover geborene britische Astronom und Musiker William (Wilhelm) Herschel (1738 – 1822) erläuterte in seiner Abhandlung „Über den Bau des Himmels“ aufgrund von Beobachtungen mit seinen selbst gebauten Spiegelteleskopen – der Spiegel hatte bereits 1 Meter 20 Durchmesser -, dass die Milchstraße selbst ein Nebel (eine Galaxie) sei wie viele andere. Auch Immanuel Kant hatte schon entsprechende Vermutungen angestellt. (Guth, 2002:69) Die Milchstraße war nun eine von vielen „Inseln im Weltall". Warum Herschels Erkenntnisse ignoriert wurden? Viele Mitglieder der astronomischen Hierarchie waren Krichenmänner, denen schwante, dass das Universum unvergleichlich älter sein musste als ein paar tausend Jahre wie es in der Bibel geschrieben steht. (Siehe Clegg, 2012:62ff.)

Es war ein ungeheures Wagnis und nur der Aufklärung zu danken, dass Herschel ohne an Leib und Leben bedroht zu werden, das Alter des Universums auf einige Millionen Jahre schätzte. Man schrieb das Jahr 1813, zwei Jahre vor der Schlacht bei Waterloo. Er hatte tiefer ins Weltall geschaut, als jeder andere Mensch vor ihm, hatte Sterne gesehen, deren Licht Millionen Jahre gebraucht hatte, um die Erde zu erreichen. (Clegg, 2012:82) Es sollte lange dauern, ehe die Science Community seine Leistung anerkannte.

Herschels Vater Isaak war Militärmusiker. Sein Sohn Wilhelm wurde mit 14 Jahren Oboist bei der kur-hannoverschen Fußgarde. Nach der Besetzung Hannovers 1757 durch französische Truppen entkam er nach England, das damals mit seinem Heimatland Hannover in Personalunion verbunden war. Dort wirkte er als Musiklehrer, Komponist und Organist. 1766 wurde er Musikdirektor in Bath. Durch das Studium der mathematischen Musiktheorie angeregt, wuchs sein Interesse an Mathematik und Astronomie, vor allem an Objekten des Fixsternhimmels. Sein Ziel war eine vollständige Auflistung aller sichtbaren Sterne und Nebel, von denen man Anfangs noch nicht wusste, dass es Galaxien waren. Die um 1770 gängigen Fernrohre und Teleskope reichten technisch nicht aus, weit ins All zu schauen, weshalb Herschel begann, ab 1766 selbst Spiegelteleskope zu bauen. Für den Spiegel verwendete er die Legierung Speculum, eine weißliche, gut polierbare Bronzelegierung. Bei seinen Beobachtungen unterstützten ihn sein Bruder Alexander und seiner Schwester Caroline, die später eine anerkannte Astronomin wurde.

In Irland baute ab 1842 der exzentrische William Parsons, 3. Earl of Rosse, ein Teleskop mit 1 Meter 83 Spiegeldurchmesser und zirka 16 Meter Brennweite, mit dem man noch weiter und klarer in den Weltraum vordringen konnte. Nach drei Jahren Bauzeit wurde der „Leviathan" (benannt nach dem biblischen Seeungeheuer) im Februar 1845 auf dem gräflichen Schloss in Betrieb genommen. Kurz danach entdeckte William Parsons ein Objekt mit Spiralstruktur. Heute wissen wir, dass es die Whirlpool-Galaxie (M 51) war, eine große Nachbargalaxie im Sternbild Jagdhunde. Die große Hungersnot in Irland verhinderte eine regelmäßige Nutzung des Riesenteleskops bis 1848. Dann aber diente der „Leviathan" den Astronomen bis ins frühe 20. Jahrhundert als verlängertes Auge in den Weltraum. Man kann den noch voll funktionsfähigen Nachbau in Birr noch heute besichtigen. Der „Leviathan“ war von 1845 an das bei weitem größte Teleskop der Welt und wurde erst 1917 mit der Inbetriebnahme des Mount-Wilson-Observatoriums mit seinem Zweieinhalb-Meter-Spiegelteleskop in den USA übertroffen. Seit damals fanden die astronomischen Glanztaten vor allem in den USA statt.

Es sollte bis in die 20er Jahre des 20. Jahrhunderts dauern, bis das, was Herschel gefunden hatte, allgemein anerkannt wurde. Erst 1923 gelang dem amerikanischen Astronomen Edwin Hubble mit seinem 250-Zentimeter-Teleskop der große Wurf: Er berechnete, dass ein Nebel im Sternbild Andromeda 900.000 Lichtjahre entfernt war – weit jenseits der Grenzen der Milchstraße. Heute erst weiß man, dass er die der Milchstraße nächstgelegene Andromeda-Galaxie entdeckte. In einem Referat vor der National Academy of Science in Washington revolutionierte Hubble 1934 das Weltbild: Das Universum, so Hubble, sei eine „endliche Kugel“ mit einem Durchmesser von 6 Milliarden Lichtjahren und bestünde aus unzähligen Nebeln, sprich Galaxien. (Clegg, 2012:72ff.) Das waren Spekulationen, aber sie öffneten den Raum in bisher ungeahnte Dimensionen!

Neben dem Andromedanebel hatte Hubble 24 weitere Galaxien beobachtet und vermessen. Wird das Licht einer Galaxie (oder eines Sterns) mit Hilfe eines Prismas oder

Beugungsgitters in seine Bestandteile zerlegt, dann finden sich im Muster scharfe Linien, die von Elementen wie Wasserstoff, Helium, Calcium oder Eisen stammen. Bewegt sich die Quelle, dann ändert sich die Frequenz aufgrund des Dopplerffekts, der schon 1842 von dem Prager Mathematiker Johann Christian Doppler vorhergesagt wurde.

Das hängt mit dem Wellencharakter des Lichts und des Schalls zusammen. Beide sind periodische Änderungen, die sich beim Licht durch starke und schwache elektrische und magnetische Felder, beim Schall durch Zonen hohen und tiefen Luftdrucks fortpflanzen. Bewegt sich die Quelle beim Licht vom Beobachter weg, verringert sich die Frequenz und man beobachtet eine Rotverschiebung.

Noch 1933 hielt der einflussreiche Astronom Sir Arthur Eddington (siehe Kapitel „Die Struktur der Welt“) das Alter des Universums für geringer als das der Erde. Mitte der 40er Jahre war die Ansicht weit verbreitet, dass das Universum nur halb so alt sei wie unser Heimplanet. Erst die Entwicklung nach dem Zweiten Weltkrieg brachte einen neuen Schub in der Weltraumforschung. Er ist verbunden mit der Installation des 5-Meter-Teleskops auf dem Mount Polomar 1948, für dessen Spiegel 65 Tonnen Glas aufgewendet wurden. Aber erst die Atomphysik mit ihren neuen Erkenntnissen über die radioaktiven Zerfallsketten ermöglichte die Entdeckung des Geburtstags der Erde vor rund 4,6 Milliarden Jahren.

Und Eddington war es, der schließlich zugab, Lemaîtres Theorie vom expandierenden Universum fälschlich ignoriert zu haben. Er habe daher auch die Bedeutung von Hubbles neuen Daten nicht erkannt. Eddington bestätigte die Expansion durch ein einfaches Bild: Das Universum sei einem Ballon vergleichbar, der sich aufblähe. Es sei der Raum, der sich ausdehne, nicht die Galaxien in diesem Raum.

Als Albert Einstein vor genau hundert Jahren (1916) seine neue Theorie der Gravitation, seine Allgemeine Relativi= tätstheorie in die Welt setzte, wurde klar, dass die Graviation eine „Krümmung, Verdrehung und Dehnung der Geometrie von Raum und Zeit“ ist. Der Raum sei „formbar, verzerrt durch die in ihm enthaltene Masse“. Würde sich ein Raumschiff auf einer scheinbar geraden Linie fortbewegen, würde es schließlich durch die Krümmung des Raumes wieder an seinen Ausgangspunkt zurückkehren. (Guth, 2002:72ff.) Es gibt Physiker, die darauf hinweisen, dass die Gravitationskraft in Einsteins Relativitätstheorie gar keine richtige Kraft ist, sondern nur die Krümmungsverhältnisse im Raum wider= spiegelt. (Fritzsch, 2005:1991)

Bis zu Einsteins spektakulärem Wurf galt das Universum noch als statisch. Dunkle Materie und Dunkle Energie waren unbekannt. Die Physiker dachten sich bis dahin den Raum als von einem „Äther“ als Medium für die Ausbreitung des Lichts erfüllt. Erst Einstein verwarf die Äther-Hypothese und setzte an ihre Stelle die Erkenntnis, dass Masse und Energie äquivalent sind und dass keine Information oder Materie sich schneller als das Licht (299.800 km pro Sekunde) bewegen kann.

Die heute als Standardmodell geltende Expansion des Weltalls nach dem „Urknall“ lag noch in weiter Ferne. Ein= steins Universum blieb noch immer statisch. Erst der russische Metereologe und Mathematiker Alexander Friedmann (siehe Kapitel „Expansion“) veröffentlichte in der „Zeitschrift für Physik“ in den Jahren 1922 und 1924 das Konzept eines dynamischen Universums, das eine maximale Größe erreiche und dann wieder in sich zusammenfalle. (Guth, 2002:79ff.)

Wie das Leben entstand

Sind wir allein im Weltall? Eine der Menschheitsfragen. Nach und nach entdecken die Astronomen immer mehr Planeten, die wie wir in unserem Raumschiff Erde ihre Sonne umkreisen. Bisher wurden in der Milchstraße mehr als dreitausend solche „Exoplaneten“ geortet. Die meisten von ihnen sind riesige gasartige Gebilde, die so nahe um ihre Sonne herumwirbeln, dass sie Oberflächentemperaturen von

1000 Grad Celsius oder mehr erreichen. Leben ausgeschlossen. Von den 550 Planeten, die der 2009 gestartete Kepler-Satellit entdeckte, umkreisen ganze neun ihre Sonnen im bewohnbaren Abstand, der flüssiges Wasser, die Bedingung für Leben schlechthin, ermöglicht. (Stanzl, 12.5.2016) „Für die Entstehung des Lebens", schreibt Raoul Schrott, „sind nur drei Ingredienzien notwendig: Minerale, Wasser und CO_2". (Schrott, 2016:728) Neueste Entdeckung aus dem Jahr 2016: Der Planet „Proxima Centauri b" umkreist unseren Nachbarstern Proxima Centauri, einen Roten Zwerg, im Abstand von nur etwas mehr als vier Lichtjahren von unserem Sonnensystem. Heute gängige Raketen brauchen für die Strecke 80.000 Jahre! Ob es auf „Proxima Centauri b" Wasser gibt wird sich erst noch herausstellen müssen. Dazu wird erst ein 39-Meter-Spiegelteleskop in der Lage sein, das derzeit in der chilenischen Atacama-Wüste gebaut wird. Ähnliches gilt für drei ebenfalls 2016 entdeckte Expoplaneten um den 40 Lichtjahre enfernten Zwergstern Trappist-1 im Sternbild Wassermann.

Aber gibt es auch Leben auf Exoplaneten? Diese Frage können wir derzeit nicht beantworten. Und wenn es Menschen oder menschenähnliche Wesen auf anderen Planeten gibt, besteht immer noch das Problem der Kontaktaufnahme über unvorstellbar große Distanzen und Zeiträume hinweg. Nach dem deutschen Astronomen Rudolf Kippenhahn ist die Chance, mit „kleinen grünen Männchen" in Kontakt zu treten, gleich Null. Nach seinen Berechnungen (Kippenhahn, 1984: 259) ist theoretisch nur *ein* Planet in unserer Galaxie fähig, Kontakt mit der Erde aufzunehmen. Und wenn dies - wegen der riesigen Distanzen - nicht über viele Jahrtausende kontinuierlich erfolge, sei auch das vergeblich. Die Un= sicherheit komme daher, „dass wir nicht wissen, wie lange eine technische Zivilisation bestehen kann".

Spannend: Mit dem Hubble-Teleskop wurde 2005 ein Planet mit Sauerstoffatmosphäre entdeckt – 150 Lichtjahre von der Erde entfernt. Für uns Eintagsfliegen unerreichbar weit, wenn man bedenkt, dass das Licht in der Sekunde rund 300.000 Kilometer zurücklegt und nach Einstein kein Objekt mit Masse auf Lichtgeschwindigkeit beschleunigt werden kann. Wir können froh sein, wenn wir einmal unseren Fuß auf den Mars setzen. Ein Flug zu unserem eisernen roten Geschwister-Planeten wird tour retour alles in allem etwa 2 Jahre dauern. Die Astronauten müssen während des Fluges in künstlichen Winterschlaf versetzt werden.

Der erste, der die Lichtgeschwindigkeit berechnete, war der dänische Astronom und Mathematiker Ole Christensen Rømer (1644-1710). Die Frage, ob die Geschwindigkeit der Ausbreitung des Lichts endlich oder unendlich sei, war schon seit Jahrhunderten kontrovers diskutiert worden. Anhänger des Aristoteles, darunter René Descartes, plädierten für unendliche Lichtgeschwindigkeit. 1676 beobachtete Rømer die Umlaufbahnen von Jupitermonden. Er stellte fest, dass die Verfinsterungen der Jupitermonde umso später aufzutreten schienen, je weiter die Erde vom Jupiter entfernt war – wodurch, so folgerte er, das Licht länger zur Erde brauche. Rømer kam auf eine Lichtgeschwindigkeit von 224.000 Kilomentern pro Sekunde. (Hawking, 1988:34) Eine sensationell Leistung für die Möglichkeiten seiner Zeit.

Ein Team von 60 Astronomen um Hans Deeg vom Institut für Astrophysik auf den Kanarischen Inseln publizierte Anfang 2010 eine Aufsehen erregende Entdeckung, die vermuten lässt, dass es belebte Planeten in anderen Sonnensystemen unserer Galaxie gibt. In etwa 1500 Lichtjahren Entfernung orteten sie einen Planeten, der eine Sonne im Sternzeichen Schlange umkreist. Er hat nicht ganz die Größe unseres Jupiters und weist vergleichsweise gemäßigte Temperaturen auf: minus 20 bis 160 Grad Celsius. Das ermöglicht prinzipiell Leben.

Die Erde ist bisher der einzige Planet, auf dem Leben nachgewiesen wurde. Nach dem gegenwärtigen Stand der Forschung begann es nach den letzten schweren Bom= bardements großer Asteroiden, dem die Erde bis zu einem Alter von etwa 3,9 Milliarden Jahren, in der letzten Phase der Bildung des Planetensystems, ausgesetzt war. Die schwer= sten Elemente, vor allem Eisen, sanken unter großer Wärmeentwicklung in den Kern des Planeten. Leichte

Elemente, vor allem Sauerstoff, Silizium und Aluminium, stiegen nach oben. Aus ihnen bildeten sich silikatische Minerale, aus denen sich die Erdkruste vor allem zu= sammensetzt.

Bis vor kurzem sah das Bild vom Beginn des Lebens auf der Erde so aus: Die ältesten direkten Hinweise auf Leben, die als versteinerte Cyanobakterien gedeutet werden, sind 3,5 Milliarden Jahre alt. Sie wurden im Nordwesten Australiens und in Südafrika in bestimmten Gesteinsformationen ge= funden. Cyanobakterien (fälschlich Blaualgen genannt, weil sie einen blauen Photosynthesefarbstoff enthalten) gehören zu den ältesten Lebensformen überhaupt und sind ausgesprochen gute Lichtverwerter. Vor 3 bis 2,5 Milliarden Jahren sind dann erstmals Algenrasen im seichten Wasser aufgetreten. Aus dem Kalkschlamm, der sich auf den schichtförmig übereinander wachsenden Lagen absetzte, bildeten sich Stromatoliten, Kalkausscheidungen von Blaualgen, nur indirekt nachzuweisen durch gebänderte Eisenerze, etwa in Michigan, USA. Das Eisen war ursprünglich im Meerwasser gelöst. Die Mikroben setzten bei der Photosynthese Sauerstoff frei, der das Ausfällen des Eisens bewirkte. (Naturhistorisches Museum Wien)

Nach neuesten Forschungen ist dieses Bild zu erweitern: 2015 legten Elizabeth Bell und ihr Team von der University of California, Los Angeles, eine Studie vor, die einen sensationellen Sachverhalt darstellte: Es wurden winzige Zirkon-Kristalle in Kohlenstoff aus der Jack Hills Formation in Australien untersucht, die zu den ältesten geologischen Strukturen der Erde gehört. Ergebnis: Der Kohlenstoff (Graphit) deutet auf einen biogenen Urprung hin. Alter: 4,1 Milliarden Jahre. (Bell et al., 2015; siehe Kapitel „Mysterium Kohlenstoff") Die Zirkone benöten zur Bildung flüssiges Wasser, die Grundbedingung des Lebens. Das harmoniert mit einer von Biologen durchgeführten Rekronstruktion des Stammbaums der Prokaryoten (Einzeller ohne Zellkern), der zu einem hypothetischen Ahnen führt, der vor 4,1 Milliarden Jahren lebte. (Langenbach, 2015:25)

Ebenso spektakulär war der im August 2016 vorgestellte Fund eines 3,7 Milliarden Jahre alten fossilen Gesteins durch die australischen Paläontologen Allen Nutman von der Universität von Woolongong und Vickie Bennett von der Australian National University. Das im australischen Greenland, Canberra, gefundene Gestein enthielt Fossilien von Stroma=toliten, wodurch die Datierung der frühesten Fossilien lebender Organismen von 3,5 auf 3,7 Milliarden Jahre zurück verschoben werden konnte.

Die ersten Mikroorganismen dürften den Sprung an Land vor 3,22 Milliarden Jahren geschaft haben. (Knauer, 2016) Michael Wiedenbeck vom Deutschen Geoforschungszentrum in Potsdam wies ihre Spuren in winzigen Pyrit-Körnchen im

Barberton-Grünsteingürtel zwischen Südafrika und Swasiland nach. Sie verstoffwechselten den im Pyrit enthaltenen Schwefel.

Die massenhaft im Wasser verbreiteten Cyanobakterien änderten die Lebensbedingungen auf der Erde entscheidend. Die winzigen Lebewesen nutzten das Sonnenlicht zur Photosynthese und setzten quasi als Abfallprodukt Sauerstoff in großen Mengen frei. Das bewirkte die chemische Um= wandlung der sauerstofflosen Gashülle in die für die Fortentwicklung von Leben außerhalb des Wassers notwen= dige Atmosphäre. Bei der Photosynthese werden aus Kohlendioxid und Wasser mit Hilfe von Sonnenlicht, das die notwendige Energie liefert, organische Moleküle hergestellt. Da Sauerstoff für die damals lebenden Organismen giftig war, kam es vor etwa zwei Milliarden Jahren zu einer „Sauer= stoffkrise".

Man muss bedenken, dass die Sonneneinstrahlung auf die Erde in diesen Anfangszeiten wesentlich aggressiver war, weil es keine Atmosphäre gab. Mit zunehmender Konzentration des Sauerstoffs wurde dieser vermehrt durch das ultraviolette kurzwellige Licht der Sonne in atomaren Sauerstoff gespalten, aus dem durch Reaktion mit O_2 Ozon entstand, das sich in der Stratosphäre in 15 bis 30 km Höhe anreicherte. Das war für die Evolution des Lebens von entscheidender Bedeutung, denn das Ozon (heute filtert es rund 70% der UV-Strahlung der Sonne) bildete einen Schutzschild. Er war die Voraussetzung dafür, dass es seit dem Kambrium (siehe Tabelle der Erdzeitalter im Anhang) zu einer gewaltigen Entwicklung des Lebens kam.

Nach den Gesetzen der Evolution mit ihrer Verbindung von Zufallsmutationen und natürlicher Auslese konnte das Leben die Sauerstoffkrise überwinden. Erst dann konnten sich nach der Ausbreitung von Pflanzen auf dem Festland – allen voran der Flechten, einer Symbiose von Grünalgen und Pilzen - die ersten tierischen Lebenwesen an Land wagen. Pilze sind weder Pflanzen noch Tiere, sondern bilden ein eigenes Reich von Lebewesen, die seit mehr als einer Milliarde Jahren ihre eigene Evolution durchmachen und etwa den 600 Tonnen schweren Dunklen Halimasch (das derzeit größte Lebewesen) hervorbringen, der im Boden des US-Bundestaates Oregon wächst und mehr als 2000 Jahre alt ist. Ohne Symbiose zwischen Mykorrhizen (Pilzwurzeln) und Samenpflanzen, die 95% aller heutigen Landpflanzen nutzen, würde das Leben, wie wir es heute kennen, nicht existieren. (Engeln, 2010)

Komplexeres Leben jenseits von Bakterien entwickelt sich zunächst im Wasser. Raoul Schrott schreibt: „Alle kommplexen Organismen – also auch wir – gingen aus der Zelle eines Kragengeißeltierchens hervor... Die ersten greifbaren Vielzeller – die Schwämme – sind nichts anderes als Ansammlungen abertausender solcher Kragengeissler."

(Schrott, 2016:776) Die genetisch älteste, heut noch existierende Form, sind die Glasschwämme, lebende Fossili= en, die alle Merkmale der Kragengeißeltierchen besitzen, aber bereits erste Formen von zellulärer Arbeitsteilung aufweisen. Ihre bisher gefundenen versteinerten Überreste sind etwas weniger als 700 Millionen Jahre alt.

Evolutionsbiologen haben rekonstruiert, dass Pilz und Mensch vor mehr als einer Milliarde Jahren einen gemeinsamen Vorfahren hatten, dessen Nachkommen dann getrennte Wege gingen, die einen als Tiere und später Menschen, die anderen als Pilze. Raoul Schrott beschreibt den Sprung von Mikroorganismen zu komplexen Lebewesen, von ihren An= fängen in den Ozeanen bis zur Landnahme so: „Im Zeitraum von rund 750 bis zu 400 Millionen Jahren entstanden die Baupläne allen tierischen Lebens: von den Schwämmen über die Rippenquallen, Würmer und Schleimaale bis zu ersten Knochenfischen. Von ihnen erbten wir Bauch und Rücken, Kopf und Fuß, Mund, Muskeln und Verdauungstrakt, Skelett und Rückgrat, unser Gesicht. Durch die entstandene Vielzelligkeit bildete sich der Körper als Vehikel für die Fortpflanzung heraus, kam aber auch der Tod erstmals ins Leben. Über die Ausbildung von Sinnesorganen und Beweglichkeit wiederum entwickelte sich unsere Intelligenz..." Die Signalübertragung zwischen den Neuronen im Gehirn und unseren Nervenzellen funktioniere immer noch ähnlich wie die zwischen den einzelnen Körperzellen eines Schwamms. Bei den Schwämmen kam es erstmals bei einem Lebewesen zu einer Unterscheidung zwischen einem Kopf- und einem Fußteil. Dabei diente der Kopf der Verankerung am Boden des Meeres, wodurch das Leben erstmals sesshaft wurde. Den Bauplan, der beim Menschen zwischen beiden unterscheidet, danken wir den Schwämmen – mit einem Unterschied: Wir wachsen verkehrt herum. (Schrott, 2016:11, 778ff.)

Und die Pflanzen, ohne die es kein Leben an Land, keine Entwicklung von Vielzellern gegeben hätte? Sie kommen, wie alles Leben, ursprünglich aus dem Meer. Ihre Landnahme beginnt vor zirka 500 Millionen Jahren. Ihre Urahnin ist eine Grünalgenart, deren heutige Verwandte sich auf Gletscherfeldern, in alpinen Seen und Weihern finden. Die älteste fossil erhaltene Pflanze wurde in Irland gefunden. Alter 475 Jahrmillionen. Erdpilze – Mykorrhizen, ohne die es auch heute keine Bodenfruchtbarkeit geben würde – halfen den ersten Pflanzen symbiotisch, sich an Land festzusetzen.

Soeben wurde in Sedimentgesteinen in China (Provinz Shaanxi) ein 540 Millionen Jahre altes Mikrofossil gefunden. Die britisch-chinesische Forschergruppe (Han, Morris et al., 2017) gab ihm den Namen Saccorhytus (abgeleitet vom lateinischen saccus = Sack). Er bevölkerte die Urmeere und ist der früheste bekannte Vertreter der sogenannten Neu= münder (Deuterostomia). Aus diesem Entwicklungszweig gingen letztlich auch die Wirbeltiere bis hin zum Menschen hervor. Es zeige sich, so die Wissenschaftler, „einer der ersten Schritte der Evolution auf dem Weg zum Menschen“.

Die Fossilien von Saccorhytus coronarius sind nur etwa einen Millimeter groß. Die winzigen Tierchen lebten am Beginn des Kambrischen Erdzeitalters (siehe Kapitel „Revolution des Lebens“) in einem Flachmeer und bestanden praktisch nur aus einer riesigen Mundöffnung und einem sackartigen Körper. Acht kleinere Öffnungen dienten dem Wasseraustausch und waren wahrscheinlich Vorläufer der Kiemen. "Wir glauben, dass diese frühe Form der Deuterostomia den primitiven Anfang der Entwicklung zu einem breiten Spektrum von Arten repräsentiert", resümiert Conway Morris. Sein Kollege Degan Shu von der Northwest University in Kirkland ergänzt: "Saccorhytus ermöglicht uns nun Einblicke in die sehr frühen Stufen einer Evolutionsgeschichte, die erst zu den Fischen und schließlich am Ende auch zu uns geführt hat."

Viele Fragen sind bis heute ungelöst: Wie entwickelten sich aus Bakterien Pflanzen und Tiere? Wie entstanden vor etwa zwei Milliarden Jahren die ersten komplexen Zellen, die dann kontinuierlich Planzen und Tiere hervorbrachten? Antwot des britischen Biochemikers Nick Lane: „Alle Pflanzen und Tiere sind zweifellos miteinander verwandt, was bedeutet, dass wir alle einen gemeinsamen Vorfahren haben... Bei nur einer Gelegenheit entwickelte sich eine komplexe Zelle aus Bakterien und der Nachkomme dieser Zelle begann damit, all die großen Reiche des komplexen Lebens zu gründen: die Pflanzen, Tiere, Pilze und Algen." (Lane, 2013: 110) Sie alle haben mit dem Menschen einen gemeinsamen „Zell=stammvater": die eukaryotische Zelle (von griechisch *eu* = echt und *karyon* = Nuss, Kern). Sie ist durch klare Strukturen gekennzeichnet. Um den Zellkern mit den Genen, das Charakteristikum der Eukaryoten, sind zahlreiche Zell=organellen gruppiert. Zu den wichtigsten gehören die Mito=chondrien, die (bakteriellen Urspruchs) durch chemische Reaktionen Energie zur Verfügung stellen. Die Eukaryoten sind erheblich größer als Prokaryoten (Zellen ohne Kern, deren DNA im Zellplasma eingelagert ist), zu denen die Bakterien und Archaeen (Urbakterien, die dritte Hauptgruppe zellulärer Lebewesen) gehören.

Vor 620 Millionen Jahren lebten urtümliche Quallen und Gliederwürmer. Ihre fossilen Reste wurden zuerst in Südaustralien gefunden, vor kurzem auch in China. Lungen entwickelten zuerst die Knochenfische vor und im Devon (siehe Tabelle Erdzeitalter), deren einziger heute Überlebender der Quastenflosser ist, der sich vor etwa 409 Millionen Jahren entwickelte. Aus den Knochenfischen gingen die Fleischflosser hervor, zu denen der moderne Lungenfisch gehört. Ihre Flossenpaare wurden zu Vorläufern unserer Beine und Arme. 400 Millionen Jahre alte Abdrücke dieser muskulösen Flossen in versteinertem Schlamm in Irland und 395 Jahre alte ähnliche Abdrücke in Polen belegen, dass die

Fleischflosser schon zu dieser Zeit lebten. Auch auf Ellesmere Island in der kanadischen Arktis wurde im Jahr 2004 ein 375 Millionen altes Fossil eines Fleischflossers gefunden, „Tiktaalik“ genannt. Erst als der Sauerstoffgehalt der Luft durch die sich in dieser Zeit ausbreitenden Wälder hoch genug wurde, konnten sich die Fleischflosser an Land festsetzten. Aus diesen amphibischen Fischen entwickelten sich schließlich die ersten Vierfüßer (Tetrapoden), aus denen wiederum die Reptilien samt allen Landwirbeltieren inklusive Säugetiere und Mensch hervorgingen. (Schrott, 2016:811)

Schon Charles Darwin vermutete, dass Leben auf chemischer Basis aus Methan, Ammoniak und Kohlenmonoxid in der ersten Atmosphäre hervorgegangen war. In den 20er Jahren des 20. Jahrhunderts formulierten dann der russische Biochemiker Alexandr Iwanowitsch Oparin (1894 - 1980) und andere aufgrund der Annahme Darwins die „Theorie der Ursuppe“. Ein großes Problem war jedoch, dass diese These lange Zeit empirisch nicht bewiesen werden konnte.

Doch im Jahre 1953 konnten die amerikanischen Chemiker Stanley Lloyd Miller (1930 - 2007) und Harold Clayton Urey (1893 – 1981; für seine Entdeckung des schweren Wasser=stoffisotops Deuterium erhielt er 1934 den Nobelpreis) nachweisen, dass Darwins Theorie stimmte. Miller simulierte in einem berühmt gewordenen Experiment die atmo=sphärischen Bedingungen, die auf der Urerde vor rund vier

Milliarden Jahren geherrscht haben könnten, im Labor: In einem Kolben bildete er die methanhaltige Uratmosphäre und den Urozean der frühen Erde nach. Über zwei Wolframelektroden wurde eine hochenergetische Funken=entladung mit Temperaturen von bis zu 600 Grad Celsius erzeugt. Damit simulierte Miller die elektrischen Entladungen, die in der Frühzeit der Erde geherrscht haben mussten, als die noch heiße Atmosphäre mit Wasserdampf gesättigt war und gewaltige Unwetter übers Land zogen. Nach nur einer Woche hatte sich bei diesem Versuch ein Anteil von 15 Prozent des Methans in organische Verbindungen umgewandelt, darunter auch mehrere Aminosäuren, die Grundbausteine des Lebens.

Interessant, dass die „Ursuppe“ durch das Miller-Urey-Ex=periment 1953 mit Hilfe reiner Physik und Chemie nachgewiesen werden konnte. Die Entdeckung zahlreicher organischer Moleküle in Kometen und Meteoriten gab den Wissenschaftlern später Recht. Selbst unter simulierten Weltraumbedingungen wurde inzwischen die Erzeugung von organischen Molekülen nachgewiesen. Die „Ursuppe“ des Lebens existiert auch im Weltall. „Leben war nicht länger eine einsame Ausnahmeerscheinung, sondern eine maßgebliche kosmologische Konstante, unabwendbar wie die Schwerkraft“, schreibt Nick Lane in seinem Buch „Leben. Verblüffende Erfindungen der Evolution“, das 2013 in deutscher Sprache erschien.

Wenn man es auf die Elemente reduziert, ist die Flamme des Lebens eine Reaktion von Wasserstoff und Sauerstoff – zwei Gegenspieler, „die sich in trauter molekularer Zweisamkeit verbinden, wodurch massenhaft Energie frei wird." (Lane, 2013: 23) Der erste Schlüssel für die Entstehung des Lebens wurde Anfang der 1970er Jahre entlang der Galápagos-Verwerfung gefunden: vulkanische Schlote, auch „schwarze Raucher" genannt. 1977 tauchte das U-Boot „Alvin" der US-Marine zu diesen Schloten hinab, die das umgebende Meerwasser bis zu bis zu 400 Grad Celsius aufheizen – mit einer erstaunlichen Vielfalt des Lebens: „Die Popula= tionsdichten an Tiefseeschloten sind mit denen eines Regenwaldes oder Korallenriffs vergleichbar. Der Unterschied besteht darin, dass das Leben hier nicht durch die Sonne, sondern durch die Exhalationen der Schlote gespeist wird." (Lane, 2013:24)

Inzwischen wurden etwa 200 Schlotfelder entlang der Mittelozeanischen Rücken des Pazifischen, Atlantischen und Indischen Ozeans entdeckt, mit bis zu 60 Meter hohen Schornsteinen, die kochende metallische Sulfide ins Meer= wasser pumpen. Das Leben an den Schwarzen Rauchern erträgt diese Höllenbedingen nicht nur, es gedeiht durch sie. Wie ist das möglich? Durch das Ungleichgewicht zwischen Meerwasser und Magma. Das Meerwasser, das unter den Schwarzen Rauchern durchsickert, wird stark erhitzt und mit Mineralen und Gasen angereichert, besonders mit

Schwefelwasserstoff. „Schwefelbakterien können den Wasserstoff aus dieser Verbindung lösen, ihn mit Kohlendioxid verbinden und so organisches Material bilden. Diese Reaktion ist die Grundlage für das Leben an den Schloten." (Lane, 2013:26)

Wo aber kam das Leben her, als es auf der Erde noch keinen Sauerstoff gab? In jenen Zeiten war die spontan ablaufende Reakation zwischen Schwefelwasserstoff und Eisen der Motor des Lebens. Das vermutet der deutsche Chemiker und Patentanwalt Günter Wächtershäuser. Ein anderer Pionier auf diesem Sektor ist Mike Russel vom Jet Propulsion Laboratory in Pasadena, Kalifornien. Er stimmt mit Wächtershäuser überein, dass hydrothermale Quellen bei der Entstehung des Lebens eine bedeutende Rolle spielten. Russel setzt aber nicht ein saures, sondern ein basisches Milieu voraus, das bei der Bildung neuen Ozeanbodens durch die Plattentektonik entsteht. Der so entstehende Schlottyp ist nicht vulkanischen Ursprungs. Er ist ein Reaktionsprodukt neugebildeter Gesteine mit dem Meerwasser. So sei das Leben, fand Russel schon 1994, vor vier Milliarden Jahren an sulfidischen heißen Quellen unter dem Meer entstanden.

Erst um die Jahrtausendwende wurde Russels Theorie durch eine Expedition des Tauchbootes „Atlantis" bestätigt, etwa 15 Kilometer vom Mittelatlantischen Rücken entfernt. Filigrane weiße Säulen und Finger aus Karbonat ragen aus diesem

Tiefsee-Massiv, das „Lost City" getauft wurde. Der höchste Schlot, „Poseidon", ist 60 Meter hoch. Das Leben in und um diese „Weissen Raucher" beruht auf einer Reaktion von Wasserstoff, der in reiner Form aus dem Boden aufsteigt, und Kohlendioxid, einer der Grundlagen allen Lebens auf unserem Planeten.

Russels basische Schlote, so Nick Lane, seien die Brutstätte des Lebens auf unserer Erde. „Sie sind ein wesentlicher Bestandteil eines Systems, das sich über die Erdoberfläche wälzt und den ruhelosen Vulkanismus unseres Planeten antreibt. Sie befinden sich in einem stetigen Ungleichgewicht mit den Ozeanen und sprudeln einen festen Vorrat von Wasserstoff aus, der mit Kohlendioxid reagiert und organische Moleküle formt." (Lane, 2013:33) Diese Schlote, so Lane, existierten schon auf der frühen Erde, als der abkühlende Erdmantel unmittelbarer mit dem Meerwasser in Verbindung stand. Außerdem waren die Meere damals mit gelöstem Eisen angereichert. Das Leben entstand offenbar durch elektrochemische Reaktionen in mikroskopisch kleinen Kammern. Am Ende entstanden Zellen, aus denen (mit Ausnahme der Viren) alle Lebewesen bestehen, Zellen, die alle mit derselben Energiewährung bezahlen: mit ATP (Adenosintriphosphat), das vom Citratzyklus geliefert wird.

Die Raucher am Meeresgrund sind bis heute aktiv. Erst 1997 entdeckte ein deutsches Forschungs-Unterseeboot im nordisländischen Eyjarfjörður in 65 Metern Tiefe Hydro=thermalschlote, die bis zu 45 Meter hoch sind, Weiße Raucher aus Smektit, einem ausgefällten Talk, wo sich Salzwasser und etwa 11.000 Jahre altes Süßwasser (Grundwasser des Binnenlandes) mischen. „Rund um diese Weißen Raucher ist ein komplexes Ökosystem von Algen, Muscheln und Fischen entstanden." (Schrott, 2016:740)

Der Gentechniker William Martin von der Universität Düsseldorf beschäftigt sich seit langem mit der Urmutter allen Lebens auf der Erde, mit „LUCA" (Last Universal Common Ancestor), einem Einzeller ohne Zellkern, der vor rund vier Milliarden Jahren lebte. Mithilfe öffentlicher Gendatenbanken, so Martin, seien 2000 sehr einfache ursprüngliche Zellen untersucht und 355 gemeinsame Gene festgesteltt worden. „LUCA" ähnle jenen Organismen, die noch heute an hydrothermalen Quellen in der Tiefsee leben und ernähre sich von Gasen: Kohlendioxid, Stickstoff und Wasserstoff. Martin: „So haben wir endlich Gewissheit: Alles Leben hat seinen Ursprung am Meeresgrund." (Der Spiegel, 32/2016) Noch immer steckt die zentrale Gensequenz von LUCA im häufigsten Lebewesen der Welt, im Bakterium Pelagibacter ubique, das ein Drittel allen einzelligen Lebens in den Ozeanen ausmacht. (Schrott, 2016:748f.)

Neueste Forschungen zeigen, dass das Leben auf der Erde unglaublich früh begann.Schon 2008 haben Wissenschaftler der

McGill University in Montreal die ältesten Gesteine der Erde im Nuvvuagittuq-Grünsteingürtel entdeckt. Alter: 4,28 Milliarden Jahre. (O'Neil et al., 2008) In einer 2017 ver= öffentlichten Studie wurden in diesen Schichten Belege für die Präsenz der ältesten Fossilien der Erde präsentiert. Reste von als Mikroben interpretierten mikroskopischen Strukturen (Fila= mente und röhrenartige Gebilde von bis zu einem halben Millimeter Länge) die möglicherweise ebenso alt sind wie das Gestein: 4,28 Milliarden, mindestens aber 3,77 Milliarden Jahre. Es handelt sich um Bändereisenerze, die als Aus= fällungen von untermeerischen hydrothermalen Quellen gedeutet werden. Sie weisen ein Kohlenstoffisotopenprofil auf, das wahrscheinlich Stoffwechselprozesse von Lebewesen zur Ausfällungszeit im Ablagerungsraum anzeigt. Mit den Filamenten assoziierte mikrometergroße Kügelchen und Rosetten enthalten Apatit, Carbonate und Graphit (siehe Kapitel „Mysterium Kohlenstoff") weisen auf einen biogenen Ursprung hin. Die ältesten bisher bekannten, weitgehend zweifelsfreien Fossilnachweise mikrobiellen Lebens stammen aus Westaustralien (Pilbara-Kraton) und haben ein Alter von 3,46 Mrd Jahren. (Dodd et al., 2017)

Trotz all dieser Erkenntnisse werden wir nach Nick Lane „niemals in Erfahrung bringen, wie das Leben auf der Erde wirklich begann". (Lane, 2013:18) Wir kennen nur die Grundlagen, nicht den Impuls. Weshalb und wie sich aber auf dieser Grundlage Leben entwickeln konnte, ist damit nicht beantwortet. Die Feststellung, die Darwin als erster traf, dass die Evolution durch allmähliche Veränderung im Kampf um Selbstbehauptung und Anpassung an die Umweltfaktoren vorangetrieben werde, beschreibt nur die Tatsache, nicht aber die Ursache, nicht das Warum.

Damit sind wir wieder bei der philosophischen Grundfrage: Warum ist überhaupt etwas und nicht nichts, beziehungsweise warum ist nicht nur nichts? Mit ihr verbunden ist die Frage nach einem Ziel. Geschieht alles einfach so? Entsteht alles durch Selbstorganisation? (Siehe die Kapitel „Chaos und Ordnung", „Emergenz" und „Apfelmännchen") Oder gibt es da ein „intelligentes Design" nach dem Motto, Ziel der Evolution sei der Mensch, über den ein Gott sich selbst begreifen könne? Die Antwort hängt von der Weltsicht ab. Was bleibt ist das Staunen über das Wunder der Entwicklung des Lebens auf der Erde.

Die Entwicklung des Lebens hängt aufs engste mit der Kraft der Natur zusammen, Zellen zu entwickeln. Die Zelle ist das wahre Wunder. Sie enthält alles, was das Leben braucht. Ein erwachsener Mensch besteht aus rund 37 Billionen winzigen Zellen. (Siehe Kapitel „Revolution des Lebens") Für die Energie in ihnen sind Mitochondrien zuständig, von Bakterien abstammende Kleinkraftwerke. Und sie haben die Fähigkeit, sich durch Teilung zu vermehren. Die besitzen schon die frühesten Bakterien. Später wird die Natur in Form von

Eukaryoten Zellen bilden, die in ihrem durch eine Membran geschlossenen Kern Erbinformationen speichern. Mit ihrer Hilfe wird es möglich sein, komplexere Strukturen aufzubauen. Und als erste werden die Cyanobakterien lernen, Sonnenergie unter Abgabe von Sauerstoff in Kohlenhydrate umzuwandeln. Die Photosynthese ist die genialste Form der Energie= erzeugung auf der Erde. Leben fürs Leben.

Für Nick Lane ist Sauerstoff „der Schlüssel zu planetarischem Leben". (Lane, 2013:78) Sauerstoff sei das Molekül, das eine Welt antreibt. Am Ende sei auf unserem Planeten der ganze Staub, das gesamte Eisen in den Gesteinen, der Schwe+fel in den Ozeanen und das Methan in der Luft oxidiert. Dann sei freier Sauerstoff in die Luft und in die Meere geströmt. Im Meer habe der Sauerstoff den Verlust von Wasser gestoppt: „Entweicht Wasserstoff aus dem Meer, trifft er unweigerlich wieder auf Sauerstoff, bevor er seinen Weg hinaus ins Weltall findet. Schleunigst reagiert er erneut zu Wasser, das nun vom Himmel herabregnet und dem Schwinden der Meere einhalt gebietet. Reichert sich Sauerstoff in der Luft an, so bildet sich eine Ozonschicht..." Diese Ozonschicht hält UV-Strahlen von der Erde ab. Vor dem Verbot von FCKW, den flüchtigen Fluorchlorkohlenwasserstoffen, war die Menschheit drauf und dran, diesen lebenswichtigen Schutzschild zu zerstören. (Adler/Mackwitz, 1990:159ff.)

Leben, so komplex es sich heute darstellt, beruht eigentlich auf einfachen Grundlagen. Alle Lebewesen, die aus Zellen aufgebaut sind, besitzen nur drei Domänen: die Bakterien, die nicht minder urtümlichen Archaeen (Archebakterien, die erst Ende der 1970er Jahre entdeckt und beschrieben wurden) und Eukaryo(n)ten, die in allen Organismen vorkommen, deren Zellen durch einen Zellkern charakterisiert sind. Zu letzteren gehören alle Pflanzen, Tiere und natürlich auch der Mensch. Ein bedeutender Schritt in der Geschichte des Lebens war dann die Vielzelligkeit, die möglicherweise durch eine globale Eiszeit provoziert wurde.

Durch den Stoffwechsel des pflanzlichen Lebens mittels Photosynthese, wurde die Erdatmosphäre mit molekularem Sauerstoff angereichert und bekam allmählich ihren heutigen Charakter. Die 640 Kilometer hohe Erdatmosphäre enthält heute nach Angaben der NASA (Earth Fact Sheet) 78,08% Stickstoff, 20,95% Sauerstoff sowie Spuren der Edelgase Argon, Neon und Krypton, von Helium (He), Methan (CH_4) und molekularem Wasserstoff (H_2). Der für den Treibhauseffekt, die Klimaerwärmung, maßgebliche Anteil an Kohlenstoffdioxid (CO_2) steigt derzeit durch menschlichen Einfluss seit dem Beginn der Industrialisierung um 1850 (in Großbritannien ab etwa 1760) kontinuierlich.

Die atmosphärische CO_2-Konzentration bewegt sich im Bereich Parts-per-Million (ppm = Teilchen pro Million) – und ist trotzdem von entscheidender Bedeutung für den vom Menschen gemachten Klimawandel, der sich zu einer Katastrophe entwickelt. Im März 2015 wurden von der amerikanischen Wetterbehörde NOAA (National Oceanic and Atmospheric Administration) global erstmals mehr als 400 ppm CO_2 in der irdischen Atmosphäre gemessen. Der Anstieg in den Jahren 2000 bis 2009 betrug jährlich 2 ppm. Die gegenwärtige Konzentration liegt um 40 % oberhalb des vorindustriellen Wertes von 280 ppm und um 33 % über dem höchsten in den vergangenen 800.000 Jahren jemals erreichten Wert. Das haben Analysen an Eisbohrkernen ergeben. Es konnte nachgewiesen werden, dass über drei Viertel des zusätzlichen Kohlendioxids aus der Verbrennung fossiler Brennstoffe (Kohle, Erdöl) stammt, der Rest vor allem aus dem Abbrennen von Wäldern, um durch Rodung kultivierbares Land zu gewinnen. Eine Folge der Bevölke= rungsexplosion. Neben Kohlendioxid nehmen auch die Treibhausgase Methan, Lachgas, Fluorkohlenwasserstoff und Schwefelhexafluorid zu.

Wenn nicht gegengesteuert wird, kommt es zu einer starken Zunahme der Wüsten und (durch das Abschmelzen der Poleiskappen) zu Überflutungen riesiger, stark besiedelter Landstriche. 2007 hat UNO-Generalsekretär Ban Ki Moon aufgrund einer Studie von 200 Fachleuten aus 25 Ländern eindringlich davor gewarnt, dass infolge der zunehmenden Erderwärmung weltweit über zwei Milliarden Menschen bedroht sind und dass diese Entwicklung den Weltfrieden akut gefährdet. Schon in den nächsten zehn Jahren könnten 50 Millionen Menschen zu „Klimaflüchtlingen" werden.

Ohne Wasser kein Leben

Wie kam die Menschheit drauf, dass Wasser kein Element, sondern ein zusammengesetzter Stoff ist? In der zweiten Hälfte des 18. Jahrhunderts hatten einige Wissenschaftler Expertimente mit Luft und „brennbarer Luft" (Wasserstoff) durchgeführt. Wasser als chemische Verbindung wurde zum ersten Mal synthetisiert, als Henry Cavendish 1781 ein Gemisch aus Wasserstoff und Luft mit einem elektrischen Funken zur Explosion brachte (Knallgasreaktion). Wasser schlug sich an den Wänden der Kolben nieder. Cavendish nannte es „Tau". (Ball, 2002:182)

Nachdem Lavoisier seine Versuchsreihe vollendet hatte (siehe Kapitel „Mikrowelten werden entdeckt"), war klar: Wasserstoff verbindet sich mit dem Sauerstoff der Luft zu Wasser. Wasser besteht aus Sauerstoff und Wasserstoff. Erst der schwedische Wissenschaftler Berzelius (siehe Kapitel „Die Pioniere") fand dann heraus, in welchem Verhältnis: Ein Wassermolekül

besteht aus zwei Wasserstoffatomen und einem Sauerstoff=
atom. Die Formel H_2O war geboren.

Wasserstoff, Helium und Sauerstoff sind die häufigsten Elemente im Universum. Das Edelgas Helium – der französische Astronom Jules Janssen entdeckte es 1868 in der Sonnenkorona und gab ihm seinen Namen nach dem griechischen Sonnengott Helios - ist ein „kosmischer Einzel=
gänger“ (P. Ball) und geht keine chemischen Verbindungen ein. Wasserstoff und Sauerstoff sind hingegen reak=
tionsfreudig und bilden in ihrer Verbindung Wasser ein Grundelement des Universums – und den Urgrund des Lebens. Wasserstoff und Helium wurden schon im „Urknall“ gebildet, ebenso die in der Periodentafel nächststehenden Leichmetalle Lithium und Beryllium.

Durch die Supernovae (siehe Kapitel „Wir bestehen aus Sternenstaub“) ist der Raum zwischen den Sternen kein reines Vakuum, sondern mit feinst verteilter Materie gefüllt, Materie, die für etwa zehn Milliarden Sterne reichen würde. Diese Materie besteht vorwiegend aus Wasserstoff, ange=
reichert mit Kohlenmonoxid, Wasserstoffzyanid, Methanol, Äthanol, Ammoniak, Formaldehyd und Wasser. Dazu kommen winzige Körnchen von Silikatmineralien, Rußflocken und Diamanten – oft mit einer Hülle aus Eis. (Ball, 2002:29)

In manchen Teilen der Galaxien ballen sich Gas und Staub zwischen den Sternen zusammen und bilden molekulare Wolken, so etwa den berühmten „Pferdekopfnebel" im Orion. Diese Wolken sind die Geburtsstätten neuer Sterne und sie enthalten Wasser im Überfluss, so der US-amerikanische Physiker Charles Hard Townes (1915-2015; Nobelpreis 1964 für grundlegende Arbeiten auf dem Gebiet der Quanten= elektronik)

In der Entstehungsgeschichte unseres Planetensystems brachten Protoplaneten und Meteoriten (Kohlenstoffchondrite enthalten bis zu 20 Prozent Wasser) höchstwahrscheinlich das Wasser in die Gesteinsmischung ein, aus der die Erde werden sollte... Solange die Erde geschmolzen war, lösten sich die flüchtigen Bestandteile im Magma. Als das ge= schmolzene Gestein dann abkühlte und fest wurde, wurden die Gase in einem Prozess, den man Entgasen nennt, freigesetzt. Diese Gashülle bestand aus Kohlendioxid, Stickstoff und Wasserdampf. Erst als vor 4,4 bis 4 Milliarden Jahren die Temperatur ausreichend gefallen war, konden= sierte das Wasser und Ozeane regneten herab. Gegen diese Urflut, sei die Biblische Sintflut nur ein „Aprilschauer" gewesen, so der britische Physiker Philip Ball. (Ball, 2002:33ff.)

Raoul Schrott weist darauf hin, dass das Mineral Olivin (Fe_2SiO_4) bei der Bildung der enormen Wassermengen eine zentrale Rolle spielte. (Schrott, 2016:708f.) Erst heute wisse man, dass Olivin das dominierende Material des Erdmantels ist, nachdem man riesige Platten des Minerals am mittelatlantischen Rücken entdeckte. Olivin bleibe bis zu einer Tiefe von 400 km stabil und enthalte mehr Wasser als die Ozeane der Erde, halte die Plattentektonik, die vor 3,9 Milliarden Jahren begann, in Bewegung und sei entscheidend für die Entstehung des Lebens gewesen. Olivin ist eines der häufigsten Minerale im Universum, ein Hauptbestandtiel jenes interstellaren Staubs in Gasnebeln und galaktischen Scheiben, aus dem sich dann Planeten formen. (Schrott, 2016:708 f., 724, 738)

Ohne Sonnenenergie, ohne Biosphäre und Elemente ist Leben nicht möglich. Auch ein Viertes darf nicht fehlen: Wasser. Es bildete sich erst nach der Abkühlung und Stabilisierung der Erdkruste und bedeckt heute rund 70% ihrer Oberfläche. Die Erde war zur Zeit ihrer Entstehung vor rund 4,6 Milliarden Jahren ein glühender Ball mit Temperaturen um 1.000 Grad Celsius. Da wäre alles Wasser schnell verdampft.
Wasser ist keine Erscheinung der Oberfläche, die sich in einem stetigen Kreislauf erneuert. Wasser durchdringt die Erde noch in Bereichen mit 1500 Grad Celsius, wo man es nicht erwarten würde: in 660 Kilometern Tiefe, im „weichen Erdmantel“. Einige Forscher glauben, dass im Erdinneren genug Wasser verborgen sein könnte, um alle Ozeane dreißigmal aufzufüllen. Das Wasser wäre demnach in den

Kristallgittern von Mineralhydraten des Erdmantels eingeschlossen. Wasser erzeugt sogar Vulkane: Wo zwei tektonische Platten aufeinandertreffen, wird Wasser aus den Mineralien der abtauchenden Platte gepresst und löst das Schmelzen des Gesteins in dem Keil oberhalb der Platte aus. (Ball, 2002:68f.)

Ohne Wasser gibt es kein Leben. Alle Lebewesen bestehen zum Großteil aus Wasser, der Mensch beispielsweise zu mehr als 50% Prozent. Wasser ist die Matrix des Lebensprozesses. Andras Szasz, Physik-Professor an der Eötvös Universität in Budapest, erläutert, dass Wasser in Bündeln, Haufen, Gruppen (Clustern) angeordnet ist. So simpel seine chemische Formel H_2O, so komplex seine intermolekulare Struktur, seine „Kollektivität", wie es Szasz formuliert. Wasser ist Medizin und Lebensmittel zugleich und wir sind Selbstmörder, wenn wir dieses Elixier zerstören indem wir es als Abfalldeponie missbrauchen.

Wasser hält sich an keine Regeln und hat etwa 60 seltsame Eigenschaften, so genannte Anomalien. Die bekannteste ist, dass es bei 4 Grad Celsius seine größte Dichte hat. Erwärmt man es zwischen 0 und 4 Grad, erfolgt nicht, wie zu erwarten wäre, eine Zunahme des Volumens, sondern eine Abnahme. Erst ab 4 Grad verhält sich das Wasser dann wieder „normal". Zweimal in ihrer Geschichte war unsere Erde ein einziger

Eisball, aber unter der Eisdecke blieb Wasser flüssig und damit Leben erhalten.

Immer noch ist es ein Rätsel, warum Wasser bei entsprechenden Temperaturen zuerst an der Oberfläche gefriert, ganz zu schweigen davon, weshalb es dann nicht dicht genug ist, um zu sinken. (Ball, 2002:193ff.) Wasser müsste viel eher zu sieden beginnen, als die Gesetze der Physik voraussagen und es gefriert besser, wenn es kocht. Offenbar ist ein „verschränktes Quantensystem" am Werk, das alle Wassermoleküle mittels „spukhafter Fernwirkung" - von der Einstein sprach - in ein kohärentes (zusammen= hängendes) Verhältnis bringt. (Siehe Kapitel „Gott würfelt leidenschaftlich gern") Aus chaotischen Prozessen entsteht im Wasser fortgesetzt Ordnung. Die neueste Sensation ist „zähes Wasser", dessen Herstellung schwedischen Physikern gelang – bei minus 130 Grad Celsius und einem Druck von 10.000 Bar.

Wasser ist ein faszinierender Stoff. Das hängt vor allem mit seiner Cluster-Struktur zusammen. Seine Moleküle bestehen aus je zwei Wasserstoff- und einem Sauerstoffatom. (Siehe Kapitel „Die seltsame Welt der Chemie") Geometrisch ist das Wassermolekül gewinkelt, wobei die beiden Wasserstoffatome und die beiden Elektronenpaare in die Ecken eines gedachten Tetraeders gerichtet sind. Der Winkel, den die beiden O-H-Bindungen einschließen, beträgt 104,45 Grad. Das weicht vom idealen Tetraederwinkel (~109,47 Grad) nur geringfügig ab. Weil die Wassermoleküle Dipole sind, besitzen sie ausgeprägte zwischenmolekulare Anziehungskräfte und können sich durch Wasserstoffbrücken-Bindungen zu variablen Clustern verbinden. „Um die Struktur flüssigen Wasser zu verstehen, müssen wir auch die beiden freien Elektronenpaare des Sauerstoffatoms berücksichtigen. Die Wasserstoffatome und die freien Paare sitzen mehr oder weniger an den Ecken eines Tetraeders.“ (Ball, 2002:211) Schon seltsam, dass Platon die atomare Tetraederform dem genauen Gegenteil des Wassers zugeordnet hat: dem Feuer (siehe Kapitel „Die Welt ist Mathematik“)

Diese Struktur bewirkt besondere Eigenschaften des Wassers: So hat es bei einer Temperatur von 3,98 Grad Celsius die höchste Dichte, was dazu führt, dass es beim Abkühlen unter diese Temperatur kontinuierlich und beim Gefrieren sogar sprunghaft an Volumen zunimmt, also an Dichte verliert, so dass Eis auf Wasser schwimmt. Wasser kann auch im unterkühlten Zustand bei minus 38 Grad Celsius flüssig bleiben. (Man muss nur Staubteilchen und ander Verunreinigungen entfernen und Erschütterungen vermeiden.) Seine Instabilität jenseits eines Temperaturbandes zwischen 0 und 100 Grad Celsius ist mehr als erstaunlich. Ob es bei minust 45 Grad zu einer „Katastrophe“ kommt, weiß man nicht, weil ab minus 38 Grad eine „kosmische Zensur“ einen Test unmöglich macht. Bei minus 45 Grad könnten die

Reaktionen unkontrollierbar groß werden. „Ein ungebremstes Ansteigen der Wärmekapazität würde bedeuten, man könnte unterkühltem Wasser beliebig viel Wärme zuführen, ohne dass es auch nur einen Grad wärmer würde. Was die Kompressibilität angeht, würde die Flüssigkeit absurd nachgiebig und matschig werden. Die kleinste Druckerhöhung würde sie auf ein Nichts zusammenschrumpfen lassen. Unterkühltes Wasser ist nicht so exotisch, wie man glauben mag. Es kommt z.B. in bestimmten Wolkenformationen vor, die bis in eine Höhe von 13 Kilometern reichen. Schon ab zwei Kilometern könnte Wasser gefrieren. Computersimulationen haben gezeigt, dass bei niedrigen Temperaturen und hohen Drücken möglicherweise zwei Arten von flüssigem Wasser mit unterschiedlichen Dichten existieren." (Ball, 2002:249ff. mit Bezug auf Forschungen des US-amerikanischen Chemikers C. Austen Angell von der School of Molecular Sciences an der Arizona State University)

Wasser hat mit Ausnahme von Quecksilber die größte Oberflächenspannung aller Flüssigkeiten, so dass die Tröpfchenbildung erleichtert wird, was im Wettergeschehen zentrale Bedeutung hat. Und: Wasser kann unter Hoch=spannung zwischen zwei Gefäßen schwebend fließen. Seit den 1950er Jahren haben Wissenschaftler versucht, der geheimnisvollen Strutur des Wassers mit Computermodellen beizukommen. Aktuelle Modelle flüssigen Wassers zeigen, „dass die mit Wasserstoffbrücken hergestellte Vernetzung zufällig und ungeordnet ist und sich in der Art eines verrückten Klettergestellts durch die Gesamtheit der Moleküle zieht". (Ball, 2002:224)

Wenn Wasser in Form von Schneeflocken oder auf bereiften Zweigen gefriert, bildet es wunderschöne Eiskristalle in sechszähliger Symmetrie und in geradezu unerschöpflicher Vielfalt. (Siehe Kapitel „Kosmos der Kristalle") Schon die alten Chinesen haben dem Wasser die Zahl 6 zugeordnet. Weitere faszinierende Parallele: Wenn man geschmolzene Metalle sehr schnell unter ihren Schmelzpunkt abkühlt, können auch sie verzweigte Äste ausbilden, die an die Arme der Schneeflocken erinnern. (Ball, 2002:230f.)

Das Wissen um die hexagonale Struktur der Schnellflocken ist an die Erfindung und den Gebrauch des Mikroskops im 17. Jahrhundert gekoppelt. So hat sie unter anderen der französische Mathematiker, Philosoph und Naturwissen= schaftler René Decartes (1596-1650) gezeichnet, jener Descartes, dem wir die Ansicht verdanken, dass das Sein auf dem Denken des Einzelnen beruht, was er in seinem be= rühmten Satz „Cogito ergo sum" zusammenfasste. Descartes hielt sich auf Einladung der schwedischen Königin Christine seit Hebst 1649 in Stockholm auf. Der finnische Filmemacher Mika Kaurismäki vermutet, dass er dort mit Arsen vergiftet wurde. Descart starb am 11. Februar 1650 in Stockholm. (Koch, 2016)

Die Herkunft des Wassers ist bis heute nicht befriedigend geklärt. Ein Teil des Wassers dürfte durch das Ausgasen des Magmas im Erdinneren entstanden sein. Weitere große Anteile könnten durch Einschläge (Impacts) von eishaltigen Kometen, von Himmelskörpern aus den äußeren Bereichen des Asteroidengürtels unseres Sonnensystems auf die Erde gekommen sein.

Messungen des Mengenverhältnisses der beiden Wasser= stoffisotope Deuterium und Protium (D/H-Verhältnis; Protium = griechisch Wasserstoff) deuten dabei auf Asteroiden hin, da in Wassereinschlüssen in so genannten kohligen Chondriten (kohlenstoffhaltigen Steinmeteoriten; siehe Kapitel „Mysterium Kohlenstoff") ähnliche Verhältnisse gefunden wurden wie in ozeanischem Wasser. Diese Steinmeteoriten zeigen einen Wassergehalt von manchmal mehr als 10 % ihrer Masse.

Es ist jedenfalls mehr als erstaunlich, dass die Erde, die ja ein sonnennaher Planet ist, so viel Wasser speichern konnte. Nach der Abkühlungsphase der Erde kam es zu einer Temperaturentwicklung, durch die Wasserdampf konden= sieren und gefrieren konnte. Der Wasserkreislauf wurde in Gang gesetzt: Es bildeten sich Wolken, deren Niederschlag wiederum das Wasser auf der Erdoberfläche speiste. Dieser Niederschlag hat im Laufe der Evolution die irdischen Wasserspeicher gefüllt. Meere, Flüsse und Seen entstanden.

Ein rein von den Kometen stammender Ursprung des Was=sers auf der Erde ist nach Messung des D/H-Verhältnisses in den drei Kometen Halley, Hyakutake und Hale-Bopp von der Forschung zunächst für unwahrscheinlich gehalten worden, weil das D/H-Verhältnis von Kometen etwa doppelt so hoch ist wie in ozeanischem Wasser. Inzwischen ist aber eine neue Klasse von Kometen im Hauptasteroidengürtel entdeckt worden, welche als Quelle für das irdische Wasser in Frage kommen.

Der italienische Astronom Alessandro Morbidelli und sein Forscherteam haben vorgeschlagen, dass der größte Teil des heutigen Wassers von einigen im äußeren Asteroidengürtel geformten Protoplaneten stammt, die auf die Erde stürzten. Protoplaneten und Kometen dürften durch die Gravitation Jupiters massenweise die Erde getroffen und ihr Wasser hier abgeliefert haben. Man spricht vom „Großen Kosmischen Bombardement" im inneren Sonnensystem vor 3,9 Milliarden Jahren.

Erdnahe Asteroiden werden seit geraumer Zeit beobachtet, um eine Kollision mit unserem Planeten rechtzeitig zu entdecken. So wude mit dem Programm Lincoln Near Earth Asteroid Research (LINEAR) am MIT der Zerfall des Asteroiden C/1999 S4 LINEAR analysiert. Es zeigte sich, dass Kometen Wasser enthalten können, das dem Isotopenverhältnis irdischen Wassers entspricht. Diese

Beobachtung verstärkt die Theorie, dass das irdische Wasser aus Kometen stammt, die durch den Einfluss der Gravitation Jupiters die Erde treffen konnten. (Morbidelli, 2000: 1309–1329)

Später, als es auf der Erde schon Leben gab, kam bei der Wasserentstehung noch die Arbeit von Bakterien hinzu: In den Urozeanen vorkommender Schwefelwasserstoff sowie in der Uratmosphäre vorhandenes Kohlendioxid wurden von Schwefelbakterien (Prokaryoten) unter Zufuhr von Licht= energie zum Aufbau organischer Verbindungen genutzt, wobei nach der Formel $4\ H_2S + CO_2 \rightarrow CH_4 + 2H_2O + 4\ S$ Wasser und Schwefel entstanden.

Mysterium Kohlenstoff

So wie es ohne Wasser kein Leben gäbe, würde auch ohne Kohlenstoff Leben nicht existieren können. Kohlenstoff ist ein Grundbaustein des Lebens, weil seine Atome überaus bindungsfreudig sind, sich zu Ringen, Gittern und langen Ketten formen. „Natürlich gibt es auch noch viele weitere Elemente, ohne die es kein Leben gäbe, aber die einzigartigen Eigenschaften des Kohlenstoffs halten einfach alles zusammen, vom spiralförmigen Gerippe der DNA bis zu den komplizierten Ringen und Schlingen von Steroiden und Proteinen. Tatsächlich sind ‚organische Verbindungen' gleich= bedeutend mit Kohlenstoffverbindungen." (Gray, 2014:25)

Aus Kohlenstoff bestehen Diamanten ebenso wie Steinkohle und Graphit. Die Kristalle mancher Rohdiamanten nehmen wie ein platonischer Körper Oktaederform an (siehe Kapitel „Die Struktur der Welt" und „Die Welt ist Mathematik"), andere bilden Tetraeder-, Dodekaeder- und Würfel-Formen. Meist werden Diamanten allerdings in Form von billigen polykristallinen Clustern gefunden. Ob der Diamant zu den härtesten Materialien der Welt gehört, ist fraglich. Mit Bor (B-5) in Form von Bornitrid kann man gehärteten Stahl schneiden. Nach Theodore Gray sind Diamanten weder so selten, wie allgemein angenommen, noch ungewöhnlich schön. „Diese Mythen wurden allesamt von DeBeers in die Welt gesetzt, ohne dessen Monopol Diamanten nur ein Zehntel ihres heutigen Wertes kosten würden. (Gray, 2015:25) So hart sie auch sind: Diamanten können als reiner Kohlenstoff leicht verbrennen.

Kaiser Franz I., Franz Stefan von Lothringen, war ein bedeutender Naturwissenschaftler und Pionier. Ein großes Gemälde im Naturhistorischen Museum in Wien zeigt ihn im Kreis der Direktoren der von ihm gegründeten kaiserlichen „Kabinette". Eine historische Momentaufnahme: Der Kaiser begutachtet gerade mit der Lupe eine Smaragd-Stufe aus der

Naturaliensammlung von Jean de Baillou, die sich heute noch in der mineralogisch-petrographischen Sammlung des Natur= historischen Museums befindet, wo das überaus kostbare Stück hinter Panzerglas aufbewahrt wird. Jean de Baillou steht hinter ihm am Fenster. Ihm hat Franz I. Stephan 1748 seine aus 30.000 Objekten bestehende, in ganz Europa berühmte florentinische Naturaliensammlung abgekauft. Sie war damals die vermutlich größte existierende naturwissenschaftliche Sammlung der Welt.

Immer wieder ließ der Kaiser Diamanten einkaufen, wahr= scheinlich um - ganz Kaufmann - aus kleineren Diamanten größere, teurere zu erschmelzen. 1751 wurde dazu der weltweit größte metallische Brennspiegel angeschafft. Er befindet sich noch heute im Naturhistorischen Museum in Wien. Die kaiserliche Neugier muss schrecklich gelitten haben: Die Diamanten verschwanden einfach im Fokus des Brennspiegels oder verkohlten. Man wusste damals noch nicht, dass sie aus reinem Kohlenstoff bestehen, der bei entsprechenden Temperaturen einfach verbrennt. Wahrlich ein kaiserliches Vergnügen! (Hingst, 2006:223) Das Naturhistorische Museum hortet noch heute eine Handvoll angekohlter Diamanten dieser Versuchsserie. Überliefert sind solche Experimente mit dem Jesuiten Franz im Chemielabor des Ordens. 1751 ließ der Kaiser für 6.000 Gulden Diamanten und Rubine ankaufen. Sie wurden in pyramidenförmige Gefäße eingeschlossen und 24 Stunden starkem Feuer ausgesetzt. Die Diamanten verschwanden, die Rubine blieben.

Kohlenstoff ist ein Element, das sich relativ früh gebildet hat. Auch kohlige Chondriten, kohlenstoffhaltige Steinmeteoriten, sind Abkömmlinge des Kohlenstoffs im Weltraum. Manche, wie etwa der Chondrit Murchison, der 1969 in Australien fiel, enthalten Elemente aus der Zeit vor der Entstehung unseres Sonnensystems vor rund 4,6 Milliarden Jahren, darunter winzige Diamanten. Seine etwa 100 Kilo sind wesentlich teurer als die gleiche Menge Gold, aber für die Wissenschaft sehr viel aufschlussreicher. Murchison enthielt neben Calcium (Calcit), Chrom (Chromit = Chromeisenstein), Graphit, gediegenes Eisen und dessen nickelhaltige Varietät Kamacit (*Balkeneisen*). Diese präsolaren Elemente wurden vermutlich bei der Explosion einer nahen Supernova oder in der Umgebung eines pulsierenden Roten Riesen gebildet, bevor sie in die Materiewolke gelangten, aus welcher sich unser Sonnensystem bildete. Bei derartigen Sternexplosionen werden Druckwellen freigesetzt, die Materiewolken in ihrer Umgebung verdichten können, was zur Bildung neuer Sterne und Sonnensysteme führen kann. Murchison bestand auch aus vielen organischen Verbindungen, darunter Aminosäuren, den Grundbausteinen des Lebens, und Fullerenen.

Fullerene sind ballförmige, hohle, geschlossene Moleküle hoher Symmetrie, wobei sich die Kohlenstoffatome in Fünf-

und Sechsecken anordnen. Sie tragen ihren Namen zu Ehren des US-amerikanischen Architekten Richard Buckminster Fuller (1895-1983), der geodätische Kuppeln entwarf, die aus 12 Fünfecken und 20 Sechsecken bestanden und zusammen ein abgestumpftes Ikosaeder bilden. Schon 1970 hatte der japanische Chemiker Eiji Ōsawa unter dem Titel „Super= aromaticity" einen Artikel publiziert - in japanischer Sprache, weshalb er erst 15 Jahre später in der Zeitschrift „Nature" darauf reagiert wurde, als die Fullerene immer wichtiger wurden.

Es existiert eine ganze Reihe von Fullerenen. In der Natur kommen sie nur in wirtschaftlich nicht verwertbaren Mengen vor. Sie wurden in graphitartigem Shungit, im durch Blitz= einschlag entstandenen glasartigen Fulgurit, in Kratern von Meteoriteneinschlägen und im Kerzenruß nachgewiesen. 2010 wurden Fullerene durch Infrarotaufnahmen des NASA-Weltraumteleskops Spitzer im planetarischen Nebel Tc 1 geortet. Sie sind somit die größten Moleküle im extraterrestrischen Weltraum. Tc 1 (*Thackeray 1*) ist ein etwa 7000 Lichtjahre von de Erde entfernter Planetarischer Nebel.

Großtechnisch werden Fullerene nach dem „Heidelberger Verfahren" seit 1990 aus Ruß hergestellt. Es entsteht ein braun-schwarzes Pulver von metallischem Glanz. Seine kristalline Form zeigt mitunter würfelförmige Strukturen. Fullerene sind gegenwärtig eine Hoffnungsträger der Chemie und werden als Katalysatoren, Schmiermittel und zur Herstellung künstlicher Diamanten eingesetzt. Da sie Radikalenfänger sind, wird auch in der Medizin geforscht. Und sie eignen sich als Komponenten in unterschiedlichen Konzepten organischer Solarzelllen.

In der Forschungs-Gruppe von Anton Zeilinger an der Universität Wien (siehe Kapitel „Gott würfelt leidenschaftlich gern“) wurden anhand der Fullerene die von Louis de Broglie postulierten Materiewellen auch für relativ makroskopische Objekte gezeigt. (Arndt, Zeilinger et al., 1999; siehe Kapitel „Die Pioniere“)

Revolution des Lebens

Die Entwicklung des Lebens auf unserem Planeten ging in einem astronomischen Schneckentempo vor sich. Die Erdfrühzeit, das Präkambrium (4.000-541 Millionen Jahre), war geprägt von Bakterien. Von den frühesten Formen des Lebens existieren keine fossilen Zeugnisse. Duch genetische Untersuchungen weiß man aber seit kurzem, dass es „LUCA“ gegeben hat, den Last Universal Common Ancestor, den ersten gemeinsamen Vorfahren aller irdischen Lebewesen, einen Einzeller ohne Zellkern, der vor rund vier Milliarden

Jahren lebte. „LUCA“ ähnelt jenen Organismen, die noch heute an hydrothermalen Quellen in der Tiefsee existieren. Alles Leben hat seinen Ursprung im Meer. (Siehe Kapitel „Wie das Leben entstand“) Das früheste Auftreten von Vielzellern (Gabonionta) wird auf 2,1 Milliarden Jahre vor unserer Zeit datiert. Von ihnen existieren bereits fossile Funde.

Vor rund zwei bis drei Milliarden Jahren begann dann mit der oxygenen Photosynthese eine revolutionäre Entwicklung. Cyanobakterien begannen als Abfallprodukt der Photo= synthese giftigen Sauerstoff in großen Mengen in die Atmosphäre abzugeben. (Siehe Kapitel „Wie das Leben entstand“) Kein anderes Lebewesen hat das Anlitz der Erde derart radikal und nachhaltig verändert wie diese Winzlinge, die einzelligen Produkte „eines evolutionären Geniestreichs“. (Kegel, 2015:105) Bis der heutige Sauerstoffgehalt der Atmosphäre von gut 20% erreicht war, vergingen allerdings 1,5 Milliarden Jahre. Offenbar Zeit genug für eine fulminante Anpassung. Erst nach Überwindung der „Sauerstoffkrise“ konnten sich Pflanzen auf dem Festland ausbreiten und in ihrem Gefolge die ersten tierischen Lebenwesen: unsere amphibischen Vorfahren. Übrigens existieren Cyanobakterien noch heute: Prochlorococcus marinus ist der weltweit am weitesten verbreitete photosynthetisierende Organismus. Zusammen mit dem fast ebenso häufigen Synechococcus und den Algen produziert er fast den gesamten Sauerstoff in den Meeren – die Hälfte allen Sauerstoffs auf der Erde. (Schrott,

2016:759) Wenn der Mensch diesen Zyklus zerstört, schaufelt er sich sein eigenes Grab.

Im Kambrium (siehe Tabelle Erdzeitalter) kommt es dann wieder zu einer einschneidenden Veränderung: zur „Kambri= schen Revolution“. Erstmals in der Erdgeschichte entwickelten sich Vorläufer fast aller heutigen Tierstämme. Zunächst existierten nur Pflanzenfresser. In etwa 530 Millionen Jahre alten Ablagerungen in Kanada wurde in Schieferplatten der Abdruck einer Anomalocaris gefunden, einer „ungewöhnlichen Garnele“, die bis zu 1 Meter 20 lang wurde. Räuberische Lebensformen entwickelten sich erst vor etwa 500 Millionen Jahren.

Der deutsche Chemiker, Biologe und Wissenschaftsjournalist Bernhard Kegel hat in seinem Buch „Die Herrscher der Welt. Wie Mikroben unser Leben bestimmen“ mit Recht darauf hingewiesen, dass diese ganze Entwicklung ohne vielfältige Symbiosen nicht möglich gewesen wäre: „Im Laufe der Erdgeschichte muss sich dieser Prozess der Annährung von Vielzellern und Mikroben unzählige Male wiederholt haben, und er wiederholt sich bis heute. Alle komplexeren Lebewesen, die wir kennen, sind Zusammenschlüsse von einem Wirt und mehreren bis sehr vielen winzigen Mikroorganismen... Angefangen mit der Fusion zur eurkaryotischen Zelle scheinen Zusammenschluss, Partnerschaft, Kooperation und Symbiose demnach aus evolutionärer Sicht sehr erfolgreiche Strategien zu sein..." (Kegel, 2015:314f.)

Mikroben sind alle mikroskopisch kleinen einzelligen Lebe= wesen, also auch Archaeen, tierische und pflanzlische Einzeller, Pilze und Viren. (Die Viren sind isoliert gar nicht als Lebewesen anzusehen). Symbiotische Mikroben sind für ihre Wirte nützlich bis überlebenswichtig. Typisch sind die Bak= terien, die bei der Nahrungsverwertung helfen. Korallen können ohne ein Heer von Pilzen, Algen und Bakterien, die in ihren Skeletten hausen, nicht überleben. Die Symbiose ermöglichte es dem Leben zum Lebens- und Überlebens= künstler zu werden.

Erstaunlich groß ist auch die Zahl der verschiedenen Arten am und im menschlichen Körper lebender Mikroogranismen. Die allermeisten Bakterien leben im Verdauungstrakt, wo sie in der Darmflora eine wichtige Funktion haben. Die Gesamtmasse der Mikroflora im Darmtrakt eines erwachsenen Menschen beträgt bis zu zwei Kilogramm! Auf den Handflächen von 51 Studenten der University of Colorado wurden 4700 Spezies gefungen. Sogar in der Lunge gesunder Menschen wurden in jüngster Zeit aufgrund einer neuen Untersuchungsmethode im Rahmen des Mikrobiom-Projekts 128 Arten von Bakterien entdeckt. (Gärtner, 2009:132) Bis dahin dachte man, die Lunge sei steril.

Im Mund eines einzigen Menschen leben rund 10^{10} (10 Milliarden) Bakterien. Auf seiner Haut siedeln bis zu einer Billion Mikroben. Ein einziges Gramm Darminhalt enthält bis zu einer Billion Bakterien. (Kegel, 2015:34) Wie wichtig das ist, weiß man erst, wenn man nach einer Antibiotika-Kur Medikamente Probiotika (Präbiotika) einnehmen muss, um die beleidigten Mitbewohner zu versöhnen. Lange Zeit gab es naturgemäß nur Schätzungen. Erst kürzlich unterzogen sich südeuropäische Wissenschaftler der Mühe, die Zellen einzelner Organe und Gewebe des Menschen genauer zu prüfen. Ergebnis: Der Mensch besteht aus rund 37 Billionen Zellen ($3{,}72.10^{13}$) Zellen. (Bianconi, E., 2013) Die Zahl der Mikroben pro Mensch soll nach neuen Forschungsberichten bei 100 Billionen (10^{14}) liegen. Sie sind ein integraler Bestandteil des Menschen. Sein Genom besteht aus über 50 Prozent mikorbiellen Sequenzen. (Kegel, 2015:125f.)

So wie Galileo Galileis selbst gebaute Fernerohre das Fenster zum Weltraum, zum Makrokosmos aufgestoßen hatten, so öffneten Mikroskope, den Blick ins Kleinste, in den Mikrokosmos. Diese Mikroskope sahen aus wie ein „Verbindung aus Lupe und Türschloss“. (Kegel, 2015:27) Wieder entstand das Herzstück dieser Geräte in den Niederlanden, wo die Kunst des Linsenschleifens zu Hause war. Die Entwicklung der Mikroskope ist untrennbar mit dem Namen des Tuchhändlers Antoni van Leeuwenhoek (1632-1723) verbunden.

Das Lichtmikroskop aus zusammengesetzten Linsen war zwar schon vor Leeuwenhoek in Gebrauch, aber die Linsen hatten schwere Mängel. Leeuwenhoek baute als erster Geräte, die aus winzigen Linsen mit perfekter Qualität bestanden. Mit diesen erreichte er bis dahin unerreichte Vergrößerungen bis zum 270-fachen. Er montierte sie zunächst zwischen Messingplatten und hielt sie nahe ans Auge, um Objekte zu betrachten, die er an Nadelspitzen befestigt hatte. Im Jahr 1668 bestätigte er die Entdeckung des Kapillarsystems im Blutkreislauf durch den italienischen Anatomen Marcello Malpighi. 1674 lieferte er die erste genaue Beschreibung von roten Blutkörperchen, die schon vorher entdeckt worden waren.

1675 beobachtete Leeuwenhoek Protozoen (kernhaltige Einzeller) und Bakterien aus dem Wasser von Teichen und Regentonnen sowie im menschlichen Speichel. Später beschrieb er die Querstreifung der Muskulatur und das Netzwerk, das die Zellen des Herzmuskels bilden. 1683 entdeckte er Bakterien im eigenen Zahnbelag. Leeuwenhoek fertigte im Lauf der Zeit über 500 Mikroskope an und hielt seine Herstellungsmethode geheim. Nach seinem Tod sollte es fast 250 Jahre dauern, bis wieder Mikroskope mit vergleichbar hoher Auflösung konstruiert werden konnten. Eine neue Welt tat sich auf: die Welt des für das menschliche Auge unsichtbar Kleinen, die Mikrowelt. Zum ersten Mal sah der Mensch Mikroben. Erst heute wissen wir, welch ein gigantischer Kosmos da entdeckt wurde.

Es ist erstaunlich, wie bedächtig sich das Leben auf der Erde entfaltet hat. Erst vor etwa 500 Millionen Jahren wagten sich die ersten Lebwesen vom Wasser, der Urheimat, an Land. Voraussetzung war die Stabilisierung der Ozon-Schutzschicht, die mit der Sauerstoffanreicherung zusammenhängt. Der erste gemeinsame Vorfahre der Landpflanzen stammte wohl aus der Gruppe der Armleuchteralgen. (Johannes Gutenberg, Universität Mainz, 2005) Die ältesten Sporenreste von Moosen werden auf mindestens 475 Millionen Jahre datiert. Erste Fossilien vollständiger Landpflanzen („Urfarne") stammen aus dem späten Silur (siehe Tabelle Erdzeitalter).

In den wurzelartigen Bereichen ist bereits eine Symbiose mit Mycorrhiza-Pilzen erkennbar. Offenbar waren die Pflanzen bei der Besiedlung des Landes von Anfang an auf enge Lebensgemeinschaften mit Mikroorganismen angewiesen. Nach den Urfarnen entwickelten sich im frühen Devon die Bärlappgewächse. Sie waren die ersten Pflanzen mit einfachen Blättern und brachten vor 370 Millionen Jahren auch die ersten baumförmigen Arten hervor. Die markantesten waren die Schuppenbäume und die Siegelbäume. Sie erreichten Höhen bis über 40 m und dominierten die sumpfigen Tropenwälder bis zum Ende des Karbons. Danach starben sie aus. Während die Schachtelhalme ihre Blütezeit im Karbon erlebten, erfuhren die höher entwickelten Farne erst in der späten Kreidezeit ihre große Auffächerung. Als Schwestergruppe zu den Farnen und Schachtelhalmen entwickelten sich spätestens im Karbon die Samenpflanzen. Die Blütenpflanzen tauchten erst in der Kreidezeit vor rund 140 Millionen Jahren auf und breiteten sich rasch aus. Ihr Erfolg beruht vor allem auf der vielfältigen Interaktionen mit Tieren bei der Bestäubung der Blüten und der Ausbreitung der Früchte und Samen.

Den Pflanzen folgten erste tierische Landbewohner, die alle aus dem Wasser kamen. Durch die Sauerstoffabgabe der ausgedehnten Wälder war der Sauerstoffgehalt der Atmosphäre in der Karbonzeit sogar höher als heute. Im Tierreich, das den Pflanzen gefolgt war, konnten sich Riesenformen entwickeln: beispielsweise eine 50 cm große Spinne oder eine Libelle mit einer Flügelspannweite von einem dreiviertel Meter.

Wurmähnliche Gebilde und Insekten waren die Pioniere. Nach dem Bauplan der Natur sind Menschen und Würmer übrigens gleich. In der „Kambrischen Revolution“ entstanden unsere gemeinsamen Eltern. Diese Würmer hatten schon ein Neuralrohr, den Vorläufer der Wirbelsäule – noch gut sichtbar, wenn ein Menschenembryo unserer Zeit so um die 23 Tage alt ist. Embryonal durchläuft der Mensch alle Entwicklungsstadien der Evolution. Warum haben wir die Ohren gerade seitlich am

Kopf? Weil wir von im Wasser atmenden Vorfahren abstammen. An der Stelle, wo wir heute unsere Hörorgane haben, saßen die Kiemenspalten.

Als auch die Wirbeltiere in die Lebensräume des Festlands drängten, hatten sie eine lange Entwicklung im Wasser hinter sich. Im Kambrium gab es die ersten Panzerfische. Im Devon erschienen die Haie. Gleichzeitig traten die ersten Knochenfische auf. Unter ihnen bildeten die Quastenflosser die Stammgruppe der Landwirbeltiere. Ihre gestielten Brust- und Bauchflossen erinnern bereits an Beine. Bis 1939 galten die Quastenflosser als ausgestorben. Erst die Tiefseefischerei und Forschungen mit speziellen U-Booten brachten noch heute lebende Exemplare – lebende Fossilien – zu Tage: 1939 den Komoren-Quastenflosser, der im Indischen Ozean gefangen wurde, und Ende der 90er Jahre des vergangenen Jahrhunderts den Manado-Quastenflosser, der zunächst von Studenten auf einem indonesischen Fischmarkt entdeckt wurde. (Es gibt mehr lebende Fossilien als man denkt, etwa Brückenechsen, Pfeilschwanzkrebse, Haie, Glasschwämme und Schnabeltiere. Pfeilschwanzkrebse gab es schon vor 450 Millionen Jahren. Auch sie gehören zu den ersten Vorfahren des Menschen.)

Lungenatmung und die Verbindung zwischen Nase und Rachen waren Voraussetzungen für das Leben an Land. Das war die Stunde der Amphibien. Die Sümpfe des Karbon boten

Lebensräume für viele Amphibienarten, die zu den Vorfahren des Menschen zählen.

Vor rund 300 Millionen Jahren war der riesige Urkontinent Pangaea (von griechisch pan = ganz, gaia = Erde, Land) entstanden. Als zusammenhängende Landmasse existierte er bis vor zirka 150 Millionen Jahren. Weit in den Kontinent hinein erstreckte sich die Tethys-Bucht, der entlang dann der Nordteil (Laurasia) und der Südteil (Gondwana) auseinander trifteten. Erst danach trennten sich die heutigen Kontinente durch die Verschiebung der Kontinentalplatten und erreichten ihre bekannte Form, die sich gleichwohl - begleitet von Erdbeben und Tsunamis - immer weiter verändert. Der Riesentsunami, der 2011 weite Teile der Ostküste Japans zermalmte, hatte seinen Ursprung im Pazifischen Tiefseegraben, einer Nahtstelle, an der die Pazifische Platte unter die Euroasiatische Platte abtaucht.

Der große Impact

Es ist keineswegs so, dass zuerst die Saurier die Erde beherrschten und dann die Säugetiere kamen, die nur in Erdhöhlen überleben konnten. Die ersten „echten" Säugetiere traten in der Oberen Trias (235 – 201,3 Millionen Jahre) bzw.

im Unterjura (201,3 – 174 Millionen Jahre) auf. Millionen Jahre haben sich Saurier und Säuger seit der Trias nebeneinander entwickelt. Chinesische Forscher haben erst kürzlich entdeckt, dass schon gleitflugfähige Säugetiere wie das *Volaticotherium antiquum* zu den Mammalia gehörten. Ein Fossilienfund wird auf ein Alter von 164 Millionen Jahren datiert. (Zhe-Xi Luo, 2007) Der Einschlag eines Meteors im Golf von Mexiko hat dann die Entwicklung des Lebens entscheidend verändert, das sich bis dahin gemächlich nach dem erstmals von Charles Darwin erkannten Prinzip der Auslese entwickelt hatte: Die am meisten und schnellsten der Umwelt Angepassten überleben und pflanzen sich fort. Das hatte groteskerweise zu den monströsen Sauriern geführt, die über Jahrmillionen den Planeten beherrschten. Ihre Glanzzeit war das Jura und die Kreide. Dann war mit einem Schlag alles aus, und das Zeitalter der Säugetiere begann. Und dieser Schlag kam aus dem Weltraum: der große Impact.

Vor 65,5 Millionen Jahren traf ein Asteroid mit einer Dimension von 10 bis 15 Kilometern unseren Heimatplaneten und riss einen Krater von 180 Kilometern Durchmesser und bis zu 900 Meter Tiefe in die Erdoberfläche. In der Fachsprache wird das ein Impact (vom englischen impact = Aufprall, Einschlag) genannt. Das Zentrum des so genannten Chicxulub-Impactkraters liegt an der Küste der mittelamerikanischen Halbinsel Yukatan, nahe der mexikanischen Ortschaft Chicxulub Puerto, nördlich von Mérida. Das Einschlaggebiet ist von 300 bis 1000 Meter mächtigen Sedimentschichten aus dem Tertiär (siehe Tabelle Erdzeitalter) bedeckt. Die explosionsartige Freisetzung eines enormen Energiepotentials durch den Impact war um fünf Größenordnungen höher als das gesamte derzeit vorhandene Arsenal an Atomwaffen der Erde.

Erstmals wurde die Formation schon in den 40er Jahren des 20. Jahrhunderts entdeckt. Man hielt sie aber für einen Vulkankrater. Zwei mexikanische Wissenschaftler (Penfield und Camargo) äußerten aber 1981 auf einem geophysikalischen Kongress die Vermutung, es könnte sich auch um einen Meteoritenkrater handeln, was damals keine Beachtung fand. Dass sie recht hatten, wurde erst 1991 nachgewiesen, als sich Anomalien (Unregelmäßigkeiten) bei Messungen des Erdmagnetfeldes und der Schwerkraft zeigten. Auch durch Analysen von bei Bohrungen (man hoffte Erdöl zu finden) gewonnenen Gesteinsproben wurde eindeutig ein Impactkrater identifiziert. 2003 wurde eine Karte der NASA (Shuttle Radar Topography Mission SRTM) veröffentlicht, die den Impactkrater deutlich zeigt. Auch aus dem Weltraum stammende Reste des Elements Iridium wurden nachgewiesen, die für einen Impact charakteristisch sind. Spezielle Bohrungen fanden erst seit 2002 statt. Sie legten Kraterglas (Impaktit) frei, Glasbildungen, die mit dem Einschlag eines Meteoriten in Verbindung stehen.

Mit einem Schlag wurde in einem Umkreis bis zu tausend Kilometern um die Impactzone nahezu alles Leben durch die Hitze, die Schockwelle und den dem Einschlag folgenden Tsunami ausgelöscht. Bei 15 % der hoch geschleuderten Gesteine reichte die Energie aus, um sie ins All entweichen zu lassen. 85 % fielen auf die Erde zurück. Diese hoch erhitzten Gesteinsbrocken verursachten globale Waldbrände. Die empor geschleuderten Staub- und Gasmassen verfinsterten die Erdatmosphäre über lange Zeiträume und verursachten eine Klimakatastrophe ungeheuren Ausmaßes. Die Sonneneinstrahlung wurde blockiert und es herrschte ununterbrochener Winter. Impact-Winter. Dieser Abkühlung folgte ein durch Kohlenstoff- und Schwefelgase ausgelöster Treibhauseffekt, der das Leben in den Weltmeeren kippen ließ. Dies, zusammen mit intensivem saurem Regen durch die verdampften schwefelhaltigen Gesteine der Yucatán-Platt= form, verursachte einen nahezu vollständigen Zusammen= bruch der Nahrungsketten sowohl auf dem Land als auch im Meer. Es kam zum Aussterben von mehr als 70% aller auf der Erde lebenden Arten, unter ihnen der Dinosaurier. Es war bereits das achte Massersterben in der Geschichte der Erde.

Ein Forschungsteam um den Molekularbiologen Olaf Bininda-Emonds, Leiter des Instituts für Biologie und Umwelt= wissenschaften der Carl von Ossietzky-Universität in Olden= burg, erklärte kürzlich, der große Impact am Ende der Kreidezeit habe nicht, wie bislang vermutet, den Säugetieren genutzt. Viele Säugetierarten seien damals mit den Sauriern ausgestorben. Erst sehr viel später, vor 35 Millionen Jahren, sei es zu einem weiteren Entwicklungsschub gekommen. An diesem Punkt seien die meisten der heute bekannten Arten entstanden.

In einer breit angelegten Studie unter Federführung der Universität Erlangen-Nürnberg aus dem Jahre 2010 sehen die beteiligten Wissenschaftler den Chicxulub-Einschlag als einzige plausible Erklärung für das Aussterben der Dinosaurier. Biologen aus Deutschland, Großbritannien, Australien, Kanada und den USA haben vier Jahre lang alle verfügbaren Daten gesammelt und bereits bestehende Einzelstammbäume wie die der Raubtiere und der Primaten zusammengefügt. Stichwort: Molekulare Evolution. Jetzt liege es an den Paläontologen, so die Forscher, die Fossilien zu finden, die Licht auf die Geschichte der Säugetiere werfen könnten.

Halten konnten sich offenbar kleinere, wendige Tiere, Säugetiere, die zu Stammeltern auch des Menschen wurden. Sie bilden mit der Gattung Homo, Mensch, ein Taxa, eine als systematische Einheit erkannte Gruppe, zu der Streifenhörnchen, Spitzhörnchen, Biber, Springhasen, Baum=wollschwanzkaninchen, Pfeifhasen, Lemuren, Mausmakis und Klammeraffen gehören.

Die seismischen Wellen des Impacts auf der Halbinsel Yukatan beschleunigten auch den Austritt einer gigantischen Magmablase, die sich unter Westindien angesammelt hatte. Unmittelbar nach dem Asteroideneinschlag kam es dort zu riesigen Vulkanausbrüchen, die eine halbe Million Jahre anhielten. Die Lava dieses „Dekkan-Trapp“ bedeckte eine Fläche von einer Million Quadratkilometern und war – ähnlich wie in Sibirien (siehe Kapitel „Schrödingers Exkurs über das Leben“) – bis zu drei Kilometer dick. (Schrott, 2016:818)

Die Menschen bezeichnen sich heute selbst als „Herrentiere“ (Primaten), aber entwicklungsgeschichtlich sind sie einfach Säugetiere, eng verwandt mit Halbaffen und Affen. Tröstlich das Wort des Frankfurter Paläoanthropologen Friedemann Schrenk: „Das ist doch ganz beruhigend. Je mehr Fossilien wir finden, desto deutlicher wird, dass der Mensch auch nur ein Tier ist. Eine Sonderstellung hätte mich eher beunruhigt.“

Offen ist bis heute die Frage, wie sich aus den frühen Säugetieren der Mensch entwickelte. Wie veränderte sich die Welt? Fest steht, dass sich in diesem Zeitraum die Plattentektonik der Erde, die Alfred Wegener (1980 – 1930) nach einigen Vorläufern entdeckt hatte (Veröffentlichungen ab 1912), gewaltige Veränderungen bewirkte. Vor allem wurden durch das Aufeinandertreffen bestimmter Platten die großen Gebirge - Alpen, Himalaja – aufgeschichtet. Und die Tierwelt begann sich derartig zu differenzieren, dass sie letztlich auch den Menschen hervorbrachte.

Ida, Achilles und die Herrentiere

Der Mensch, so lehren uns die Biologen, gehört zu den Primaten, den Herrentieren. Er ist ein Mitglied der Untergruppe der Trockennasenaffen, zu denen auch die Menschenaffen (Hominidae) und die Koboldmakis zählen. Der Begriff Primaten stammt vom lateinischen *primus* (der Erste) und bezieht sich auf den Menschen als „Krone der Schöpfung", der heute – nach Holocaust, staatlich sankti= onierter Folter und Finanzweltkrieg gegen die Menschheit – nur ironisch gebraucht werden kann. Diese ursprünglich durchaus ernst gemeinte Hybris stammt aus der Bibel. Im ersten Buch Mose, dem Buch Genesis 1,27-28 heißt es: „Gott schuf also den Menschen als sein Abbild; als Abbild Gottes schuf er ihn. Als Mann und Frau schuf er sie. Gott segnete sie und sprach zu ihnen: Seid fruchtbar und vermehret euch, bevölkert die Erde, unterwerft sie euch, und herrscht über die Fische des Meeres, über die Vögel des Himmels und über alle Tiere, sich sich auf dem Land regen."

Gibt man diese Macht einem Tier? Setzt man ihm eine Krone auf? Macht man es zum absoluten Herrscher? Dieser Gott scheint ein Ebenbild des menschlichen Primaten zu sein, eine Rechtfertigung aller Hierarchien. Wird damit nicht die Hybris geweckt, die frevelhafte Überheblichkeit, die Vermessenheit?

Die ältesten zweifelsfrei den Primaten zuzuordnenden Fossilien stammen von Purgatorius. In den USA gefundene Fossilien des insektenfressenden kleinen Säugetieres sind rund 65 Millionen Jahre alt. Purgatorius war noch ein Zeitzeuge der Dinosaurier. Die Vorgänger der Primaten entwickelten sich vermutlich gegen Ende der Kreidezeit. Durch genaue Genanalysen hat man herausgefunden, dass Primaten enger mit Spitzhörnchen, Riesengleitern und Fledermäusen verwandt sind als mit anderen heute lebenden Säugetierarten. Von der weiteren Entwicklung fehlten noch vor kurzem fossile Funde, bis die Affendame „Ida“ gefunden wurde. Der Blick in den schon blind gewordenen Zeitenspiegel zeigt, woher wir kommen.

Seit sich die Geschichtsforschung nach Darwin mit der Entwicklungsgeschichte des Menschen beschäftig, wird nach dem „missing link“ gesucht, dem durch Fossilien belegbaren Verbindungsstück an der Wurzel der Menschwerdung, an der Abzweigung vom Stammbaum der Primaten. Es könnte sein, dass die Lücke vor kurzem zumindest ein stückweit geschlossen werden konnte. Im Mai 2009 präsentierte ein internationales Forscherteam um den deutschen Palöontho= logen Jens Lorenz Franzen und den Norweger Jørn Hurum von der Universität Oslo in New York einen sensationellen Fund aus der Grube Messel bei Darmstadt, der die Wissenschafter endlich auf die Spur des gemeinsamen Vorfahren von Affe und Mensch gebracht haben könnte. Vorgestellt wurde „Ida“ in Form eines fossilen Abdrucks im Schiefergestein, das einst, in rentableren Zeiten, in der Grube Messel kommerziell abgebaut wurde. (Franzen, 2009)

„Ida“, Jørn Hurum nannte das Fossil nach seiner kleinen Tochter, war ein Tier aus der Gruppe der Primaten, wahr= scheinlich, so Hurum, ein Trockennasenprimat. Wissen= schaftliche Bezeichnung: Darwinius masillae. Alter: rund 47 Millionen Jahre Manche Wissenschaftler tippten auf einen Feuchtnasenprimaten. Ein heftiger Gelehrten-Disput ent= brannte. Im Oktober 2009 wurde nämlich mit Afradapis ein naher Verwandter von Darwinius beschrieben, der im späten Eozän, vor rund 37 Millionen Jahren, im heutigen Ägypten lebte. (Seiffert, 2009) Die Forscher sehen Afradapis als Schwestergruppe der heutigen Lemuren und Loriartigen.

Ida hat jedenfalls Merkmale, die auch für den Menschen typisch sind, etwa Daumen, die den anderen Fingern gegen= überstehen, kurze Arme und Beine sowie Augen, die nach vorne gerichtet sind. Auch die Sprunggelenkknochen sind menschenähnlich. Darwinius misst vom Kopf bis zur

Greifschwanzspitze 58 Zentimeter. „Ida“ war bis vor kurzem das älteste komplett erhaltene Fossil eines Primaten, das je gefunden wurde. Die Überreste des Tieres sind so intakt, dass die Forscher sogar den Mageninhalt rekonstruieren konnten. Es lebte demnach von Früchten, Samen und Blättern. Gefunden wurde das Fossil schon 1983. Der anonyme Besitzer bot es erst kürzlich zum Kauf an. Die Fossilien in der Grube Messel verdanken wir dem Umstand, dass sich hier vor Millionen Jahren ein vulkanischer Kratersee in einem tropischen Klimagürtel befand. Tiere, die darin versanken, wurden konserviert.

Kürzlich wurde „Ida“ entthront. In China, in der chinesischen Provinz Hubei nahe dem Yangtze-Fluss, wurde mit "Archicebus achilles" ein fast vollständiges Fossil eines Affen gefunden, der noch wesentlich älter ist als „Ida“, nämllich 56 Millionen Jahre. (Ni, Xijun et al. 2013) Entdeckt wurde „Achilles“ von Ni Xijun von der Chinesischen Akademie der Wissenschaften in Peking. Mit einer Abmessung (ohne Schwanz) von zehn Zentimetern war der Primat etwa so groß wie heutige Zwerg-Mausmakis. Raoul Schrott hat es so zusammengefasst: „Die Stammlinie des Menschen geht auf maus- und eichhörnchenartige Primaten zurück. Sie gehören zu einer Gruppe von Säugetieren, die sich vor etwa 75 Millionen Jahren aus Insektenfressern entwickelten und sich nach dem Aussterben der Saurier zu den heute lebenden 15

Primaten-Familien mit ihren 356 Unterarten differenzierte.“ (Schrott, 2016:818f.)

Generell waren die Säugetiere des Mesozoikums (252,2 bis 66 Millionen Jahre) klein, die meisten hatten nur die Größe von Ratten oder Mäusen. Sie ernährten sich vor allem von Insekten und anderen Wirbellosen, waren nachtaktiv. Daher die großen Augen. Mit dem Aussterben der Dinosaurier am Ende der Kreidezeit wurden viele ökologische Nischen frei, die von einer Vielzahl neu entstehender Säugetiergruppen besetzt wurden. In den darauf folgenden Jahrmillionen entwickelten sich die Säugetiere zu der dominanten Wirbeltiergruppe auf dem Land. Es bildete sich die heutige Artenvielfalt heraus, zu der auch der Mensch gehört, der allerdings in der Neuzeit immer mehr Tierarten verdrängt und ausrottet.

Bis zum Fund von „Achilles“ hatte die Wissenschaft kaum ein Vorstellung davon, wie die frühen Affen überhaupt aussahen. Der Name ist auf den griechischen Helden Achilles zurückzuführen. Das eigentümliche Fußgelenk des Primaten erinnert die Forscher an die „Achillesferse“. Die Chinesen ließen am Europäischen Sychrontron in Grenoble eine digitale Rekonstruktion der fossilen Überreste von „Achilles“ fertigen und erhielten so das Bild eines lebendigen Wesens, das sich vor allem von Insekten ernährte. Das winzige Äffchen erlaubt es den Wissenschaftlern, den Verlauf der frühesten Phase der

Evolution von Primaten und Menschen nachzuzeichnen. (Ni, 2013)

„Ida" wurde von einigen Wissenschaftlern als Bindeglied zwischen den Trocken- und den Feuchtnasenaffen gehandelt. Durch die Arbeit von Ni und Kollegen wurde aber klar, dass sie zur Gruppe der Feuchtnasenaffen (heute vor allem Makis und Loris) gehört – also keine unmittelbare Vorfahrin des Menschen ist, der zur Abteilung der Trockennasen (haplorr= hini) gehört – wie „Achilles". Der Paläoanthropologe Fred Spoor vom Max-Planck-Institut für Evolutionäre Anthropologie erklärte, dass wir nun besser wissen, „wie wir als Gruppe von Affen entstanden sind".

Im Oligozän, vor mehr als 25 Millionen Jahren, kam es zu einer „subhumanen Phase", in der die Entwicklungslinien von Proconsul africanus auf der einen, Kenyapithecus (von altgriechisch *píthēkos* - „Affe") sowie Ramapithecus auf der anderen Seite voneinander abzweigten. Kenyapithecus und Ramapithecus führten direkt in eine Tier-Mensch-Über= gangsphase, in der sich die Hominiden (Menschenartigen) zu den Vor- und Frühmenschen und schließlich zum Homo sapiens entwickelten. (Duden, Biolgie, 1994:311)

Kenyapithecus ist eine ausgestorbene Primatengattung, die während des mittleren Miozäns in Ostafrika lebte. 1961 entdeckte der britischstämmige Paläoanthropologe Louis

Leakey (1903 bis 1972) Fossilien der Primaterngattung in Kenia, im Ostafrikanischen Graben. Sie wurden in 15,5 bis 14 Millionen Jahre alten Erdschichten gefunden. Es handelte sich eindeutig um menschenartige Trockennasenprimaten.

Leakey, einer der bedeutenden Forscher seiner Zunft, war schon von Jugend an mit Afrika und seinen archäologischen Schätzen verbunden. Er wuchs als Kind englischer Missionare zweisprachig (Englisch und Kikuyu) in Afrika auf und wurde 13-jährig als Mitglied des Kikuyu-Stammes initiiert. Schon in seiner Kindheit hatte er steinzeitliche Werkzeuge gefunden. Noch als Student der Anthropologie und Archäologie an der Universität Cambridge organierte er 1922 seine erste paläontologische Expedition nach Afrika. Sein erster bedeutender Fund war der Kiefer eines Proconsul, der vor 21 bis 14 Millionen Jahren die Erde bevölkerte. Die Bezeichnung Proconsul (Consul) wurde 1933 in Anspielung auf den Schimpansen „Consul“ erfunden, der in den 1930er-Jahren im Londoner Zoo lebte.

Nachdem er weitere Fossilien des Kenyapithecus gefunden hatte, veröffentlichte Leakey 1966 eine überarbeitete Be= schreibung der Gattung, die er in anatomische Nähe zu Ramaphitecus rückte. (Leakey, 1966) Ramapithecus ist eine ausgestorbene Primatengattung aus der Familie der Menschenaffen. Fossile Kieferknochen der Gattung wurden 1932 in Indien gefunden. (Lewis, 1934) Der Name ist dem hinduististischen Gott Rama geschuldet. Die Ramapithecus zugeschriebenen Fossilien wurden auf ein Alter von 14 bis 8 Millionen Jahren datiert.

Känozoikum

Vor etwa 150 Millionen Jahren hatte das (unendlich langsame) Auseinandertriften der verschiedenen Teile des Urkontinents Pangaea (siehe Kapitel „Revolution des Lebens“) begonnen, in dem die heutigen Erdteile zusammengepackt waren. Die Platten der Erdkruste schwammen gleichsam auf dem heißen zähflüssigen Gestein des oberen Erdmantels und waren in ständiger Bewegung, wodurch neue Ozeane oder auch Gebirge wie die Alpen und der Himalaya entstanden.

Als sich dann die afrikanische und die eurasische Platte voneinander weg bewegten, entstand zwischen ihnen ein großes Meer, in dem sich Kalk- und Tonschichten auf dem Grund ablagerten, die sich durch großen Druck und Hitze zu Gestein verfestigten. Seit etwa 100 Millionen Jahren driftete Afrika jedoch wieder langsam in Richtung Norden. Das Gestein wurde stark zusammen geschoben und faltete sich. Die Erdneuzeit (siehe Tabelle der Erdzeitalter) begann vor etwa 66 Millionen Jahren. Vor 65 Millionen Jahren – also zur

Zeit des großen Impacts (siehe Kapitel „Der große Impact") - begannen die Alpen langsam in die Höhe zu wachsen. Ohne die Erosion wären sie heute bis zu 12 000 m hoch.

Nach dem Aussterben der Dinosaurier begann die Ent= wicklung der heutigen Pflanzen- und Tierwelt, insbesondere der Säugetiere. Während das Klima anfangs noch sehr warm war, begann vor rund 2,6 Millionen Jahren auf der Nord= halbkugel eine Eiszeit mit einer Vergletscherung der gesamten Nordpolregion. Eine Vereisung am Südpol hatte bereits vor 38 Millionen Jahren begonnen.

Nach dem gegenwärtigen Stand der Forschung haben sich die Säugetiere aus den Synapsiden (Therapsiden) entwickelt, einer urzeitlichen Reptiliengruppe, die ihre Blütezeit im Perm hatte. (Siehe Tabelle der Erdzeitalter) Der Begriff Perm ist von der Perm-Region am Fuß des Ural-Gebirges abgeleitet. Um= stritten ist, welches Tier als das älteste Säugetier zu bewerten ist. Einige Tiere weisen im Bau des Ohres, des Unterkiefers, des Kiefergelenkes und der Zähne Mischformen zwischen Reptilien und Säugern auf. Manche Forscher bezeichnen sie deshalb als „Säugerartige".

Ein typischer Vertreter der Synapsiden war Edaphosaurus. Er gehörte zu den ersten bekannten Landwirbeltieren, ernährte sich von Pflanzen und lebte vor 305 bis 272 Millionen Jahren. Die größten der etwa neun bekannten Arten waren E. cruciger und E. pogonias, die eine Länge von bis zu 3,2 Metern erreichten. Edaphosaurus ähnelte in seinem echsenartigen Erscheinungsbild den heutigen Waranen und Leguanen. Das auffälligste Merkmal waren die enorm verlängerten Dornfortsätze an den Wirbeln der Rumpf- und Halswirbel= säule, die ein spektakuläres und wahrscheinlich mit Haut überspanntes großes „Segel“ bildeten. Zweck: umstritten.

Wann sich die Vorfahren der heute lebenden Ursäuger - Schnabeltiere und Ameisenigel - von der Entwicklungslinie der anderen Säugetiere getrennt haben, ist unsicher. Jedenfalls stammen die frühesten zweifelsfrei einem Vorfahren der Ursäuger zuordenbaren Funde aus der Kreidezeit, also dem letzten Teil des Erdmittelalters, das seine Bezeichnung nach der Gesteinsform mit vielen Fossilien trägt. In diesem Zeit= raum entwickelten sich nagetierähnliche Pflanzenfresser, aber auch hundegroße Räuber und Beutelsäuger. Zu letzteren gehören auch der Koala und das Opossum (Beutelratten).

Generell waren die Säugetiere des Mesozoikums klein, die meisten hatten nur die Größe von Ratten oder Mäusen. Mit dem Aussterben der Dinosaurier am Ende der Kreidezeit wurden viele ökologische Nischen frei, die von einer Vielzahl neu entstehender Säugetiergruppen besetzt wurden. In den darauf folgenden Jahrmillionen entwickelten sich die Säugetiere zu der dominanten Wirbeltiergruppe auf dem Land. Es bildete sich die heutige Artenvielfalt heraus, in Land=

schaften und Klimazonen, die völlig anderes aussahen als heute.

Ein Beispiel: In den bis zu 120 Meter mächtigen Braun=kohleflözen des Geisentales in Sachsen-Anhalt wurden mehr als 30.000 Fossilien aus dem Eozän zu Tage gefördert - darunter ein 1933 gefundenes, vollständig erhaltenes Urpferd von nur 60 Zentimeter Größe - oder Skelette von Euro=päischen Waldelefanten, verschiedenen Nashornarten sowie von Wollhaarmammuts. Bevor sich die Braunkohle bildete, lag das Gebiet nahe der Küste eines Urmeeres und es herrschte subtropisches Klima mit starker Bewaldung, die im Lauf von mehr als fünf Millionen Jahren zur Braunkohlebildung führte.

Ihre größte Artenvielfalt erreichten die Säuger im Miozän. Seither verschlechterten sich die Umweltbedingungen kontinuierlich, vor allem durch die Eiszeiten des Pleistozän (Beginn vor 2,588 Millionen Jahren, Ende 9.660 ± 40 Jahre v. Chr.). Die klimatischen Verschiebungen, verbunden mit den Einflüssen des Menschen, sorgen seither für einen massiven Rückgang der Artenvielfalt. Seit dem Aussterben der Dino=saurier haben wir zu Wasser und zu Lande keine so einschneidende Periode des Artensterbens erlebt wie in der Gegenwart, und das innerhalb von nur etwa 200 Jahren. Jeden Tag sterben 70 Tier- und Pflanzenarten aus. Und letztlich ist auch die Art Homo sapiens bedroht.

Etwa 14 bis 20 Millionen Jahre vor der Jetztzeit hat sich dann der Mensch aus einem gemeinsamen Vorfahren entwickelt, den er mit den Menschenaffen teilt. Über welche Zwischen= stufen der ursprünglichen Säuger, die schon lange vor dem Aussterben der Saurier lebten, die Hominiden entstanden, zu denen auch der Mensch gehört, liegt im Dunkel. Sicher ist nur, dass er zu den Säugetieren gehört, die natürlich untereinander verwandt sind: vom Elefanten bis zur Spitzmaus, vom Wal bis zum Opossum.

Der mathematische Kosmos

Die Struktur der Welt

Die alten Griechen waren nicht nur die Väter der Demokratie, sondern auch hervorragende Mathematiker. Sie prägten auch den Begriff „Mathematik“. Das Wort stammt vom Alt= griechischen *mathēmatikē téchnē*, die „Kunst des Lernens“ und umfasste das Studium geometrischer Figuren und das

Rechnen mit Zahlen. Schon um die Mitte des ersten Jahrtausends vor unserer Zeitrechnung entwickelte sich die Mathematik in Griechenland zu einer eigenständigen Wis= senschaft, ja zur Basis des Weltverständnisses schlechthin. Heute wird Mathematik als eine Wissenschaft beschrieben, die durch logische Definitionen selbstgeschaffene abstrakte Strukturen auf ihre Eigenschaften und Muster untersucht.

Seit der Mensch logisch denken kann, ist er hinter einer Weltformel her. Als mit den Ägyptern, Mesopotamiern, Chinesen, Maya, Indern und Arabern etwa ab dem dritten Jahrtausend vor Christus nach dem synchronistischen Prinzip die Zahl in die Welt kam, bietet sich die Mathematik als Lösung für ein tieferes Verstehen der Welt und des Kosmos an. Es ist daher nicht verwunderlich, dass auch der gegen= wärtigen Physik auf der Basis der Mathematik eine vereinheitlichte Theorie vorschwebt, um zu erklären, „was die Welt im Innersten zusammenhält".

Was sich im Zeitalter der Quarks und Higgs-Bosonen (siehe Kapitel „Die Welt ist Mathematik") zeigt, sind in der Tat Strukturen, die faszinierend „mathematisch" sind, bis hin zu Kristallen und Schlüssel-Schloss-Mechanismen der Materie. Im organischen Bereich werden allerdings die Ordungs= prinzipien sehr komplex. Im Makrokosmos des Universums erscheint als (wenn auch nicht durchgehende) Grundstruktur der Galaxien die Spirale. Und im Mikrokosmos gerät man in den Bereich der Unschärfe und der „Quantenverrücktheit" (siehe Kapitel „Quantenmechanik"").

Platon hat als erster versucht, die Welt rein mathematisch zu erklären. Im Übergang vom fünften zum vierten Jahrhundert vor unserer Zeitrechnung hat er mit seinen fünf in der normalen Umwelt unsichtbaren Grundkörpern als erster ein atomares Universum entworfen. Da alle damals bekannten Elemente – Feuer, Erde, Luft und Wasser – sich nach seiner Annahme aus solchen Elementen zusammensetzten, ergab sich daraus eine streng geometrisch-mathematische Struktur der Materie.

Eigenartigerweise taucht diese Struktur im Weltbild der heutigen Quantenphysik wieder auf, die etwa von dem Quantenphysiker Max Tegmark in seinem Buch „Unser Mathematisches Universum" (2015) als „Mathematisches Universum" beschrieben wird. Im Weltraum gezüchtete Proteinkristalle zeigen, dass dies nicht nur für die unbelebte, sondern auch für die belebte Materie gilt.

Die Platonischen Körper sind Gebilde von größtmöglicher Symmetrie. Die Oberfläche setzt sich aus Flächen zusammen, sie sind also Polyeder. Sie sind konvex, es bestehen also keine einspringenden Ecken oder Kanten. Die Kanten haben alle die gleiche Länge. Die Flächen sind untereinander alle kongruent, das heißt, sie lassen sich durch Drehungen und

Verschiebungen ineinander überführen. Alle Ecken haben gleiche Flächen- und Kantenwinkel, alle Flächen sind gleichseitig und gleichwinkelig. Alle Ecken haben denselben Abstand vom Mittelpunkt. Aufgrund der Symmetrie von Ecken, Kanten und Flächen existiert eine Umkugel, eine Kantenkugel und eine Inkugel. Schon Euklid (3. Jh. n.Chr.) hat nachgewiesen, dass es dem zu folge genau fünf Platonische Körper gibt. (Euklid, Die Elemente. Buch XIII, § 18a) Das Geniale und noch heute Gültige an diesem Konzept ist, dass es hinter der sichtbaren Materie ein Kristallgitter gibt, eine Symmetrie, eine rein mathematische Form, die bis in die belebte Welt hineinreicht. (Siehe Kapitel „Die Welt ist Mathematik“)

Platonische Körper sind seit langem Objekte der Kunst. In neuer Zeit haben sich vor allem M. C. Escher (1898-1972) und Salvador Dalí mit regelmäßigen Körpern beschäftigt und Platonische Körper oder ihre Entfaltung thematisiert. Auch in der Natur können sich vorhandene Regelmäßigkeiten als platonische Körper ausprägen. In den Studien über die Kalkskelette von Radiolarien, die der deutsche Naturforscher Ernst Haeckel (1834–1919) zeichnete und 1862 in der Monographie „Kunstformen der Natur“ veröffentlichte, tauchen mitunter solche Platonische Körper auf. Radiolarien sind einzellige Strahlentierchen mit dünnen, starren Stacheln aus Siliciumdioxid.

Ist es ein „mathematisch träumender Gott", wie Eddington dachte (siehe Kapitel „Quantenmechnik"), oder gilt die Formel Materie = Geist = Mathematik? So oder anderes, jedenfalls ist unsere gesamte Wirklichkeit von diesen mathematischen Strukturen durchzogen. Ein weiters Beispiel aus dem Zwischenbereich von belebter und unbelebter Natur ist das Proteinkapsid von Viren, das ikosaederförmig sein kann. Tetraeder, Würfel und Oktaeder kommen als idealisierte künstliche Kristalle vor. Dodekaedrische und ikosaedrische Symmetrieelemente finden sich bei Quasikristallen. Entdeckt wurden sie 1982 von dem israeilischen Physiker Daniel Shechtman, dem dafür 2011 der Chemie-Nobelpreis zugesprochen wurde. Shechtman hatte bei Kristallstruktur= analysen einer schnell abgekühlten Aluminium-Mangan-Legierung (14 % Mangan) eine ungewöhnliche Struktur festgestellt, welche genau die Symmetrie eines Ikosaeders hatte. Ein Ho-Mg-Zn-Quasikristall (Holmium, Magnesium, Zink) wies genau die Form eines Dodekaeders auf. (Siehe auch Hunklinger, 2007:56)

In der Mineralogie fallen alle die platonischen Körper, Tetraeder, Würfel und Oktaeder sowie Rhombendodekaeder, Kuboktaeder und ihre Mischformen unter den Begriff kubisch. Nicht wenige Mineralien können mehrere dieser kubischen Formen annehmen. Dazu gehört zum Beispiel Pyrit, der sowohl als Würfel als auch als Oktaeder oder als verzerrtes Dodekaeder vorkommt. Platonische Körper sind sehr häufig

Strukturformen bei Clustern von kleinen Nanoteilchen. Unter einem Cluster versteht man eine Ansammlung von Atomen oder Molekülen, deren Atomanzahl zwischen 3 und 10 Millionen liegt. Von herausragender Bedeutung für die Struktur von freien Clustern ist die Regel von Friedel: Diejenige Clusterstruktur mit der größten Anzahl von Nächste-Nachbarn-Bindungen besitzt die größte Bindungsenergie und ist daher die stabilste von allen möglichen Strukturen. Aus dieser Regel ergeben sich meist Strukturen nach dem Muster der Platonischen Körper mit besonderer Betonung des Ikosaeders, welche für eine Atomzahl von $n > 12$ besonders charakteristisch sind.

Einige der Platonischen Körper werden aus geometischen Strukturen von Kohlenwasserstoffmolekülen gebildet. Dabei handelt es sich um die Verbindungen Tetrahedran, Cuban, Octahedran, Dodecahedran und Icosahedran. Das Dode= kaeder ist die kleinste mögliche Form der als Fullerene bezeichneten hohlen Kohlenstoffmoleküle. (Siehe Kapitel „Mysterium Kohlenstoff") Fullerene sind sphärische Moleküle aus Kohlenstoffatomen mit hoher Symmetrie, die weitere Modifikationen des chemischen Elements Kohlenstoff wie Diamant oder Graphit darstellen.

Orthorhombische Kristalle, für die Topas-Minerale ein gutes Beispiel sind, haben eine rechtwinklige Struktur, wobei alle Hauptachsen eine unterschiedliche Länge aufweisen. Das ist nach Guth analog zur spontanen Symmetriebrechung in den großen Vereinheitlichten Theorien GUT. (Guth, 2002:226f., siehe Kapitel „Expansion") Alan Guth schreibt: „Bei der Formulierung der GUTs berücksichtigen die Theoretiker einen ganzen Satz von Feldern, die ausschließlich für die spontane Symmetriebrechung benötigt werden. Diese Felder sind unter dem Namen Higgs-Felder bekannt... Die Energie der Higgs-Felder konzentriert sich in Teilchen, die man Higgs-Teilchen nennt." (Guth, 2002:228f.) In der GUT wird die Symmetrie zwischen den Elektronen, den Neutrinos und Quarks spontan gebrochen durch den zufällig eingenommenen Betrag der Higgs-Felder. (Siehe Kapitel „Die Welt ist Mathematik")

Schrödingers Exkurs über das Leben

Der österreichische Physiker Erwin Schrödinger (1887-1861) gilt als Begründer der Quantenmechanik. (Siehe Kapitel „Quantenmechanik") Für die Entdeckung neuer produktiver Formen der Atomtheorie erhielt er gemeinsam mit dem britischen Physiker Paul Adrien Maurice Dirac 1933 den Nobelpreis für Physik. Dirac, einer der Väter der Quantenphysik, brachte 1928 mit einer nach ihm benannten Gleichung Einsteins Spezielle Relativitätstheorie und die Quantenphysik erstmals auf einen Nenner. Ferner legte er die

Grundlagen für den späteren Nachweis von Antimaterie. (Siehe Kapitel „Im Anfang war das Nichts“ und „Expansion“). Im Dezember 1944 veröffentlichte Schrödinger erstmals seine Abhandlung „Was ist Leben?“, in der er der Frage nachging, ob Physik und Biologie miteinander verträglich sind und ob Leben aus den Gesetzen der Physik erklärt werden kann. (Fischer, 2012:11) Diese Fragen sind in der Tat heute genauso schwierig zu beantworten wie damals.

Die einzige Voraussetzung, die Schrödinger damals vorfand, war die vom Benediktinerabt Johann Gregor Mendel 1854 anhand seiner Kreuzungsversuche mit Erbsen vorge= schlagene Existenz von Faktoren, die als Gene bezeichnet wurden und von Eltern auf die Nachkommen übertragen werden. Als Schrödinger seinen Essay eröffentlichtlichte, war die genetische Struktur dieses Erbmaterials in allen organischen Zellen noch nicht bekannt. Die entdeckten erst der amerikanische Biologe James D. Watson und der britische Physiker Francis Crick Anfang der 50er Jahre des 20. Jahrhunderts. Sie veröffentlichten ihre umwälzende Studie im April 1953 im Wissenschaftsmagazin „Nature“. Watson und Crick erkannten, dass Gene in Form einer Doppelhelix, einer molekularen Strickleiter organisiert sind.

Es gab Vorläufer: 1943, als Schrödinger ganz allgemein die Stabilität von Genen (Chromosomen) diskutierte und „eher beiläufig die damals revolutionäre Idee eines genetischen

Codes vorschlug“ (Fischer, 2012:10), führten der kanadische Mediziner Oswald Theodore Avery (1877-1955) und sein Team Tests an Pneumokokken durch und konnten deren chemische Zusammensetzung ermitteln. Sie stellten fest, dass sie nicht, wie bis dahin angonommen, aus Proteinen sondern aus DNS (Desoxyribonukleinsäure) bestehen. (Avery et al., 1944 :137-158) Erst acht Jahre später gelang der Nachweis, dass dies nicht nur für eine Eigenschaft von Bakterien gilt, sondern für alle lebenden Zellen. (Hershey, Chase, 1952)

Für den Physiker Schrödinger stellte sich nun die Frage, wie die Chomosomen in seiner Wissenschaft zu beschreiben seien. Er kam zu dem spaktakulären Schluss, dass „wir den wichtigsten Teil einer lebenden Zelle – die Chromosomen – passend als *aperiodischen Kristall* bezeichnen können“. (Schrödinger, 2012:34) Die Physik, so Schrödinger, habe es bisher nur mit *periodischen Kristallen* zu tun gehabt, den „faszinierendsten und komplexesten stofflichen Strukturen der unbelebten Natur“. Im Vergleich zu den aperiodischen Kristallen seien diese jedoch denkbar einfach. Die Organische Chemie sei nun mit der Erforschung dieser immer komplizierteren Moleküle in den aperiodischen Kristallen dem „stofflichen Träger des Lebens“ auf der Spur: „Moleküle, feste Körper und Kristalle sind nicht wirklich verschieden. Nach dem heutigen Stand der Wissenschaft sind sie ihrem Wesen nach gleich... Der Grund hierfür ist, dass die ein Molekül zusammensetzenden Atome ... durch Kräfte genau der gleichen Natur aneinander gebunden sind wie die zahlreichen Atome, welche einen wirklichen festen Körper, einen Kristall aufbauen. Das Molekül zeigt die gleiche Festigkeit der Struktur wie ein Kristall.... Ein kleines Molekül könnte ‚Keim eines festen Körpers' genannt werden... Wir betrachten ein Gen – oder vielleicht das ganze Chromosom – als einen aperiodi= schen festen Körper." (Schrödinger, 2012:107ff.) Der Kern eines befruchteten Eies enthalte, so Schrödinger, „einen ausgeklügelten Schlüssel", der die ganze zukünftige Ent= wicklung des Organismus enthalte.

Aperiodische Kristalle wurden erst relativ spät entdeckt. Ihre Existenz wurde anfangs durch bedeutende Wissenschaftler wie den US-amerikanischen Chemiker Linus Carl Pauling (1901-1994) bestritten. 1931 fand man beim Mineral Calaverit ($AuTe_2$), dass das Gesetz der rationalen Indizes von René-Just Haüy nicht erfüllt war. Der französische Mineraloge Abbé Haüy (1743-1822) hatte das Symmetriegesetz der Kriastallo= graphie beschrieben. Er ließ in einem Experiment einen Kalkspat-Kristall zu Boden fallen und stellte fest, dass die Bruchstücke wieder dieselbe Form hatten wie der ursprüngliche Kristall. Daraus folgerte er, dass Kristalle aus kleineren Einheiten aufgebaut sind, die dieselbe Form haben wie der Kristall selbst. Diese kleineren Einheiten nannte er integrierende Moleküle. Aus diesem Experiment von 1784 entwickelte er das Gesetz der rationalen Indizes, nach dem sich jede Kristallfläche durch drei ganze Zahlen beschreiben lässt: Dieses Gesetz gilt für fast alle Kristalle mit Ausnahme der aperiodischen Kristalle. (Siehe auch Kapitel „Die Ele= mente")

Mit dem Calaverit war 1931 der erste aperiodische Kristall gefunden, aber die Erklärung ließ noch Jahrzehnte auf sich warten. Schrödinger hatte schon vorhergesagt, was heute Stand des Wissens ist: Bei aperiodischen Kristallen handelt es sich um kristalline Festkörper, die sich nicht durch die dreidimensional-periodische Anordnung von Elementzellen beschreiben lassen. Aperiodische Kristalle umfassen auch die Quasikristalle. (Siehe Artikel „Die Struktur der Welt")

In den 1960er Jahren fand man mit Hilfe von Röntgenbeugung an Natriumkarbonat (Soda), dass Reflexe im Beugungsmuster auftraten, die sich nicht mit ganzen Zahlen indizieren ließen (sogenannte *Satellitenreflexe*). Daraus folgte, dass sich dieser Kristall nicht mit einer einzigen Elementarzelle beschreiben ließ. Zur Beschreibung wurde ein vierdimensionaler Raum verwendet, in dem sich alle Röntgenreflexe angeben lassen. Bei ikosaedrischen Quasikristallen sind bis zu sechs Dimensionen nötig. Daraus ergibt sich: Ist eine vollständige Beschreibung des Kristalls im dreidimensionalen Raum möglich, so handelt es sich um einen *periodischen Kristall*. Werden zur kompletten Beschreibung mehr Dimensionen benötigt, so spricht man von einem *aperiodischen Kristall*. Alle Materie besteht aus Atomen, die in jedem Fall – ob man es physikalisch, chemisch oder biologisch betrachtet – in Form von Kristallgittern angeordnet sind.

Der Beweis, dass Kristalle dreidimensional periodisch aufgebaut sind, war schon 1912 dem deutschen Physiker und Nobelpreisträger Max von Laue (1879-1960) mit Hilfe der Röntenbeugung gelungen. Erst diese Methode ermöglichte in den folgenden Jahrzehnten die Aufklärung der Kristallstruktur der Desoxyribonukleinsäure durch Rosalind Franklin (1920-1958), die aus einer der angesehensten jüdischen Familien Englands stammte. Die Kristallographin war im Kampf um die wissenschaftlichen Lorbeeren von Watson und Crick, die 1953 den Nobelpreis erhielten, ebenso ausgetrickst worden wie der Biochemiker Erwin Chargaff. (Hingst, 1988:77ff.) Auch die Entdeckung des Insulins durch Dorothy Crowford Hodgkin 1969 und der fünfzähligen Symmetrieachsen von Quasikristallen durch Dan Shechtman 1984 war der Methode der Röntgenbeugung zu danken.

Als der Code der Doppelhelix der Erbsubstanz weiter aufgeklärt wurde (erst 1966 wurde der genetische Code durch Marshall Nirenberg und Philipp Leder vollständig ent=schlüsselt), stellte man fest, dass die Doppelhelix aus nur vier Basenpaaren aufgebaut ist. Diese Nukleinsäuren waren erst zwischen 1885 und 1903 von verschiedenen Forschern entdeckt worden. Sie greifen nach dem Schlüssel-Schloss-Prinzip (siehe Kapitel „Schlüssel und Schloss“) ineinander:

Adenin und Thymin, Guanin und Cytosin, die durch Wasser= stoffbrücken miteinander verbunden sind. A paart sich nur mit T und C nur mit G. „Die Basenpaare ergänzen sich nicht nur, sie *wollen* sich wirklich miteinander verbinden...Das ist wahre Chemie: eine authtentische ‚Grundanziehung'." Im mensch= lichen Genom gibt es annährernd drei Milliarden solche Basenpaare. Ausgedruckt würde es 200 Bände von der Größe eines Telefonbuches füllen. Aus ihm können wir ablesen, dass alle Lebewesen auf diesem Planeten miteinander verwandt sind und wie nahe sie verwandt sind. (Lane, 2013:48ff.)

Im Epilog zu „Was ist Leben?" hat Schrödinger das Dilemma einer quasi mechanisch funktionierenden Natur des Menschen und ihrer leitenden Funktion in diesem Spiel auf den Punkt gebracht: Ich kontrolliere meinen Körper (die Bewegung der Atome) „Also bin ich der liebe Gott". (Schrödinger, 2012:149) Gotteslästerung? Gottesbeweis? Mystische Spekulation? Eher dies: Wir werden „Zeugen der Verwunderung eines Wissen= schaflters, der seinen gesamten wissenschaftlichen Horizont nach der Verbindung von Geist und Materie abgesucht hat und mit leeren Händen zurückgekommen ist." (Harrison, 2008:21ff.) Der Geist ist dem objektivistischen Zugriff der Naturwissenschaft vollkommen unzugänglich.

Die Materialisten behaupten, es gebe keinen Geist in der Maschine, sondern der Geist sei ein Abfallprodukt des Gehirns und des zentralen Nervensystems. Schrödinger war aber kein

Materialist. Der Geist war für ihn spiritueller und transzen= denter Natur. Der Physiker Paul Davies fragte Kollegen, woher die Gesetze des physikalischen Universums denn kommen und warum sie so sind, wie sie sind. Die Materialisten antworteten mit einer Ausflucht: Das ist keine wissen= schaftliche Frage oder Das weiß keiner!

Schrödinger hat den Boden aufbereitet für Franklin, Watson und Crick. Er hat allein mit der Logik von Mathematik und Physik die Gleichung Wundermolekül = aperiodischer Kristall = Desoxyribonukleinsäure aufgestellt und damit die genetischen Wissenschaften maßgeblich beeinflusst. Nach einem heutigen Ansatz könnte die Antwort auf die Frage, wo denn der Geist stecke, lauten: in der Selbstorganisation, der Organisation ohne Organisator (siehe Kapitel „Apfel= männchen") Das „Wundermolekül" DNA ist allerdings außer= halb seines Systemkontextes in der Zelle zu nichts fähig, womit die genzentrierte Sichtweise von Watson, Crick und ihren Nachfolgern obsolet geworden ist.

Das hat unter anderen Axel Lange, ein Vertreter der Evo-Devo-Theorie, in seinem Buch „Darwins Erbe im Umbau" umfassend herausgearbeitet. Die evolutionäre Entwicklungs= biologie - kurz Evo-Devo, abgeleitet von evolutionary develop= mental biology - ist eine Forschungsrichtung der Biologie, deren Gegenstamd die Steuerung der Individualentwicklung der Lebewesen in der Evolutionsgeschichte ist. Die hier angesprochene Ontogenese bezeichnet die Entwicklung eines Einzelwesens bzw. eines einzelnen Organismus im Gegen= satz zur Stammesentwicklung (Phylogenese). Eine Gruppe von Evolutionsforschern aus der ganzen Welt, die „Altenberg-16“, beschäftigt sich vor allem mit der Frage, wie die Prozesse der Embryonalentwicklung die Evolution der Phylogenese beeinflussen.

„Die Gene“, so Axel Lange, „sind nicht die alles ent= scheidenden Herrscher der Evoltuion. Sie sind Datenträger.“ (Lange, 2012:336) Nicht das Genom bestimme über den Erfolg eines Lebewesens, „sondern das soziale Umfeld bestimmt über den Erfolg der Gene. Evolution vollzieht sich in einem untrennbaren Netz aus Genen – Zellen – embryonaler Entwicklung – Umwelt.“

Die evolutionäre Entwicklungsbiologie des 19. Jahrhunderts wurde erst ab den 1980er Jahren mit der zunehmenden Aufklärung der Embryonalentwicklung durch die Entdeckung von Steuer-Genen weiterentwickelt. Eine wesentliche Erkenntnisquelle ist dabei die Entschlüsselung der gene= tischen Basis für zahlreiche bis in die 1980er Jahre vollkommen rätselhafte Entwicklungsvorgänge, welche mit der Entdeckung der Hox-Gene begonnen hatte. Das sind Regulationsgene, die über extrem lange Zeiträume gleich bleiben und deren Basensequenz bei allen Tierarten sehr ähnlich ist. Die Hox-Gene sind für Körperstruktur und

Körperbau verantwortlich. (Lange, 2012:187) Wer sagt den Proteinen, die sie steuern, wie sie sich räumlich anzuordnen haben? Es sind bestimmte Schalter, „die an der DNA mit einem jeweils spezifischen ‚Schloss' anbinden" und dem Gen vermitteln, „was genau, für wie lange und in welchem Umfang zu tun ist. Wunderwerk Natur. (Siehe Kapitel „Schlüssel und Schloss")

Die enorme Bedeutung der Umwelt in der Evo-Devo-Theorie ist eng mit der Erforschung der Epigenetik verbunden, die auf den britischen Biologen Conrad Hal Weddington (1905-1975) zurückgeht. Beim modernen Ansatz der Epigenetik geht es schlicht und einfach um Häresie, die schon Jean-Baptiste Pierre Antoine de Monet, Chevalier de Lamarck vorgeworfen wurde: um die Vererbung genetischer Veränderungen, die durch Umweltfaktoren induziert wurden. Axel Lange notiert dazu: „Die DNA ist nicht alles, was uns ausmacht. Die DNA ist auch nicht die komplette Blaupause für den Bauplan des Organismus. Der Weg von der befruchteten Eizelle zum lebensfähigen Organismus ist nicht nur eine Reihe von Bauanleitungen, welche als eine Art ‚Computerprogramm' in den Genen niedergelegt ist. Erst in der embryonalen Entwicklung können mit Hilfe der Zellen und damit epigenetisch sukzessive neue Feinstrukturen entwickelt werden, zum Beispiel zur Ausbildung des Nervensystems oder der Blutbahnen." (Lange, 2012:128)

Alles in Allem: Darwin hatte recht: Evolution existiert nach dem Schema Vererbung – Variation – natürliche Selektion – Adaption. Aber: Organismische Form und komplexe Struktur entstehen nicht allein darwinistisch, sondern durch system=immanente, spontane Umbauten während des Embryonal=prozesses, getriggert überwiegend durch Umweltein=wirkungen. (Lange, 2012:338)

Auch der britische Biochemiker Nick Lane und die US-amerikanische Molekularbiologin Lily E. Kay (1947-2000) haben in ihren einschlägigen Arbeiten die genzentrierte Sichtweise der Evolution stark relativiert. Lane (siehe Kapitel „Wie das Leben begann") hat eine Liste von zehn verblüffenden Erfindungen der Evolution zusammengestellt, zu denen neben der DNA die Entstehung des Lebens, der Tod, die Photosynthese, komplexe Zellen, Sex, Bewegung, Sehen, Warmblütigkeit und Bewusstsein gehören. (Lane, 2013) Alle seien sie von gleichrangiger Bedeutung. Der DNA komme keine Sonderstellung zu.

Unter anderem behandelt Lane im Kapitel Bewegung die erstaunliche Entdeckung von Hugh Huxley, dass die Muskelkontraktion auf molekularer Ebene von Aktin und Myosin bewerkstelligt wird, die von sich wiederholenden Proteineinheiten aufgebaut werden und Filamente (Polymere) bilden. (Gleitfilamenttheorie) Den Nachweis führte Huxley mit Hilfe der Röntgenstrahl-Kristallographie (eine Parallele zur

Entdeckung der DNA) und der Elektronenmikroskopie. Die Biochemie des Muskels, bei der auch ATP eine große Rolle spielt, ist so kompliziert, dass man dieses Wunderwerk nur bewundern kann.

Das Gleiche gilt für das Sehen. Für die Entwicklung der Augen fand die Natur erstaunlich orginelle Wege. Für die Grund= bausteine der Linsen nahm sie zunächst verschiedene Materialien: Minerale und Kristalle. Calcit z.B. kann Rhomben bilden, die merkwürdige opitische Eigenschaften besitzen: Sie beugen Licht von allen Seiten ausgenommen einer beonderen Achse, die durch die Mitte verläuft und über die das Licht ins Sehorgan dringt. Es ist eine Konstruktion, die Trilobiten verwendeten, meeresbewohnende Gliederfüssler, die beim „Permischen Massenaussterben" vor zirka 250 Millionen Jahren verschwanden – in der Übergangszeit zur Trias, dem Beginn des Erdmittelalters

Ursache des Permischen Massenaussterbens war eine vulkanische Mega-Eruption im heutigen Sibirien (Sibirischer Trapp, Flutbasalt), die eine Million Jahre andauerte und ihre Lava über mehrere Millionen Quadratkilometern mit einer Mächtigkeit bis zu drei Kilometern ausbreitete. Die ganze Region (etwa so groß wie Nordamerika) wurde zu einer Lavawüste. Giftig Gase verbreiteten sich weltweit. CO_2 und Methan führten zu einer globalen Temperaturerhöhung von bis zu 10 Grad Celsius. Es kam zum größten Massenaussterben der Erdgeschichte. Etwa 95 Prozent aller Lebewesen auf der Erde wurden ausgelöscht. Es dauerte viele Millionen Jahre, ehe sich Flora und Fauna wieder erholt hatten.

Trotz aller Scharfsichtigkeit, so Lane, habe sich die Ausbildung von Calcit-Kristallaugen in der Evolution als Sackgasse erwiesen. Andere Arten natürlicher Kristalle, etwa Guanin (ein Bestandteil der DNA), seien bevorzugt worden, die als biologische Spiegel fungierten. Die Linsenproteine wurden von bereits existierenden Proteinen „abgeworben". Eine Großtat der Evolution. Die Linse des menschlichen Auges besteht aus extrem spezialisiertem Gewebe aus Proteinen in einer flüssigkristallinen Reihe. Sie erzeugt ein klares Bild auf der Netzhaut und kann ihre Form verändern, um die Schärfentiefe zu modifizieren. Bis heute sind elf Typen dieser Kristalline katalogisiert. Drei von ihnen sind in den Augen aller Wirbeltiere anzutreffen. (Lane, 2013:221ff.)
Auch ohne Warmblütigkeit, die mit der Entwicklung der Säugetiere begann (siehe Kapitel „Känozoikum") hätte es nach Nick Lane keine Evolution in Richtung Mensch gegeben. Das Gleiche gilt für das Bewusstsein. Ob das Bewusstsein allerdings nur mit „feuernden Neuronen" im Gehirn erklärbar ist, wie es Lane versucht, scheint mehr als fraglich. Ein rein materieller Ansatz kann den Geist nicht erfassen. (Siehe Kapitel „Geist und Materie")

Als Ausflucht dient Lane der US-amerikanische Psychologe William James (1842-1910) mit seinem Pragmatismus, dass Emotionen (ohne die es kein Bewusstsein gibt) körperliche Kräfte sind. Emotion sei danach nichts anderes, als das Empfinden der körperlichen Veränderung: Ich bin traurig, weil ich weine. James habe angenommen, dass es unbekannte Eigenschaften der Materie gebe und behauptet, dass eine Art „Geiststaub" das Universum durchdringe. (Lane, 2013:297) Das erinnere an die Dunkle Materie, den Stoff, „aus dem das Bewusstsein ist". (Lane, 2013:298:354, Anm. 8) Die Gedankenspirale endet also im Panpsychismus (auch die Materie besitzt geistige Eigenschaften), dessen Problem Lane allerdings bewußt ist: „Wir wissen nicht genug über die tiefe Natur der Materie, um zu begreifen, wie Neuronen rohe Materie in subjektive Gefühle verwandeln. Wenn Elektronen gleichzeitig sowohl Wellen als auch Teilchen sein können, warum sollten dann nicht Geist und Substanz zwei Erscheinungen derselben Sache sein? (Lane, 2013:299) Was aber ist „dieselbe Sache"? Sind es Gefühle, die A. Graham Cairns-Smith (Dep. of Chemistry, Univ. Glasgow, Autor des Buches „Clues to the Origin of Life", 2008) als „kohärente Schwingungen von Proteinen" bezeichnet hat? Doch wer bestimmt den Gleichklang der Schwingungen?

Und der Tod? „Das Letzte'", wie der 2016 verstorbene österreichische Satiriker Manfred Deix sagte? Naturgemäß ist er eine Erfindung der Evolution. Denn ohne ihn gebe es sie nicht. Tod und Leben sind eine Einheit. Nach Lane sind nur einige Tiere wie der Süßwasserpolyp Hydra „im Grunde unsterblich". Zellen sterben und werden ersetzt, doch der Organismus als Ganzes zeigt keinerlei Anzeichen von Alterung. Zwischen Zellleben und Zelltod besteht ein dauer= haftes Gleichgewicht. „Eine Korrektur der ‚Todes'-Einstel= lungen, um den Zelltod weniger wahrscheinlich zu machen, hätte krebsartige Folgen – unaufhörliches Wachstum." (Lane, 2013:317)

Biologisch entsteht der Tod erst durch die Differenzierung zwischen Keimbahn und Körper. Nur Prokaryoten leben potenziell ewig – beim Menschen die Stammzellen und die Krebszellen. „Was wir an Gestalt gewannen, verloren wir an Lebenszeit", schreibt Raoul Schrott.

Lily Kay, geboren in Polen, wanderte mit ihrer Familie zunächst nach Israel und 1960 in die USA aus, wo sie Geschichte der Wissenschaften unterrichtete. In der gängigen Molekularbiologie erkannte sie einen eugenischen (siehe Einleitung) Touch. (Lane, 2013; Kay, 1993, 1999, Hagner, 2001) Provozierend stellt sie die Frage: Wer schrieb das Buch des Lebens? (Lane, 2001:489ff.), um zu dem Ergebnis zu kommen, dass die DNA weder eine Sprache, noch ein Code ist, sondern – entsprechend der Definition ihres Begründers Norbert Wiener - Kybernetik, entlehnt maschinellen Steuer= ungsvorgängen in Maschinen: „Die auf dem Informa=

tionsbegriff beruhenden Modelle, Metaphern sowie lingu=istische und semiotische Werkzeuge, die zur Formulierung des genetischen Codes führten, kamen aus der Kybernetik, der Informationstheorie, dem Bereich elektronischen Rechnens sowie von Kontroll- und Kommunikationssystemen in die Molekularbiologie: alles Projekte, die eingebettet waren in den militärischen Kontext des Zweiten Weltkrieges und des Kalten Krieges." (Kay, 2001:491; 1994)

Auch die Religion reklamiert die Gentechnik für sich. Von der absolut gesetzten Technik ist es nur ein kleiner Schritt zur gottgewollten Gentechnik. Einer ihrer Vorreiter ist der österreichische Arzt und Theologe Johannes Huber, von 1973 an zehn Jahr lang Sekretär von Kardinal Franz König, seit 1990 Universitätsprofessor. In seinem 1991 erschienen Buch „Im Bannkreis der Sphinx" hat er nicht nur die „Entschlüsselung des irdischen Lebens" durch die Gentechnik und die Gentherapie bejubelt, sondern sich auch an einer „Theologie des Genoms" versucht. (Huber, 1991) Sein Weltverbesserungsstreben gipfelt in dem Wunsch, „das menschliche Herz unter die Lupe zu nehmen, dessen Egoismus zu reglementieren." Angesichts der Möglichkeiten der Gentechnik sei es nicht redlich, „auf die Benefizien der Biologie zu verzichten". (Hingst, 2006:104, siehe auch „intelligent design" im Kapitel „Gott würfel leidenschaftlich gern")

Die Eugeniker sind immer noch unter uns. In der 1980er Jahren forderte Francis Crick in einem Fernsehinterview, dass man die neuen Chancen, welche die Gentechnik biete, zur gezielten Züchtung von „höherwertigen“ Menschen nützen müsse. Die Menschheit brauche in Zukunft in vermehrtem Maße solche überdurchschnittliche Menschen, um ihre Probleme zu lösen. (Hingst, 1988:62)

Geist und Materie

Der österreichische Physiknobelpreisträger Erwin Schrödinger hat als einer der Väter der Quantenmechanik dem Geist, der eigentlich nicht greifbar ist, durchaus Respekt gezollt – und damit im Grunde einem dem mechanischen Ablauf der Dinge widersprechenden Prinzip. In seinem Buch „Geist und Materie“ schrieb er: „Am schmerzlichsten ist das völlige Schweigen unseres ganzen naturwissenschaftlichen For= schens auf unsere Fragen nach Sinn und Zweck des ganzen Geschehens. Je genauer wir hinsehen, umso zweckloser und sinnloser kommt es uns vor. Das Spektakel, das sich da abspielt, erhält einen Sinn offenbar nur in bezug auf den Geist, der ihm zuschaut.“ (Schrödinger, 1959:50) Die Natur= wissenschaft, so Schrödinger, könne dazu nur Ungereimtes melden. „Als sei der Geist nur durch eben dieses Spektakel entstanden, dem er nun zuschaut." Als werde er mit diesem Spektakel vergehen, wenn die Sonne schließlich erkalte. Aber, so Schrödinger: „Der Geist kann nicht durch die Zeit vernichtet werden." (Schrödinger, 1959:65) Gebe es den Geist nicht, wäre das ganze Spektakel ein Spiel vor leeren Bänken.

Das, was Schrödinger den Atheismus vieler Naturwis= senschaftler nennt, enthält auch den Anti-Spiritualismus. Sie machen sich damit zu Vertretern eines puren Materialismus. Nach dem marixtischen Philosophen Slavoj Žižek ist das Axiom des wahren Materialismus: „Es gibt nichts, was nicht materielle Realität ist." (Žižek, 2012:1008) Diesem Ansatz fehlt eine in der Realität zu beobachtende Dimension: Das, was die Alten spiritus nannten, Geist. Wer spukhaftes Verhalten der kleinsten Teilchen ohne Masse in der Quantenphysik akzeptiert, der darf auch Spirituelles nicht ausschließen. Schrödinger stellte sich die Frage, wo der Ort sei, wo der Geist die Materie berührt und kommt zu der Vermutung, „dass ein solcher Ort der Begegnung zwischen Geist und Materie vielleicht gar nicht existieren könnte". (Gumbrecht, 2008:17)

Schrödinger hat zur Erklärung seines Standpunkts in der Geist-Materie-Frage den islamisch-persischen Mystiker Aziz Nasafi aus dem 13. Jahrhundert zitiert: „Beim Tod eines Lebewesens kehrt der Geist in die Geisterwelt und der Körper in die Körperwelt zurück. Dabei verändern sich aber immer nur die Körper. Die Geisterwelt ist ein einziger Geist, der wie ein

Licht hinter der Körperwelt steht und durch jedes Einzelwesen wie durch ein Fenster hindurchscheint." (Schrödinger 1959:40) Schrödinger bezieht sich hier offensichtlich auf Platons „Höhlengleichnis".

Die quantenphysikalische Interpretation der Arbeit in unserem Oberstübchen sieht so aus: Im menschlichen Gehirn gibt es rund 100 Milliarden Nervenzellen (Neuronen). Wenn das Neuron in einer Überlagerung von Feuern und Nichtfeuern ist, dann befinden sich rund eine Million Natriumionen in einer Überlagerung innerhalb und außerhalb der Zelle. Unter „Feuern" versteht man Kettenreaktionen, die sich mit 320 kmh am Neuron entlang fortpflanzen. (Tegmark, 2015:303)

Optimisten sagen, der Mensch unterscheide sich vom Tier durch Geist. Wobei sie wie selbstverständlich davon aus= gehen, dass der Geist im Gehirn sitzt. Das hat sich schon durch die Forschungen der Paläoanthropologen als falsch erwiesen. Die Menschwerdung seit vielen Millionen Jahren vollzog sich durch einander bedingende Einflüsse von Klima, Lebensumständen, Werkzeuggebrauch, Entwicklung der Sprache und Migration, die dann freilich auch eine Ver= größerung des Gehirnvolumens bedingten.

Die Materialisten wollen den Geist natürlich zu fassen kriegen und einsperren. Nachdem die Philosophen abgedankt haben, versuchen sich Physiker, Neurologen und Kognitionswissen=

schafter des Geistes zu bemächtigen. Durch optoelek=tronische Abtastverfahren und die Messung von Aktivi=tätsmustern in den Neuronen meinen sie, den Geist endgültig im Gehirn lokalisieren zu können. „Wie das Gehirn Geist erzeugt“ ist der charakteristische Titel eines Aufsatzes von Antonio R. Damasio, Direktor des Instituts für Neurologie an der Universität Iowa.

In der Vorstellungswelt solcher Leue ist das Gehirn nicht nur ein Elektrogerät, sondern auch ein Chemilabor, eine neuro-chemische „Maschine“, so Gerhard Roth, Neurobiologe an der Universität Bremen. (Breuer, Könneker, 2002:60) Roth hält es nicht für unmöglich, sogar das limbische System mit einem Supercomputer zu verknüpfen. (Das limbische System ist eine äußerst komplexe Hirnstruktur, die an der Weckung von Assoziationen sowie zur Steuerung von Lernprozessen und emotionalen Handlungen wesentlich beteiligt ist.) Vor „intelligenten Androiden“ wird aber sogar abgebrühten Materialisten wie ihm bang: „Wer will – ganz fantastisch gesprochen – Kriege gewinnen, indem er hunderttausend Roborter losschickt, die sich im nächsten Moment umdrehen können und nach hinten schießen? Das ist das größte denkbare Risiko: dass Maschinen, wenn sie so weit entwickelt sind, nicht mehr von denen, die sie gebaut haben, kontrolliert werden können. Und davor wird man Angst haben... Sobald die ersten Schritte in Richtung eines sich selbst bewertenden Roboters unternommen sind, muss man die Notbremse ziehen... Von Maschinen gesagt zu bekommen: ‚Auf euch Menschen kommt es überhaupt nicht mehr an', das wäre die ultimative Kränkung... Die Entthronung des Menschen als freies denkenden Wesen – das ist der Endpunkt, den wir erreichen. Nach Kopernikus, Darwin und Freud erleben wir hier den letzten großen Angriff auf unser traditionelles Bild vom Menschen."

Wenn das nicht alles irre ist: Kopernikus, Darwin und Freud haben den Menschen doch nicht „entthront", sondern an die richtige Stelle gerückt. Die neuen Technokraten wollen ihn hingegen abschaffen. In ihren abstrusen Gehirnen wird die totalitäre Entmündigung und Vernichtung des Menschen schon vorbereitet. Längst sind wir so weit, dass nicht mehr Menschen aus Fleisch und Blut Meister des königlichen Spiels sind, sondern Computer. Schon 1997 verlor Schachwelt= meister Garri Kasparow in Manhattan gegen den IBM-Superrechner Deep Blue. Wenig später traten zwei Computer gegeneinander an: Deep Fritz, ein System, das von der Hamburger Firma Chessbase entwickelt wurde, und das israelische Programm Junior. Fritz gewann und durfte damit 2001 Wladimir Kramnik, den damals zweiten der Weltrang= liste, herausfordern.

Fritz macht Gänsehaut: Er wird mit jeder Partie schlauer. Das Programm merkt sich, wenn bestimmte Züge nicht zum Erfolg führen und schüttelt dann in einer vergleichbaren Situation eine andere Spielvariante aus seinen Chips. Und Fritz geht, wie alle Computerprogramme, emotionslos ans Werk. Und er wird nie müde. Deep Fritz wurde von deutschen und britischen Großmeistern und Mathematikern programmiert. Kleiner Trost: Deep Fritz ist nicht intelligent, er kann nur das, was alle Computer können: Ja oder nein sagen und das ausführen, was ihm Menschen als Befehle eingeben.

Folgende Überlegung soll zum Nachdenken anregen: Egal ob der Geist im Gehirn, im Herz, im ganzen Körper, im Universum oder in allen zusammen sitzt – die Kreativität bewegt sich in einer unlimitierten Puzzle-Welt, in der die unterschiedlichsten Elemente frei zusammengefügt werden können. Die Frage ist nur: Wer bestimmt, wie sie zusammen=gefügt werden und nach welchem Muster? Der Geist gastiert vor allem im Unbewussten. Es ist daher unmöglich, ihn nur mit dem Bewusstsein zu verknüpfen. Das bestätigt auch der Gehirnforscher Ernst Pöppel, Professor für Medizinische Psychologie an der Universität München: „Der Geistesblitz ist ein hochgradig unbewusster Prozess. Das Gehirn erkennt etwas als passend. Und dann beginnt das Seltsame: Man hat das absolut sichere Gefühl: Es stimmt..." (Thimm, Traufetter, 2000:215) Der deutsche Tausendsassa Artur Fischer, dem wir neben vielen anderen Erfindungen die Fischer-Dübel zu danken haben, hat das Hochgefühl, das sich bei kreativen Prozessen einstellt, sehr schön beschrieben: „Wenn etwas erst einmal im Kopf drin ist, dann rotiert es immer schneller und schneller. Und dann kommt der Gedankenblitz... man hat bei aller Freude das Gefühl: Das ist noch nicht das Letzte. Aber irgendwann gibt es einen Punkt, da weiß ich: Das ist es." (Tügel, 2003:32)

Das richtige Wort finden, den idealen Ton, den mutigen Strich, die kühne Farbe, eine elegante Lösung, den Funken im Witz, der überspringt: Das ist Kreativität. Wie das geschieht, ist rein hirnphysiologisch nicht erklärbar. Das wissen wir einfach nicht. Der deutsche Lyriker Durs Grünbein sagt: „Der Geist bleibt im Dunkeln. Nichts erklärt uns neurologisch, wie Rilke seine Gedichte schrieb." (Thimm, Traufetter, 2000:217)

Was wissen wir denn überhaupt? Selbst etwas ganz Einfaches, die Primzahlen: ein unergründliches Geheimnis. Die Definition lautet: Primzahlen sind positive ganze Zahlen größer als 1, die nur durch 1 oder sich selbst ganzzahlig teilbar sind, also 2, 3, 5, 7, 11, 13, 17, 19, 23, 29, 31, 37, 41, 43, 47, 53, 59, 61, 67, 71, 73, 79, 83, 89, 97 und so weiter. Die 2 ist schon mysteriös. Sie ist die einzige gerade Zahl in dieser Reihe, während alle anderen ungerade sind.

Schon lange wissen Eingeweihte, dass es unendlich viele Primzahlen gibt. Das zeigte schon der große griechische Mathematiker Euklid (um 300 vor Christus) in seinem Standardwerk „Elemente". Aber bis heute wissen wir nicht, warum Primzahlen völlig unregelmäßig über die Zahlenreihe verstreut sind. Öfters kommen Primzahlen paarweise vor, etwa 11 und 13, 17 und 19. Ob es unendlich viele solche Zwillinge gibt, kann nur vermutet werden. Was man über Primzahlen weiß, was man nicht weiß und was man bloß vermutet, würde ein dickes Buch füllen. (Vašek, 1999:134f.)

Gleiches lässt sich von der Zahl π (Pi) sagen, die exakt den Flächeninhalt eines Kreises mit dem Radius 1 ausdrückt. Sie gibt das konstante Verhältnis des Kreisumfangs zum Durchmesser an. π = 3,141 592 653 589 793 238 usw. Sie gehört zu jenen geheimnisvollen Größen, die man transzendente Zahlen nennt. Seit Jahrhunderten suchen Mathematiker nach Regelmäßigkeiten in den Dezimalstellen. Vergeblich. Auch mit den schnellsten Super-Computern, die Pi auf Milliarden Stellen berechneten, wurde man nicht fündig. Dass wir mehr vermuten als wissen können: Welchen geistvollen Menschen irritiert das schon? Mathematiker nehmen es sowieso gelassen. Die einzige Gewissheit ist doch die Ungewissheit!

Es mag viele Welten geben, aber keine, in der die mathe=matischen Gesetze nicht gelten, sagt der Wiener Mathe=matikprofessor und Spieltheoretiker Karl Sigmund. Mathema=tiker sind, wie Physiker, witzige Gesellen. Er sei eine Maschine, die Kaffe in Theoreme verwandle, sagte der un=garische Mathemagier Paul Erdös über sich. Der Kaffee war sein Lebenselixier, denn zeitlebens war er 19 Stunden täglich auf der Suche nach der Schönheit in der Welt der Zahlen. Eine Art Poesie, die Insider noch über die Kunst der Worte stellen. Als der deutsche Mathematiker David Hilpert erfuhr, dass einer seiner früheren Assistenten Dichter wurde, war die Sache für ihn klar: „Für die Mathematik hat ihm ohnedies die Phantasie gefehlt." Nicht ohne Grund sind Musik und Mathematik Geschwister.

Mihaly Czikszentmihalyi - Psychologe an der Universität von Chicago - untersuchte eine Gruppe von kreativen Persönlich=keiten. (Czikszentmihalyi, 2000) Für alle war typisch, dass sie scheinbar weit auseinander liegende Ideen und Eindrücke miteinander verbinden konnten. Phantasie und Kombination sind die Eltern der Kreativität. Als Draufgabe sind Glück und Charme unentbehrlich. Kennzeichen der Kreativen: Ent=spannte, spielerische Heiterkeit wechselt ab mit Phasen strenger Disziplin. Am Ende lösen sich die Widersprüche auf in einer alles umfassenden Freude am schönen Götterfunken.

Um den Materialismus auf die Spitze zu treiben, haben die „Neuro-Theologen" (Der Spiegel, 2001:184) Andew Newberg und Eugene d'Aquili von der University of Pennsylvania mit Hilfe von Computertomographen die Hirne von meditierenden Buddhisten und Christen untersucht. Das Ergebnis war bemerkenswert: Während der tiefen Meditation verringert sich die Aktivität jenes Hirnareals, das für die Unterscheidung zwischen dem Selbst und der äußeren Welt zuständig ist.

Andrew Newberg meint dazu: „Unser Gehirn ist so vernetzt, dass es uns Gott vorgaukelt."

Da fragt man sich, was Hirnforscher im Hirn haben. Was hat ein besserer Kontakt zur Wirklichkeit mit „Vorgaukeln" zu tun? Allein in den USA laufen an die 30.000 „graue Männchen" herum, Hirnforscher, die sich einbilden zu wissen, dass Seele und Geist im „Chemiebaukasten" unseres Oberstübchens sitzen. Wer weiterhin immateriellen Vorstellungen von Seele oder Geist nachhänge, laufe Gefahr sich lächerlich zu machen – sagt etwa der „Bewusstseinsexperte" Thomas Metzinger von der Universität Mainz. (Kraft, Niehaus, 2001-114ff.) Und sein Kollege, der Hirnforscher Hans-Jochen Heinze von der Uni Magdeburg reiht sich ein in den Reigen der Hirnmechaniker mit dem Satz: „Das Gehirn ist eine Maschine, die nach klaren physikalischen Prinzipien arbeitet."

Das Ziel solcher Leute ist letztlich die Entwicklung von punktgenau wirkenden Psychopharmaka. Im Visier haben sie einen riesigen Markt und die entsprechenden Umsätze. Für sie ist der Mensch eine Maschine, die man demnächst ohnehin durch Roboter ersetzen wird. Nebenbei: Mit denen ließe sich auch ideal Krieg führen, noch virtueller als heute mit Menschen aus Fleisch und Blut, die aber in Form von Söldnern und Berufssoldaten auch schon ziemlich in die Nähe von Robotern kommen.

Die Utopie, Mensch und Maschine würden in kürze ver=schmelzen, geht auf die Renaissance zurück. Damals fing man an zu glauben, dass Welt und Mensch wie ein Mechanismus, wie ein Räderwerk funktionieren. Die Gleich=setzung von Mensch und Maschine erlebte ihre Blüte im 18. und 19. Jahrhundert: Julien Offray de La Mettrie bescheibt 1748 in seinem Werk „L'homme machine" den Körper des Menschen als ein Räderwerk, das mechanisch abschnurrt. René Descartes meint in seinem „Tractatus de homine", der menschliche Geist sei eine Art feine Flamme, die sich über sehr kleine Löcher in den Gehirnwänden auf die Nervenfasern übertrage, die auf mechanischen Zug reagieren. Eine Gehirnmaschine. Da war es nur logisch anzunehmen, dass das auch soziologisch seine Gültigkeit habe. So erklärt der Ökonom Adam Smith in seinem 1759 erschienenen Buch „The Theory of Moral Sentiments": „Die menschliche Gesellschaft erscheint wie eine großartige Maschine."

Die Erklärung, wie aus einem solchen mechanischen Uhrwerk Leben entstehen soll, bleibt man einfach schuldig und vertröstet auf später. Die Propagandisten des materialistisch-mechanistischen Weltbildes hoffen, das werde sich unter ihren Seziermessern schon noch zeigen. Hirngespinste: Sie sehen nicht, dass ihnen nur Totes in Händen bleibt und dass sie das Leben nie zu fassen kriegen.

Es ist der Geist, der in der nicht beschreibbaren Singularität des Anfangs unseres Universums zunächst ohne Leben, rein mathematisch-pysikalisch sich entfaltet und aus dem sich viel viel später Leben entwickelt hat, das sich selbst organisieren und erkennen kann. Die Frage ist, ob das nur dem Menschen gelingt oder ob dazu auch Tiere und Pflanzen fähig sind. Die jüngste Tierforschung an Primaten und Vögeln hat das für Tiere längst bestätigt. Was die Pflanzenwelt betrifft, haben der italienische Botaniker Stefano Mancuso (Universität Florenz) und die Wissenschaftsjournalistin Alessandra Viola in ihrem 2015 erschienenen Buch „Die Intelligenz der Pflanzen" eine klare Antwort gegeben: Erst seit kurzem erkennt die Forschung, was schon Darwin vermutete: dass Pflanzen trotz ihrer (scheinbaren) Unbeweglichkeit über stupende Fähigkeiten verfügen, ja über Intelligenz. Denn außer den fünf Sinnen des Menschen besitzen sie noch mindestens 15 weitere, mit denen sie nicht nur elektromagnetische Felder erspüren und die Schwerkraft berücksichtigen, sondern zahlreiche chemische Stoffe ihrer Umwelt analysieren können. Mit Duftstoffen warnen sie sich vor Fressfeinden oder locken Tiere an, die sie davon befreien; über die Wurzeln bilden sie riesige Netzwerke, in denen Informationen über den Zustand der Umwelt zirkulieren. Ohne Organe können sie so über eine Form von Schwarmintelligenz Strategien entwickeln, die ihr Überleben sichern. (Mancuso, Viola, 2015) Ein besseres Verständnis der Intelligenz der Pflanzen könnte uns lehren, endlich auf giftige Pestizide zu verzichten, die Menschen und Tieren verheerende Schäden zufügen.

Der britische Neurophysiologe Sir Charles Scott Sherrington (1857-1952) hat für seine Entdeckungen auf dem Gebiet der Funktionen der Neuronen, der Nervenzellen im Gehirn, 1932 gemeinsam mit seinem Landsmann, dem Anatomen Edgar Douglas Adrian, den Nobelpreis für Medizin erhalten. Im Alter philosophierte er über den Sinn seines Lebenswerkes. Als er 1933 in der Universität Cambridge eine Rede über „Das Gehirn und seine Mechanismen" hielt, war „Das Hirn als Organ des Geistes" ein zentrales Thema. Fazit: Eine klare Beziehung zwischen Leib und Seele (Geist) kann nicht nachgewiesen werden. Sherrington hat in seinem Buch „Man and his Nature" (1940) geschrieben: „Nach allem, was sich wahrnehmungsmäßig darüber ausmachen lässt, geht demnach das Bewusstein (mind) in dieser unserer räumlichen Welt einher gespenstischer als ein Gespenst. Unsichtbar, ungreifbar ist es ein Ding ohne jeglichen Umriss; es ist überhaupt kein ‚Ding'. Es bleibt unbestätigt durch die Sinne, und bleibt das auf immer." Die Naturwissenschaft, so Sherrington, führe in eine Sackgasse: Das Bewusstsein könne von sich aus nicht Klavier spielen, könne nicht den Finger einer Hand bewegen. Die Menschheit sei an einem toten Punkt angekommen: Völlige Leere in betreff des Wie der Hebelkraft des Geistes auf die Materie.

Erwin Schrödinger hat solche Überlegungen in sein Denken aufgenommen und in seiner Abhandlung „Geist und Materie" zwei Widersprüche im Weltbild der Wissenschaften formuliert: Die erste Antinomie sei unser Erstaunen, „unser Weltbild farblos, kalt, stumm zu finden". Und die zweite „ist unser völlig erfolgloses Suchen nach der Stelle, wo der Geist auf die Materie wirkt – und umgekehrt". Sherrington habe das in seinem Buch „Man and his Nature" unvergänglich nieder= gelegt. „Die materielle Welt konnte bloß konstruiert werden um den Preis, dass das Selbst, der Geist, daraus entfernt wurde. Der Geist (mind, mens) gehört also nicht dazu und kann darum selbstverständlich die materielle Welt weder beeinflussen noch von ihr beeinflusst werden." (Schrödinger, 1959:29f.)

Die Welt ist Mathematik

Max Tegmark vertritt die Ansicht, das Universum sei reine Mathematik. Dazu fragt der österreichische Physiker Michael Springer in seinem Essay „Die Wirklichkeit der Quanten" (2015): „Die Realität nichts als pure Mathematik? Damit landet man fast genau im Fahrwasser der idealistischen Spekulationen von Eddington und Jeans, die sich eine nur aus dem menschlichen Geist entspringende Physik und einen mathematisch träumenden Gott ausdachten".

Small wonder: Arthur Stanley Eddington (1882-1944) war praktizierender Quäker. Am 2. März 1916 wurde in Großbritannien die Wehrpflicht eingeführt. Eddington wollte eine Befreiung von der Wehrpflicht aufgrund seiner pazifistischen Überzeugung beantragen. Seine Weltanschau= ung hat er 1930 in dem Buch "Why I Believe in God: Science and Religion, as a Scientist Sees It" beschrieben. „Ich glaube, es geschieht in der Wissenschaft recht häufig, dass der schwierigste Teil nicht die Suche nach der richtigen Antwort, sondern nach der richtigen Frage ist." (Tegmark, 2015:290) Eddington war es auch, der 1920 in seinem Buch „Der innere Aufbau der Sterne" postulierte, „dass die Sterne der Schmelztigel sind, in denen sich die leichteren Atome... zu komplexeren Elementen vereinigen". (zitiert nach Schrott, 2016:700) Das entsprach alchemistischen Vorstellungen, die schließlich durch die spätere Quantenmechanik bestätigt wurden.

Welche Elemente dann in einer Supernova gebildet werden, hängt von der Masse und der Temparatur eines Sterns ab. Zunächst sind außer den vier, beim Urknall entstandenen Elementen (Wasserstoff, Helium, Lithium und Beryllium) noch 24 weitere vorhanden, die im Lauf seines Lebensprozesses erbrütet wurden – vom Bor bis zum Nickel. (Schrott,

2016:700f.) Hat der Stern am Ende seiner Laufbahn eine Masse von mehr als zehn Sonnen, implodiert er im Bruchteil einer Sekunde, wobei eine Temperatur von zehn Milliarden Grad erreicht wird und alle im Stern erzeugten Elemente in den Weltraum geschleudert werden. Dabei kommt es auch zur Bildung jener Elemente, die schwerer als Eisen sind: von Kupfer über Zinn und Zink bis zum Uran. Das Streumaterial der Supernova wird zum Ausgangsmaterial für eine nächste Generation von Sternen und Planeten. Unsere Sonne ist ein Stern der dritten oder vierten Generation.

Apropos Eddington: Schon Erwin Schrödinger hat an dessen „zwei Schreibtische" in seinem Buch „Das Weltbild der Physik" (Cambridge University Press 1928) erinnert. Der eine Schreibtisch, an dem er sitze und auf den er seine Arme stütze, und der andere, naturwissenschaftliche, dem nicht nur alle Sinnesqualitäten abgehen, sondern der außerdem auch äußerst löchrig ist. Bestehe er doch zum weit überwiegenden Teil aus sogenanntem leeren Raum, in dem bloß winzig kleine Atomkerne und Elektronen in unermesslicher Zahl umeinan= derwirbeln. Zitat Eddington: „Die Welt des Physikers stellt sich dem Beschauer dar als Schattenspielaufführung des Bühnenstücks Alltagsleben." (Schrödinger, 1959:31)

Friedrich Hegel hat geschrieben, dass man keine Wissen= schaft ohne ihre Geschichte verstehen kann. Was war also die Geschichte der mathematischen Weltsicht? Die ersten, die eine auf reiner Mathematik fußende Philosophie entwickelten, waren die Pythagoräer in den griechischen Kolonien Italiens, lange vor dem Jahr Null unserer Zeitrechnung.

In der von Pythagoras von Samos in den zwanziger Jahren des 6. Jahrhunderts v. Chr. in Unteritalien gegründeten Schule wurde die Lehre vertreten, dass der Kosmos eine nach bestimmten Zahlenverhältnissen aufgebaute harmonische Einheit bildet. Die Pytagoräer nahmen an, dass in allen Bereichen – in der Natur, im Staat, in der Familie und im einzelnen Menschen – dieselben zahlenmäßig ausdrückbaren Gesetzmäßigkeiten gelten und dass die Kenntnis der maßgeblichen Zahlenverhältnisse eine weise, naturgemäße Lebensführung ermöglicht. Das Streben nach Eintracht beschränkten sie nicht auf die menschliche Gesellschaft, sondern dehnten es auf die Gesamtheit der Lebewesen aus, was sich in der Forderung nach Rücksichtnahme auf die Tierwelt zeigte.

In einer Reihe von griechischen Städten Unteritaliens ent= standen Gemeinschaften von Pythagoräern, die sich als soziale und politische Reformbewegung betrachteten und mit Berufung auf die Lehren des Schulgründers massiv in die Politik eingriffen. Dabei kam es zu schweren, gewaltsamen Auseinandersetzungen, die im 5. Jahrhundert v. Chr. mit der Niederlage der Pythagoreer endeten. In den meisten Städten wurden die Pythagoräer getötet oder vertrieben.

Die pythagoräische Tradition ist noch heute lebendig. „Wenn etwas untrüglich sicher existiert, dann sind es die Zahlen", schreibt der österreichische Mathematiker, Pythagoräer und Platoniker Rudolf Taschner in seinem Buch „Zahl, Zeit, Zufall" (2007). Die Zahlen bergen für ihn ein Geheimnis: Sie beginnen mit Eins und folgen mit einer „sturen Monotonie" aufeinander. Sie existieren „ohne Bezug zu etwas Sinnlichem". Und: Es gibt keine letzte Zahl.

Interessant sind in diesem Zusammenhang Zenons Parado= xien, welche die Illusion der Bewegung anschaulich demon= strieren, die von der Quantenphysik bestätigt wird. Zenon von Elea (490 - 430), einer griechischen Stadt in Süditalien, Freund des Parmenides (520 – 455), wird zu den Vor= sokratikern gezählt. Sein drittes Paradoxon behauptet, schon der Begriff Bewegung sei inhaltsleer. Er erklärt das am Beispiel eines Pfeils in einem beliebigen Moment während des Fluges. Zu diesem Zeitpunkt erfüllt der Pfeil ein Raumgebiet, das so lang ist wie er selbst; dabei ist keinerlei Bewegung zu bemerken. Weil diese Beobachtung in jedem Moment wahr ist, kann der Pfeil niemals in Bewegung sein. Viele Philosophen und Mathematiker haben seither versucht, Zenons Paradoxien aufzulösen.

Aber erst in der Gegenwart gibt es Lösungsansätze. Einer stammt von dem deutschen Philosophen Franz Brentano (1838-1917), der nach Žižek das Konzept der Teleiose vorschlug, um Zenons Pfeil-Paradoxon zu lösen. Ein fliegen= der Pfeil befindet sich in jedem Moment seiner Flugbahn an einem bestimmten Ort – wann bewegt er sich also? Die Teleiose stehe, so Žižek, für die virtuelle Orientierung eines aktuellen Punktes. „Stellen wir uns zwei Pfeile an einem bestimmten Zeitpunkt vor, wobei der eine sich in Ruhe befindet un der andere fliegt. Beide nehmen zwar einen bestimmten Ort im Raum ein, aber sie tun es nicht auf dieselbe Weise, weil sich ihre Teleiose unterscheidet – die des ersten Pfeiles ist null, die des zweiten hat dagegen einen positiven Wert (der von seiner Bewegungsgeschwindigkeit abhängt) und eine bestimmte Richtung. Diese Potentialität der Bewegung ist Teil der Wirklichkeit des Objekts, das heißt, wenn wir ein Objekt in seiner ganzen Realität beschreiben wollen, müssen wir seine Teleiose mitberücksichtigen." (Žižek, 2012:1240)

Ein weiterer Ansatz, die Welt als mathematisches Glas= perlenspiel zu betrachten, stammt von Platon (428/27-348-47). Er hat mathematisch-geometrische Bausteine als letzte Grundelemente der Materie angesehen. Seine „platonischen Körper" sind nach dem Dialog „Timaeus" vier unsichtbare Atomtypen, die mathematische Objekte sind, aus denen sich alles zusammenetzt: Tetraeder (Vierflächner), Hexaeder (Sechsflächner = Würfel), Oktaeder (Achtflächner) und Ikosaeder (Zwanzigflächner). Das Feuer bestehe, so Platons Vorstellung, aus Atomen in Tetraederform, die Erde aus

Atomen in Hexaederform, die Luft aus Atomen in Oktaeder=form und das Wasser aus Atomen in Ikosaederform. Nur den Dodekaeder (Zwölfflächner) hat Platon ausgenommen, bei dem jede Fläche eine Pentagramm ist. Er wurde als Kultobjekt mit rätselhafter mythischer Bedeutung betrachtet. In der Grundaussage entsprechen die „platonischen Körper“ der Auffassung, dass die Bausteine unseres Universums mathematische Objekte sind.

Auch Galileo Galilei hat die Mathematik als die Quintessenz des Seins begriffen: Über sein philosophisches Buch „Die Goldwaage“ (1623) schrieb er: „Es ist in der Sprache der Mathematik geschrieben, und deren Buchstaben sind Kreise, Dreiecke und andere geometrische Figuren, ohne die es dem Menschen unmöglich ist, ein einziges Bild davon zu verstehen; ohne diese irrt man in einem dunklen Labyrinth herum.“ Dass die Welt in der Sprache der Mathematik geschrieben sei, erkannte Galilei durch Experimente, die ihm zeigten, dass Körper unabhängig von ihrem Gewicht den Fallgesetzen gehorchen, das heißt, dass sie mit der gleichen Geschwindigkeit und der gleichen Beschleunigung fallen. Isaac Newton hat dann gezeigt, dass dies für die Gravitation im gesamten Sonnensystem gilt. Heute wissen wir, dass die aus der Mathematik abgeleiteten Gesetze im gesamten Weltraum gelten. Der kürzlich mit dem Nobelpreis ausgezeichnete Peter Higgs hat das Higgs-Boson, das der

Materie Masse gibt (sonst würde nichts existieren), 50 Jahre vor dem Nachweis im CERN mathematisch nachgewiesen.

Steckt in der Formel „Alles ist Mathematik" ein mecha= nistisches Weltbild, die Ansicht, dass die Natur wie ein Uhrwerk funktioniert, nach berechenbaren Gesetzen, die freie Entwicklungen überhaupt nicht zulassen? Schon Isac Newton schwebte, beeinflusst von der Astrologie, ein solches mecha= nisches Universum vor - und erst recht Laplace. Der Mathe= matiker, Physiker und Astronom Pierre Simon Marquis de Laplace (1749 – 1827) konstatierte, dass ein Wissenschaftler, dem der Zustand der Welt in einem einzigen Zeitpunkt vollständig bekannt ist, imstande sei, auch alle vorher= gehenden und zukünftigen Zustände zu berechnen. Für Laplace gibt es kein Chaos, keinen Zufall. Sein Determinismus ist das fatalistische Prinzip schlechthin. (Hingst, 2011: 321ff.)

Laplace selbst hat nicht von einem Dämon, sondern von einem „intelligenten Wesen" gesprochen. „Aber in Wirklichkeit handelt es sich um ein Monster", schreibt der österreichische Mathematiker Rudolf Taschner, ein Monster, das „jedes Ereignis bis in die fernste Zukunft voraussagen kann". (Taschner, 2007:76) Es ließe sich, so Laplace, eine Stufe der Naturerkenntnis denken, auf welcher alles Weltgeschehen durch eine mathematische Formel dargestellt werden könnte. 1814, im Jahr des Beginns des Wiener Kongresses und damit der Reaktion in Europa, schrieb Laplace: „Wir müssen also den gegenwärtigen Zustand des Weltalls als die Wirkung eines früheren und als die Ursache des folgenden Zustands betrachten. Eine Intelligenz, welche für einen gegebenen Augenblick alle in der Natur wirkenden Kräfte sowie die gegenseitige Lage der sie zusammensetzenden Elemente kennen würde und überdies umfassend genug wäre, um diese gegebenen Größen der Analyse zu unterwerfen, würde in derselben Formel die Bewegung der größten Weltkörper wie des leichtesten Atoms umschließen. Nichts würde ihr un= gewiss sein und Zukunft wie Vergangenheit würden ihr offen vor Augen liegen." (de Laplace, 1814)

Einmaliges, Chaotisches, Nichtberechenbares, Zu-fälliges hat in diesem Weltbild keinen Platz. Die Gegensätze könnten nicht schärfer auf die Spitze getrieben werden: Der „Laplace'sche Dämon" steht dem Dämon des Sokrates diametral gegenüber. Der eine führt zu totaler Unfreiheit, weil keine Wahlmöglichkeit besteht, der andere zur Freiheit, weil man die Freiheit hat, sich zu entscheiden, selbst wenn es das Leben kostet.

In der Quantenphysik steckt eine Erkenntnis, der den „Laplace'schen Dämon" vom Sockel stößt: Der Zustand eines beobachteten mikrophysikalischen Systems ist grundsätzlich nicht exakt zu bestimmen. Die Heisenberg'sche Unschärfe= relation besagt, dass Ort und Impuls eines Elektrons im Atom gleichzeitig nur ungenau beobachtbar sind. „Kennt man den

Impuls eines Quantenteilchens genau (sein Gewicht, seine Richtung, seine Geschwindigkeit), lässt sich nichts über seinen Aufenthaltsort sagen. Er könnte sonst wo im Uni= versum sein. Gleichermaßen gilt: Kennt man den genauen Ort eines Teilchens, könnte es jeden beliebigen Impuls haben. Deshalb irren Quantenteilchen ständig umher: Je höhe die Temperatur ist, umso heftiger tanzen sie." (Clegg, 2012:159) Wohlgemekt: Das bestimmt nicht der Beobachter. Es gehört zum Wesen eines Quantenteilchens. „Teilchen können aus dem Nichts ins Dasein platzen, kurzfristig existieren und dann wieder verschwinden." (Clegg, 2012:160) Quanten sind Kobolde!

Unser Universum ist kein Laplace-Weltall, in dem alles von Anfang an festgelegt ist und abschnurrt, wie ein Urwerk. Es ist ein Universum, das sich aus unzähligen irrlichternden Quan= ten zusammensetzt. Wir können auf der Ebene dieser Teilchen die zukünftige Entwicklung nicht festlegen, müssen mit Wahrscheinlichkeiten umgehen. „Wir werden nie das Verhalten eines einzelnen Teilchens, geschweige denn des ganzen Universums im Detail vorhersagen können." (Clegg, 2012:279) Die Entwicklung ist nicht festgelegt, sondern frei. An die Stelle der Determiniertheit tritt die Wahrscheinlichkeit, die Möglichkeit. Die Radioakivität hat ein weiteres Element des Zufalls in die Physik gebracht. Niemand kann vorhersagen, wann ein radioaktiver Zerfall stattfinden wird. Die

Halbwertszeit eines Isotops kann nur mit Hilfe der statistischen Wahrscheinlichkeit bestimmt werden.

Nach dem heutigen Stand astronomischen Wissens funk= tioniert der Kosmos nicht wie ein Uhrwerk nach mecha= nischen Gesetzen. Er ist für jede Überraschung gut und zeigt auch chaotische, unberechenbare Strukturen. Die Physiker mussten erkennen, dass auch alles Leben von diesen „Ungesetzmäßigkeiten" regiert wird, die jede Menge Freiheiten offen lassen. Das gilt natürlich auch für den Menschen, der lange Zeit als eine Art Maschine angesehen wurde.

Die Laplace'sche Welterklärung blieb so tot wie eine Maschine ohne Treibstoff, eine Uhr ohne Unruh. Bis heute fehlt den Deterministen die Erklärung des Lebendigen, des Gewachse= nen, des „schöpferischen Zufallselements", wie es Bernulf Kanitscheider, Professor für Philosophie der Naturwis= senschaften an der Justus-Liebig-Universität, im Vorwort zu dem Buch „Chaos: Bausteine der Ordnung" formuliert. (Kanitscheider, 1994:2)

Herausgeber des Buches war der deutsche Chaosforscher Heinz-Otto Peitgen, Professor an der Universität Bremen, der richtigerweise anmerkte, dass der menschliche Organismus zwischen Chaos und Ordnung dahin treibe. (Salzburger Nachrichten, 6. 3. 1993) Beängstigend, dass ein Jahrzehnt zuvor der amerikanische Friedensforscher Alvin Saperstein von der Wayne State University in Michigan, als er das Wettrüsten der Supermächte USA und Sowjetunion unter= suchte, zu dem Ergebnis kam, dass der Unterschied zwischen Krieg und Frieden etwa der gleiche ist wie zwischen Ordnung und Chaos. Der Übergang von Stabilität zu Instabilität, vom Wettrüsten zum Krieg, könne sich analog dem Übergang von einer geordneten zu einer turbulenten Strömung vollziehen. Schon ein geringer Anlass, vergleichbar dem Flügelschlag eines Schmetterlings, könne die Welt ins Chaos stürzen. (Siehe Kapitel „Schmetterling und Wirbelsturm“)

Wer Geschichtsschreibung ohne ideologische Scheuklappen betreiben will, sollte sich zuerst mit Physik und Mathematik beschäftigen. Sie sind für unser Verständnis der Wirklichkeit unerlässlich. Denn die Geschichte dieses Planeten und der ihn bewohnenden Lebewesen, die Geschichte der Menschheit ist untrennbar verbunden mit der Entwicklung des Unive= rsums. Und deren Gesetzmäßigkeiten sind ohne Mathematik und Physik nicht verstehbar. Es unterliegt ohnehin alles der Relativität: Wir sehen die Geschichte von der Gegenwart aus, die sich ständig verwandelt. Die Details tanzen wie die Quanten in einem irrlichternden Reigen. Was bleibt ist die Poesie unserer Welt.

Nicht eine materialistische, sondern um eine geistvoll-materielle Auffassung historischer Phänomene ist angesagt. Dazu ist logischerweise unerlässlich, zunächst das Verhalten der Materie zu studieren. Damit beschäftigt sich gemeinhin die Physik auf mathematischer Grundlage. Dabei ist zu beachten, dass Materie eigentlich aus Teilchen, Quanten, Schwingungen besteht. Um Handgreifliches, Haptisches geht es nur in zweiter Linie. Die Welt des Mikrokosmos ist von der des Makrokosmos auf mysteriöse Weise getrennt. Dieser Gegensatz hat bisher dazu geführt, dass sich die Physiker vergeblich um eine Universaltheorie bemühten. Nach wie vor entzieht sich die Gravitation der Einordnung in ein verein=heitlichtes System. Und die Teilchen spielen dem Beobachter – indem sie zugleich Wellen sind - koboldhafte Streiche: Sie sind zugleich da wie dort. Es spukt in der Physik.

Die Grundlage für dieses Herumgeistern ist nach dem US-amerikansichen Physiker Max Tegmark die Mathematik. „Meine verrückt klingende Überzeugung ist, dass unsere materielle Welt von der Mathematik nicht nur beschrieben wird, sondern dass sie Mathematik ist, was uns zu bewusst=seinsfähigen Elementen eines gigantischen mathematischen Objekts macht." Und: „Unser Universum wurde nicht aus mathematischen Objekten gesschaffen, sondern ist selbst Teil eines einzigen mathematischen Objekts." (Tegmark, 2015:22, 240)

Diese Aussage offenbart eine interessante Beziehung zwischen Mathematik, Physik und menschlichem Geist. Denn: Wer ist es denn, der da zu uns spricht? Ein mathematisches

Konstrukt, die rein physikalisch existierende Materie? Nein, es ist der Geist im Menschen, der Herren eigner Geist. Faust hat es seinem Schüler Wagner ironisch erklärt (Goethe, Faust, 570-579):

Wagner: Verzeiht! es ist ein groß Ergetzen,/Sich in den Geist der Zeiten zu versetzen;/Zu schauen, wie vor uns ein weiser Mann gedacht,/Und wie wir's dann zuletzt so herrlich weit gebracht.

Faust: O ja, bis an die Sterne weit!/Mein Freund, die Zeiten der Vergangenheit/Sind uns ein Buch mit sieben Siegeln./Was ihr den Geist der Zeiten heißt,/Das ist im Grund der Herren eigner Geist,/In dem die Zeiten sich bespiegeln.

Wenn nachher sich der schwarze Pudel als Mephistopheles erweist, nennt ihn Faust „des Chaos wunderlichen Sohn". Da steckt seine christliche Prägung dahinter, die dem Chaos seit Augustinus das Böse zuordnet. Immerhin lässt Goethe den Mephisto das tiefsinnige Wort sagen: „Das erste steht uns frei, beim zweiten sind wir Knechte." Womit wir bei den mathematisch-spirituellen Gundlagen wären, die für manche Physiker die Essenz bilden: Die Welt ist Mathematik.

An den Leser gewandt, schreibt Max Tegmark in seinem 2015 in deutscher Sprache erschienen Buch „Unser mathema= tisches Universum": „Die filmähnliche, subjektive Wirklichkeit, die Sie gerade wahrnehmen, existiert nur in Ihrem Kopf als Teil des Wirklichkeitsmodells Ihres Gehirns. Dazu gehören nicht nur bearbeitete Höhepunkte im Hier und Jetzt, sondern auch eine Ansammlung im Voraus aufgenommener ferner und vergangener Ereignisse, die die Täuschung vom Fluss der Zeit hervorrufen." Dies führe, so Tegmark, „zum sogenannten Maßproblem, einer ernsthaften wissenschaftlichen Krise, die die Fähigkeit der Physik in Frage stellt, überhaupt irgendetwas vorherzusagen." (Tegmark, 2015, 458f.) Wer, wie er, die Hypothese eines Mathematischen Universums vertrete, müs= se voraussetzen, „das der Fluss der Zeit eine Täuschung ist, was auch für den Wandel gilt".

Das Mathematische Universum entspricht nach Tegmark dem Ebene-IV-Multiversum von vier Kathegorien von Paralleluni= versen:

Ebene I: Regionen jenseits unseres kosmischen Horizonts. Dieselben Naturgesetze wie in unserem Universum, aber unterschiedliche Anfangsbedingungen. Annahme: unendlicher Raum. Indiz: Messungen des Mikrowellenhintergrunds weisen auf einen flachen, unendlichen Raum hin.

Ebene II: Postinflationäre Blasen

Ebene III: Die Vielen Welten der Quantenphysik. Vereinheit= lichte Physik

Ebene IV: Mathematische Existenz = materielle Existenz (Äquivalenz)

Viele mathematische Strukturen wie z.B. das Dodekaeder seien nicht komplex genug, um irgendwelche bewusst= seinsfähige Strukturen zu unterstützen, so Tegmark. Und deshalb ähnle das „Ebene-IV-Multiversum wahrscheinlich einer ausgedehnten und größtenteils unbewohnbaren Wüste, in der das Leben auf seltene Oasen beschränkt bleibt." (Tegmark, 2015:465f.) Begriffe wie Anfangsbedingungen, Komplexität und Zufälligkeit würden im Ebene-IV-Multiversum zu bloßen Täuschungen umgedeutet, „die nur im Geiste des Betrachters existieren und nicht in der äußeren, materiellen Welt". (Tegmark, 2015:488)

Nicht erst die neuere Physik hat das Thema aktualisiert, inwiefern der Beobachter (also der Mensch) das Beobachtete (also das Universum) konstituiert, also die Wirklichkeit formt und verändert. Schon der deutsche Philosoph Immanuel Kant (1724-1804) hat postuliert, dass sich der Mensch von Geburt an vorhandener Vorstellungen (Kategorien) bedient, die a priori, vor der Erfahrung, vorhanden sind wie etwa Raum und Zeit. Wenn aber Raum und Zeit nur in unserem Bewusstsein existieren, dann erfahren wir die Welt nur so, wie sie uns erscheint und nicht so, wie sie wirklich ist. Wir können also die Realität niemals erkennen, wie sie unabhängig von uns ist, weil wir selbst ein Teil dieser Realität sind.

Für Kant leitet der Geist nichts von den Erscheinungen ab, sondern konstituiert die Welt von Geburt an nach seinen eigenen Kategorien. Der Kosmos kann für den Menschen nur nach den Strukturen der eigenen Vernunft erscheinen. Die Naturgesetze sind nach Kant nichts anderes als das, was der Forscher zuvor nach seinem eigenen Verstande in die Welt hineingebracht hat. Jenseits dieser Verstandeskategorien ist keine Erkenntnis möglich. Es gibt kein Instrumentarium, womit wir die Gegenstände unabhängig von unserem Erkennt= nisvermögen untersuchen könnten. Kant hat das als die „Kopernikanische Wende“ in seiner Philosophie bezeichnet.

Physiker wie Erwin Schrödinger haben das als „Gespenster= geschichten“ bezeichnet. (Schrödinger, 2012:152f.) Schrödin= ger schreibt in seinem Essay „Was ist Leben?“: „Man sagt mir zum Beispiel, ich könne den Baum da draußen vor meinem Fenster gar nicht wirklich sehen. Durch einen listigen Trick ... werfe der wirkliche Baum ein Bild seiner selbst auf mein Bewußtsein und meine Wahrnehmung betreffe nur dieses Bild. Wenn ein anderer an meiner Seite stehe und den gleichen Baum ansehe, so werde dieser ebenfalls sein Bild auf dessen Seele werfen. Ich sehe meinen Baum und er sieht seinen (dem meinen bemerkenswert ähnlichen Baum), und was der Baum eigentlich an sich ist, wissen wir nicht. Für diese Überspannung ist Kant verantwortlich.“ Letztlich stehe nur ein Baum da und all der Bilderzauber sei „Spiegel fechterei“.

Immerhin hat Kant als erster erkannt, dass das erkennende Subjekt und der beobachtete Objekt aufs engste verbunden sind. Der Philosoph aus Königsberg (heute Hauptstadt der russischen Exklave Kaliningrad) hat in seiner „Kritik der reinen Vernunft“, erschienen 1781, die Frage diskutiert, ob das Universum einen Anfang gehabt habe oder seit jeher existiere. Seine Annahme a priori war, dass die Zeit unendlich weit zurückreiche. Das ist aber nach den weitgehend akzeptierten Ansichten der heutigen Physik nicht der Fall. Zeit und Raum begannen gleichzeitig mit dem „Urknall“, also vor rund 13,8 Milliarden Jahren.

Tegmarks „Mathematisches Universum“ fühlt sich an wie das Nichts der frühen griechischen Philosophen, wie das Nichts des Laotse oder das Nichts in Kasimir Malewitschs Schwarzem Quadrat. (Siehe Kapitel „Im Anfang war das Nichts“) Er schreibt: „Wir bestehen aus Zellen, entstanden aus Molekülen, entstanden aus Atomen, entstanden aus Elementarteilchen, die insofern reine mathematische Strukturen sind, als ihre einzigen Eigenschaften mathematische Eigenschaften sind. Obwohl wir noch nicht wissen, waraus diese Teilchen bestehen, falls sie überhaupt aus irgendetwas bestehen sollten, weisen die Stringtheorie und ihre führenden Konkurrenten darauf hin, dass noch weitere grundlegende Bausteine ebenfalls rein mathematisch sind. In diesem Sinn endeten unsere beiden in entgegengesetzte Richtungen – ins Große beziehungweise ins Kleine – aufbrechenden intellektuellen Expeditionen am selben Ort, nämlich im Bereich der mathematischen Sturkturen." (Tegmark, 2015:516)

Quasi aus einer der Mathematik und Physik direkt entsprungenen Dialektik heraus entwirft Tegmark eine Definition des Sinns, welche zu Recht den Menschen in den Mittelpunkt stellt: „Durch uns Menschen und eventuell auch durch andere Lebensformen hat unser Universum ein Bewusstsein seiner selbst erlangt, und wir Menschen haben den Sinn-Begriff geschaffen. Dergestalt also gibt unser Universum dem Leben zwar keinen Sinn, aber das Leben gibt dem Universum Sinn." (Tegmark, 2015:564)

Es wäre ästhetisch bezaubernd, aber ziemlich langweilig, wenn die Welt nur Mathematik wäre. Dann wäre alles vorhersehbar, weil berechenbar. Dann müsste der Mensch nur ausreichend große und rechenstarke Coputer anschaffen und in Dienst nehmen. Das Gegenbild hat Robert B. Laughlin entworfen: „In der Welt, die wir tatsächlich bewohnen, gibt es eine Fülle dunkler Gesetze, und diese zerstören die Vorhersagekraft, indem sie Fehler verschärfen und dafür sorgen, dass gemessene Größen äußerst empfindlich gegenüber unkontrollierbaren äußeren Faktoren werden." (Laughlin, 2007:306)

Naturkonstanten

Nach dem heutigen Stand der Physik wird das Universum von vier Grundkräften beherrscht: von der elektromagnetischen Kraft, welche die Elektronen an den Atomkern bindet, der starken Kraft, die den Atomkern zusammenhält, von der schwachen Kraft, die eng mit der elektromagnetischen Kraft verwandt ist, sich aber nur im radioaktiven Zerfall äußert, und von der Schwerkraft oder Gravitation, die etwa 10^{36} mal schwächer ist als die elektromagnetische Wechselwirkung.

Für die Gravitation als kosmisches Prinzip gilt nach wie vor Einsteins Allgemeine Relativitätstheorie. Für die drei Grundkräfte der atomaren und subatomaren Ebene die Quantentheorie. Es ist ein ungelöstes Problem der Physik, dass die beiden unterschiedlichen Aspekte des Universums nicht vereinbar sind. „Die Quantentheorie, Einsteins Albtraum, steht hier der Relativität, seinem Geisteskind, gegenüber." (Clegg, 2012:215) Entscheidende Fragen sind noch immer nicht beantwortet: Was war vor dem Urknall? Was war die „Singularität"? Warum waren da nicht alle Kräfte zu einer einzigen „Superkraft" verschmolzen?

An Erklärungsversuchen fehlt es nicht: In der M-Theorie (M für Matrix, Membran; siehe Kapitel „Urkräfte") etwa, die auf der String-Theorie aufbaut, ist der Ausgangspunkt ein Universum von mehr als vier Dimensionen (drei Raum- plus eine Zeit-Dimension), die wir begreifen können. Die M-Theorie, welche mathematisch abgeleitet ist, fordert elf Dimensionen! Unmöglich vorstellbar. In der Mathematik, schreib Brian Clegg, sind Dimensionen lediglich Zahlreihen. „Für Mathematiker ist es genauso einfach, mit einer Milliarde Dimensionen zu hantieren wie mit drei Dimensionen (auch wenn es dabei natürlich um wesentlich mehr Zahlen geht)." (Clegg, 2012:220f.) Deutlich wird hier ein Dilemma sichtbar: Vorstellungskraft und Berechenbarkeit sind zweierlei. Da nützt es auch nichts, wenn man sich vorstellt, jede neue Dimension stehe im rechten Winkel auf die vorhergehende und die meisten Dimensionen seien sehr klein und „eingerollt". Wären sie nicht kleiner als ein Atom, so Clegg, „würden sie stets in die zusätzlichen Dimensionen abtreiben und verschwinden". (Clegg, 2012:222) Eine mathematische Abstraktion, Nichtmathematikern unzugänglich. Ein Buch mit sieben Siegeln.

Max Tegmark postuliert, dass das ganze Universum Mathematik ist. Er untermauert das unter anderem mit den Naturkonstanten, von denen er 32 in seinem Buch „Unser mathematisches Universum" angibt. (Tegmark, 2015:366f.) Da gibt es z.B. eine schwache Kopplungskonstante g mit einem gemessenen Wert von 0,6520 ± 0,0001 oder eine starke Kopplungskonstante g_1 mit einem gemessenen Wert von 1,220 ± 0,004 (vgl. Fritzsch, 2005:222) und die Plancksche

Konstante h, welche die kleinste Wirkung beschreibt. (Siehe Kapitel „Im Anfang war das Nichts“ und „Expansion“) Sie kommt in all seinen Formeln vor: In seiner Planck-Masse, seiner Elementarlänge und seiner Elementarzeit. (Siehe Fritzsch, 2005:31) Der deutsche Physiker Harald Fritzsch, in den 70er Jahren Mitarbeiter von Murray Gell-Mann, kommt auf 27 Naturkonstanten, allerdings nach dem Stand von 2005. (Fritzsch, 2005:206) In seinem Buch „Das absolut Unver= änderliche“ schreibt er: „Die Naturkonstanten drücken ein tiefes Wissen über das Universum aus. Sie kennzeichnen unser Universum. Sie sagen uns, dass in anderen Regionen des Universums ähnliche Gesetze gelten wie in unserem Teil. Andere Universen, die es geben mag, könnten allerdings andere Naturkonstanten haben.“ (Fritzsch, 2005:16; siehe Kapitel „Unendlich viele Welten“) Leben, so Fritzsch, sei in unserem Universum nur möglich, wenn die Naturkonstanten ganz bestimmte Werte haben. Und das sind genau die, die wir vorfinden.

Fritzsch, geboren 1943 im ostdeutschen Zwickau, hat ein abenteuerliches Leben hinter sich. 1968 flüchtete er aus der DDR, da er sich politisch gegen das kommunistische Regime engagierte und ins Visier der Stasi geraten war. Ihm drohten zehn Jahre Zuchthaus. (Fritzsch, 2005:140) Er floh mit einem Freund in einem Faltboot über das Schwarze Meer, vom bulgarischen Varna in die Türkei, und arbeitete dann auf Vermittlung der CIA in den USA.

Die Naturkonstanten ergeben sich aus der geheimnisvollen Struktur des Universums, aus seiner elementaren Zusam= mensetzung, aus der Beschaffenheit der kleinsten Einheiten, aus denen alles besteht, den Quanten, aus den kristallinen Einheiten, dem Prinzip der Wechselwirkungen und aus den Schlüssel-Schloss-Systemen. Vielfach tappen allerdings die Wissenschaftler noch im Dunkel: „Die Naturkonstanten stellen eines der tiefsten Rätsel des Universums dar. Wo kommen sie her? Sind sie wirlich absolut konstant? Sind sie überall gleich? Hängen sie miteinander zusammen? Zum heutigen Zeitpunkt können keine hieb- und stichfesten Antworten auf diese Fragen gegeben werden.“ (Fritzsch, 2005:19)

Die Stärke der elektromagnetischen Wechselwirkung ist eine Naturkonstante, ebenso wie die Gravitation G, die vier Dimensionen der Raumzeit und die Lichtgeschwindigkeit c. Die Naturkonstante α wurde 1916 vom deutschen Physiker Arnold Sommerfeld (1868 – 1951) zur Beschreibung der Aufspaltung (Feinstruktur) von Spektrallinien im Spektrum des Wasserstoffatoms eingeführt und wird Feinstrukturkonstante genannt. Sie beschreibt die Wahrscheinlichkeit, mit der ein Austauschteilchen der elektromagnetischen Wechselwirkung, ein Photon, an ein elektrisch geladenes Elementarteilchen, zum Beispiel ein Elektron, ankoppelt. Die Elektronen, die den Atomkern unberechenbar umschwirren, sind negativ geladene Teilchen, die durch den Austausch von Photonen wechselseitig aufeinander einwirken. Damit bestimmt die

Feinstrukturkonstante z. B. die Rate der Lichtemission und die Stärke der abstoßenden oder anziehenden Kräfte zwischen elektrisch geladenen Teilchen.

Sommerfeld leistete einen wesentlichen Beitrag zur frühen Quantenphysik. Er war auch einer der ersten Physiker, die Albert Einsteins Spezielle Relativitätstheorie anwendeten und durchzusetzten. Im Rahmen der Erweiterung des Bohrschen Atommodells konnte Sommerfeld die Feinstrukturrkonstante α berechnen, welche die Stärke der elektromagnetischen Wechselwirkung angibt, die Wechselwirkung zwischen Photonen und Elektronen: $\alpha = 7{,}2873525664(17).10^{-3}$ = rund 1/137,036. Fritzsch legt zur Konstante α noch eine Reihe weiterer interessanter Details vor: Sie dominiere „gewisser= maßen die gesamte Atomphysik“ (Fritzsch, 2005:33)

Für den aus Österreich stammenden Physiker Wolfgang Pauli blieb die Sommerfeldsche Feinstrukturkonstante immer ein großes Rätsel. Die Zahl 137 und ihr Platz auf der Skala des Universums, schreibt der amerikanische Physiker F. D. Peat in seinem Buch „Synchronizität“ (Peat, 1989), habe Pauli immer „verwirrt“, ihr Geheimnis habe ihn bis an sein Lebensende beschäftigt. Er hatte nämlich entdeckt, dass 137 die Zahl des hebräischen Wortes Kabbala ist. 1/137, die Sommerfeldsche Feinstrukturkonstante, ist ihr Kehrwert. Als Pauli 1958 ins Kantonsspital in Zürich eingeliefert wurde, sagte man ihm, er werde in Zimmer 137 kommen. Paulis Antwort: „Hier komme ich nie wieder raus!“ Wenig später war er tot. Er starb nach einem turbulenten Leben an Pankreas-Krebs.

Wolfgang Ernst Pauli (1900-1958; siehe Kapitel „Quanten= mechanik“ und „Einsteins Spuk“) zählt zu den bedeutendsten Physikern des 20. Jahrhunderts. Seinen zweiten Vornamen erhielt er nach seinem Patenonkel Ernst Mach. 1925 formulierte er das später nach ihm benannte Pauli-Prinzip, die quantentheoretische Erklärung des Atomaufbaus. (Siehe Kapitel „Quantenmechanik“) Pauli wurde in Wien als Sohn eines Arztes und Universitätsprofessors für Kolloidchemie Wolfgang Josef Pauli (1869–1955) geboren, der aus einer jüdischen Prager Verleger-Familie stammte. Sein ur= sprünglicher Name war Wolf Pascheles. Seine Mutter Berta war Journalistin und Frauenrechtlerin.

Seit 1928 arbeitete Pauli an der ETH Zürich, ab 1935 immer wieder in den USA, vor allem in Princeton, von wo er 1940, während des Zweiten Weltkriegs, in die Schweiz zurückkehrte. Dort wurde sein Einbürgerungsantrag mit der Begründung abgelehnt, er sei nicht assimilationsfähig. Es wurde ihm empfohlen, in die USA zu gehen. So blieb Pauli ein Wanderer zwischen den Welten, erhielt aber nach dem Krieg die Schweizer Staatsbürgerschaft.

Wolfgang Pauli gelang 1925 die Deutung der periodischen Elementanordnung (die auf D. I. Mendelejew und L. Meyer zurückgeht) aufgrund der Elektronenzustände im Atom, wofür er 1945 den Nobelpreis erhielt. Pauli sagte auch die Existenz der Neutrinos voraus, bevor sie tatsächlich nachgewiesen wurden. (Pietschmann, 2007) Sie haben keine Masse und sind so winzig, dass sie jede Materie spielend und so gut wie ohne Karambolage durcheilen.

Pauli war in den 1930er Jahren bei seinem Freund C. G. Jung aufgrund von Beziehungs- und Alkoholproblemen in psychoanalytischer Behandlung, in der es vor allem um die Deutung seiner Traum-Archetypen ging. Nach dem Krieg nahm Pauli den Dialog mit Jung wieder auf. Er war, wie dieser, an Alchemie interessiert und hatte enge wissen=schaftliche Kontakte zur Jung-Schülerin Marie-Louise von Franz, die zeitweise seine Psychoanalytikerin war.

Im Briefwechsel der beiden Forscher während der Jahre von 1932 bis 1958 (Meier, 1992) wird deutlich, dass Wolfgang Pauli großen Anteil an der Konzeption des Begriffes Synchronizität hatte. Weiters war er an der Entwicklung der Begriffe „Kollektives Unbewusstes“ und „Archetypen“ beteiligt. So schrieb Pauli einen Aufsatz über den Einfluss archetypischer Vorstellungen bei Kepler. (Pauli, 1952) Insgesamt ging es ihm um eine existentielle Ausein=andersetzung mit dem archetypischen „Geist der Materie“. (Erkelens, 2002)

Zu der ominösen Alpha-Konstante zitiert Fritzsch Richard Feynman: „Die Zahl 137 ist eines der größten und ver= dammten Mysterien in der Physik: eine magische Zahl, die zu uns kommt, ohne dass sie jemand versteht. Man könnte sagen, die Zahl wurde von Gott geschrieben, um uns zum Narren zu halten." Jeder Physiker solle sie in seinem Büro auf eine Tafel schreiben, um daran zu erinnern, wie wenig wir wissen. Die Konstante Alpha sei durch die Zusammenführung von Relativitätstheorie, Quantentheorie und Elektrodynamik entstanden und durch $4\pi e^2/\hbar c$ gegeben. In ihr komme die elektrische Ladung e vor, die Konstante h der Quantentheorie und c als die grundlegende Konstante der Relativitätstheorie, die Lichtgeschwindigkeit. Alpha sei eine reine Zahl, besitze keine Dimension wie Meter oder Sekunde. Sie müsse experimentell ermittelt werden. „Wäre α nur ein wenig kleiner als beobachtet, so würden beispielsweise viele komplexe Moleküle gar nicht als stabile Systeme existieren, was kaum absehbare Folgen etwa für die Biologie haben würde." (Fritzsch, 2005:51) Da α mit 0,0073 eine recht kleine Zahl sei, so Fritzsch, bedeute das auch, dass die elektromagnetische Wechselwirkung recht schwach ist. Das gelte in noch höherem Maße für die Gravitation.

Letztlich sind die Atome selbst Naturkonstanten in unserem Universum. Ihre Größe ist vorgegeben und wird durch die Quantenphysik beschrieben. Sie sind ein Element der Stabilität in der Natur. Die Tendenz der Natur, trotz ständiger

Änderungen letztlich immer wieder dieselben Formen hervozubringen, sei es in der Atomphysik, in der Chemie oder in der Biologie, läßt sich nur im Rahmen der Quantenphysik verstehen. Dementsprechend mystisch ist Einsteins 1917 zur Stabilisierung seiner Relativitätstheorie postulierte Kosmolo=gische Konstante, die er selbst als seine „größte Eselei“ bezeichnet hat. Sie erlebt heute eine Renaissance. „Sie gibt an, wieviel unsichtbare Dunkle Energie den Raum erfüllt.“ (Greene, 2012:161, 179) Dabei wusste Einstein noch gar nichts von Dunkler Energie.

Eine Konstante fehlt noch: Die Feigenbaum-Konstante. Sie ist die Grundlage der modernen Chaostheorie und besagt, dass das Verhältnis der Differenz zwischen den Werten aufein=anderfolgender Periodenverdopplungen eine Konstante von 4,6692016090... aufweist. (‚Siehe Kapitel „Apfelmännchen“) Die Welt besteht eben nicht nur aus Ordnung, sondern auch aus Chaos. Aber auch dieses lässt sich Mathematisch beschreiben. Ist die Welt also doch Mathematik?

Die seltsame Welt der Physik

Urkräfte

Es werden vier Wechselwirkungen unterschieden: Gravitation, elektromagnetische Kraft (Atomkern – Elektronen), schwache Wechselwirkung (Radioaktivität) und starke Wechselwirkung (Gluonenkraft, Kernkraft oder Farbkraft, von to glue = kleben), welche die Quarks zusammenhält.

Nach Einstein ist die Gravitation eine Delle in der Raumzeit. Gemäß seiner Allgemeinen Relativitätstheorie wirkt die Gravi= tation durch eine Krümmung der vierdimensionalen Raumzeit. Bleibt nur die Frage, wie sie vermittelt wird. Wer sind die Träger der Gravitation? Die hypothetische Antwort lautet: Gravitonen. Die sind freilich experimentell noch nicht nachgewiesen worden. Wie die Photonen sollen sie masselos sein und sich mit Lichtgeschwindigkeit ausbreiten. Man nimmt an, dass Gravitonen nur aus Teilchen gleicher Ladung bestehen, da die Gravitation immer anziehend wirkt. Warum aber stoßen sie sich dann nicht ab?

Eine Quantisierung wird durch den Umstand erschwert, dass die Gravitation im Gegensatz zu allen anderen bekannten Strahlungen nicht abschirmbar ist und nach dem Prinzip der gekrümmten Raumzeit auf alle Massen wirkt, egal wo sie sich im Universum befinden. So ziehen sich weit voneinander entfernte Objekte auch dann gegenseitig an, wenn sich etwas zwischen ihnen befindet. Auch ist keine kleinste Menge Gravitation nachzuweisen, sie nimmt anscheinend beliebig kleine Werte an und sogar Elementarteilchen unterliegen ihr.

Die Wirkung des Gravitationspotentials auf die quanten=mechanischen Phase der Wellenfunktion wurde 1975 durch ein Interferenzexperiment an freien Neutronen nachgewiesen. (Colella et al., 1975) Die Wellenfunktion und Energie von Neutronen, die einen im Gravitationsfeld gebundenen Zustand besetzen, konnte 2012 gemessen werden. (Abele, Leeb, 2012) In beiden Fällen bestätigen die Messergebnisse die aufgrund der Quantenmechanik berechneten Voraussagen.

Bei der ebenfalls hypothetischen Theorie der Quanten=gravitation, der Stringtheorie, ist die Existenz eines Gravitons Voraussetzung. Sie wurde aber bisher nicht so weit entwickelt, dass sie experimentell getestet werden konnnte. So ist die Frage nach der Existenz eines Teilchens, das die Gravitationskraft trägt, weiter offen. Ermutigend ist: Im Rahmen der am 11. Februar 2016 bekanntgegebenen direk=

ten Messung von Gravitationswellen (siehe Kapitel „Kosmi= sche Hintgergrundstrahlung“) durch B. P. Abbott und andere konnte die Compton-Wellenlänge (Vergrößerung der Wellen= länge an einem Teilchen durch Streuung) erstmals einge= schränkt werden. (Abbott et al., 2016)

Im Rahmen der vereinigten Superstringtheorien, der M-Theorie (siehe Kapitel „Naturkonstanten“), wird das Universum als elfdimensionale Mannigfaltigkeit beschrieben. Dabei stellt der Teil des Universums, in welchem wir existieren, eine höherdimensionale Membran dar, die selbst in eine noch höherdimensionalere Mannigfaltigkeit eingebettet ist, in der noch weitere Branen schwingen könnten und somit parallele Raumzeiten innerhalb desselben Universums darstellen. Ein Bran ist die elementare Einheit der M-Theorie, in der die Gravitonen als geschlossene Strings dargestellt werden, die nicht an die Grenzen einer Brane gebunden sind. Daher sind sie in der Lage, sich durch alle zusätzlichen Raumdi= mensionen auszubreiten und auch in andere Branen zu gelangen. Auf diese Weise wird die Stärke der Gravitation hinreichend abgeschwächt, so dass sie im Rahmen unserer vierdimensionalen Erfahrungswelt als die schwächste der vier Wechselwirkungen erscheint.

Erst durch die Arbeiten des englischen Physikers James Chadwick (1891-1974) – für die Entdeckung der Neutronen im Atomkern 1932 erhielt er drei Jahre später den Nobelpreis –

war der innere Aufbau der Atome klar geworden. Damit entstand das heutige Atommodell: Der Atomkern ist zusammengesetzt aus so vielen Protonen wie die Ordnungs= zahl angibt, und zusätzlich so vielen Neutronen, dass die betreffende Isotopenmasse erreicht wird. Die Atomhülle des neutralen Atoms besteht aus so vielen Elektronen wie es im Kern Protonen gibt.

Damit war aber die Auffächerung des Atoms in immer noch kleinere Einheiten noch nicht beendet. Friedman, Kendall und Taylor konnten mit dem 1966 gebauten damals weltgrößten Elektronenbeschleuniger, dem Stanford Linear Accelerator Center (SLAC) nachweisen, „dass die Protonen und Neutronen aus kleineren, im wesentlichen punktförmigen Teilchen augebaut sind". (Guth, 2002:205; Fritzsch, 2005:274ff.) Das geschah im Jahre 1967, dem Revolutionsjahr der Physik! Die drei Physiker erhielten 1990 für die experimentelle Bestätigung des Quark-Modells den Nobelpreis für Physik. (Friedman, Kendall, Taylor, 1967) Jerome Isaac Friedman, Sohn russischstämmiger Einwanderer, wollte zunächst Kunst studieren und hatte schon ein Stipendium, wechselte dann aber zur Physik. 1957 schloss er sich wie Taylor und Kendall einer Gruppe am SLAC an. Henry W. Kendall (1926-1999) arbeitete vor allem am Massachusetts Institute of Technology (MIT) und Edwar Richard Taylor an der Stanford University. Ihre Bahnbrechende Leistung war die Bestätigung der Quark-Theorie von Gell-Mann.

Quarks sind die kleinsten Bausteine, die bis heute entdeckt wurden. Sie haben zwar Masse, aber kein nachweisbares Eigenvolumen. Die Vorstellung von Quarks wurde Anfang der 1960er Jahre unabhängig voneinander durch André Petermann, Murray Gell-Mann und George Zweig entwickelt und schematisiert. Gell-Mann, US-amerikanischer Physiker, geboren 1929, schlug 1961 ein phänomenologisches Modell zur Klassifikation der Hadronen vor, das er zunächst entsprechend dem Edlen Achtfachen Pfad im Buddhismus „Eightfold Way“ nannte, da die Zahl 8 in dem Modell eine zentrale Rolle spielt. Buddha hat dem Erleuchtung Suchenden einen achtfachen Weg gewiesen: rechte Erkenntnis, rechte Gesinnung, rechte Rede, rechtes Handeln, rechter Lebenswandel, rechtes Streben, rechte Achtsamkeit, rechte Sammlung. 1964 entwickelten Gell-Mann in diesem Geiste das Quark-Modell. (Gell-Mann, 1964) 1969 erhielt er den Nobelpreis für Physik „für seine Beiträge und Entdeckungen betreffend der Klassifizierung der Elementarteilchen und deren Wechselwirkungen“.

Gell-Mann prägte den Ausdruck Quark nach dem Satz „Three quarks for Muster Mark“ aus dem Roman „Finnegans Wake“ von James Joyce. Der hatte nach glaubhaften Berichten das Wort „Quark“ auf der Durchreise durch Deutschland in Freiburg im Breisgau gehört, als Marktfrauen auf einem Bauernmarkt ihre Milchprodukte anpriesen. Nach dem Autor Arno Schmidt soll er Quark lautmalerisch einem Möwenschrei nachgebildet haben, der sich auf „König Marke“ reimt. (Fritzsch, 2007:99) Gell-Mann hatte neben linguistischen auch ornithologische Interessen.

Zunächst dachte Gell-Mann, die Quarks seien nur mathematische Symbole. Dann aber änderte sich durch die Elektronenbeschleuniger das Bild und man erkannte, dass sich im Inneren der AtomKerne tatsächlich harte, anscheinend punktförmige geladene Objekte befinden: die Quarks eben, „Punkte, also Singularitäten im Raum, die mit Kraftfeldern ausgestattet sind“. (Fritzsch, 2005:188) Sie erhielten in den Beschleunigern harte Stöße, blieben aber intakt. Offenbar waren die Kräfte zwischen den Quarks so stark, dass es nicht möglich war, sie zu trennen. (Fritzsch, 2005:103f.) Elektronen und Quarks befinden sich auf derselben Stufe der Elementarität.

Nach Max Tegmark sind die Quarks „womöglich schwingende Strings (Fäden)“. (Tegmark 2015:239, Abb. 7.1) Strings wiederum sind nach der Superstringtheorie fundamentale Objekte mit eindimensionaler räumlicher Ausdehnung. Das steht im Gegensatz zu den gewohnten Modellen der Quan=tenfeldtheorie, die von nulldimensionalen Teilchen ausgehen. Die Stringtheorien wurden in den 1960er Jahren zur Beschreibung der starken Wechselwirkung angewendet, wobei die Gluonen als räumlich ausgedehnte Saiten zwischen den Quarks aufgefasst wurden. Ob es sich bei der

Stringtheorie überhaupt um eine wissenschaftliche Theorie handelt, die falsifizierbare experimentelle Voraussagen machen kann, ist nicht geklärt. (Nach der Wissen= schaftstheroie von Karl Popper nimmt die Falsifizierbarkeit einer Theorie oder Hypothese eine zentrale Rolle ein, um die richtigen Lehren aus falschen Schlüssen zu ziehen.) Nach der Superstringtheorie bilden „extrem kleine, fadenähnliche Objekte die fundamentalen Bausteine, die eine Länge von typischerweise 10^{-33} Zentimetern und eine effektive Dicke von Null haben". (Guth, 2002:218f. Anmerkung)

Durch die Erforschung der Quarks wurde in den siebziger Jahren das Standardmodell der Teilchenphysik ermöglicht, das drei der vier Fundamentalkräfte erklärt. Da die vierte, die Graviation, im subatomaren Bereich nicht einmal messbar ist, ergibt sich eine wechselseitige Unvereinbarkeit von Mikro- und Makrowelt. „Auf einer größeren Skala ist die Schwerkraft natürlich äußerst wichtig, aber die Quanteneffekte lassen sich in dieser Größenordnung vollständig vernachlässigen, so dass die klassische Beschreibung der Allgemeinen Relativi= tätstheorie völlig ausreichend ist." (Guth, 2002:214)

Schon 1963 hatte der Schweizer Physiker André Petermann (1922-2011) die Existenz der Quarks nachgewiesen (veröffentlicht 1965). 1964 entwickelte der Physiker Murray Gell-Mann die gleiche Annahme. Für die Strukturierung des „Teilchen-Zoos" mittels der Quarks erhielt er 1969 den

Nobelpreis für Physik. Unabhängig davon entwickelte George Zweig am CERN in Genf ein ähnliches Modell. Die Veröffentlichung seiner Manuskripte scheiterte jedoch am Widerstand seiner Vorgesetzten. Wissenschaft zeigt mitunter allzu menschliche Schwächen. Die Tatsache, dass bislang noch keine freien Quarks beobachtet werden konnten, stellt eines der größten ungelösten Probleme der Teilchenphysik dar. Dieses „Confinement" genannte Phänomen ist eines der Millennium-Probleme mit einer Liste bisher ungelöster Fragen der Mathematik.

Es ist schon merkwürdig, dass sich die vertiefte Erforschung des Atoms immer mehr im Geisterhaften verliert. Oder was heißt es sonst, wenn herauskommt, dass Quarks punktförmige Teilchen sind? Sie werden sogar nochmals unterteilt in die Kathegorien up, down, charm, strange, top, bottom. Und auch die Elektronen entwickelten im Licht der Forschung ein nicht weniger geisterhaftes Leben. Sie sind, ebenso wie die Quarks, „punktförmige Objekte" (Fritzsch, 2005:161). Unter bestimm= ten Umständen springen sie aus ihren Schalen und wieder zurück, wobei sie Lichtquanten abgeben. Diesen „Quanten= sprung" hat Niels Bohr erstmals 1913 beschrieben. (Macrone, 2004:130)

Penibel teilen die Physiker den „Teilchenzoo" in folgende Generationen der Materie ein: Leptonen (Elektronen, Neutrinos; abgeleitet von griechisch *leptós* ‚dünn', ‚klein',

‚fein'), Eichbosonen (Photonen, Gluonen, Z-Bosonen, W-Bosonen) und Higgs-Teilchen. Hinzu kommen die Hadronen (von altgriechisch *hadrós* ‚dick', ‚stark'), die von der starken Wechselwirkung zusammengehalten werden. Die bekannte= sten Hadronen sind die Nukleonen (Protonen und Neutronen) in den Atomkernen. Die Bezeichnung Hadronen wurde 1962 vom russischen Physiker Lew Borissowitsch Okun (1929-2015) eingeführt. Alle zusammen bilden sie eine Klasse von Elementarteilchen, welche die fundamentalen Bausteine bilden, aus denen sich die Materie zusammensetzt.

Das Higgs-Boson wurde 2012 im CERN nachgewiesen. Es verleiht allen anderen Teilchen Masse und ist nach dem britischen Physiker Peter Higgs benannt. Bevor das Higgs-Boson unter enormem Enegieaufwand gefunden wurde, war der Verdacht aufgekommen, es könnten Schwarze Nano-Löcher entstehen. Brian Clegg hat dazu in britischem Understatement geschrieben: „Sollten sie auftauchen, werden sie großes Interesse an der Existenz anderer Universen in der Reichweite unseres eigenen Universums erregen." (Clegg, 2012:773) Die Higgs-Teilchen sind offenbar Wunderwerke der Ausgewogenheit in der Natur: Wäre der Erwartungswert im Higgs-Vakuum relativ zum beobachteten Wert (Paramenter) nicht so fein abgestimmt, würde unser Universum nicht existieren: „Er ist um ungefähr 16 Größenordnungen kleiner, als man es normalerweise erwarten würde. Verändert man ihn jedoch um nur ein Prozent nach oben oder nach unten, reduziert er auf dramatische Weise die von Sternen produzierte Menge von Kohlenstoff oder Sauerstoff. Erhöht man den Parameter um 18%, wird die Verschmelzung von Wasserstoff zu beliebigen Atomen in Sternen radikal verringert. Reduziert man ihn um 34%, zerfallen Wasserstoffatome in Neutronen, während ihre Protonen ihre Elektronen verschlingen. Bei einer fünffachen Reduzierung zerfallen selbst einzelne Protonen in Neutronen und führen zu einem Universum mit überhaupt keinen Atomen." (Tegmark, 2015:508 f.)

Alan Guth hat sehr schön formuliert, dass wir uns auf die Enthüllung der allerletzten Naturgesetze zubewegen. (Guth, 2002:215) 2016 gelang der Beweis, dass Einstein auch mit seiner Vorhersage von Gravitationswellen recht hatte. Egal ob im Mikrokosmos oder im Makrokosmos: Es offenbart sich eine Schönheit der Natur, die uns in grenzenloses Erstaunen versetzten kann.

Quantenmechanik

Die Notwendigkeit der Quantenphysik resultiert aus dem Verhalten von subatomaren Teilchen (Quanten). Definition: Quanten sind die kleinsten bisher bekannten Objekte der

Materie, die nicht weiter teilbar sind. Es gibt zwei Arten von Quanten: die Fermionen und die Bosonen. Die Quanten=mechanik erklärt, dass sowohl die Materie als auch die Kräfte auf Objekte rückführbar sind, die Elementarteilchen genannt werden. Diese Objekte haben stets sowohl Wellen- als auch Teilchencharakter. Die Materieteilchen heißen Fermionen, die Kraftfelder-Quanten Bosonen.

Es gibt zwei Arten von Fermionen, die Leptonen und die Quarks. Sie weisen jeweils zwei Ladungszustände auf: nega=tiv und neutral für Leptonen und ein Drittel negativ und zwei Drittel positiv für Quarks. Die Leptonen in der Atomhülle sind Elektronen (minus), Elektron-Neutrinos (neutral). Die Lepto=nen im Atomkern sind Neutronen (neutral) und Protonen (plus). Die Protonen bestehen aus 2 Up/1 Down-Quarks, die Neutronen aus 1 Up/2 Down-Quarks. Bei Teilchenkollisionen im CERN bei Genf entstehen exotische Teilchen, die instabil sind und in Bruchteilen von Sekunden zerfallen. Auch die exotischen Teilchen bestehen teilweise aus Quarks. Das kürzlich entdeckte Higgs-Boson stattet andere Teilchen mit Masse aus. Außer dem Higgs-Boson hat man noch weitere „geisterhafte Teilchen entdeckt, die Elektron-Neutrinos, Myon-Neutrionos und Tau-Neutrinos genannt werden". (Tegmark, 2015:244)

Während die Atomkerne im Lauf des letzten Jahrhunderts auf immer kleinere Teilchen zurückgeführt werden konnten, ist dies bei den Elektronen nicht der Fall: „Elektronen zeigen immer noch keine Anzeichen, aus etwas noch Kleinerem zu bestehen, obwohl sie im CERN-Labor schon mit 99,999999999% der Lichtgeschwindigkeit aufeinandergeprallt sind.“ (Tegmark, 2015:243)

In der klassischen Physik und nach dem sogenannten „gesunden Menschenverstand“ ist es unvorstellbar, dass zwei Objekte am selben Ort sein könnten oder dass sich einunddasselbe Objekt an zwei verschiedenen Orten aufhalten kann. In der Quantenmechanik ist das sehr wohl möglich. Der Ort eines Teilchens, zum Beispiel eines Elektrons in einem Atom, kann nicht auf einem Punkt genau angegeben werden. Vielmehr kann man nur einen ausgedehnten Bereich angeben, das Orbital, in dem man das Teilchen mit einer gewissen Wahrscheinlichkeit antreffen kann. Diese Bereiche verschiedener Elektronen können sich überlappen, so dass sich tatsächlich mehrere Teilchen im selben Bereich aufhalten können.

Ein Orbital gibt in den quantenmechanischen Modellen der Atome die räumliche Wellenfunktion eines einzelnen Elektrons an und wird mit ψ (psi) bezeichnet. In den älteren Atom= modellen von Niels Bohr (1913) und Arnold Sommerfeld (1916) beschreibt ein Orbital eine genaue Elektronenbahn – ähnlich der Bahn eines Planeten um die Sonne. Diese Modelle wurden in der Quantenmechanik zugunsten einer diffusen

Verteilung der Aufenthaltswahrscheinlichkeit des Elektrons aufgegeben, die in Kugel-, Ring- und Keulenform dargestellt werden.

In einem Orbital können sich immer genau zwei Elektronen aufhalten, eines mit einem up- und eines mit einem down-Spin. Es existieren vier verschiedene Orbitaltypen: das s-, das p-, das d- und das f-Orbital (Gray, 2015:12) nach denen die Elektronen schwingen. Es gibt nur ein s-Orbital. Wasserstoff (H) hat nur ein Elektron, das im 1-s-Orbital sitzt. Helium (He) hat zwei Elektronen, die beide ins 1-s-Orbital passen. Lithium (Li) hat drei Elektronen. Da das 1-s-Orbital mit zwei Elektronen schon gefüllt ist, muss das dritte Elektron in das 2-s-Oribtal mit höherer Energie wandern. So werden die Orbitale eins nach dem anderen gefüllt.

Das Periodensystem der Elemente ist auf sieben „Schalen“ aufgebaut, in denen sich die Elektronen befinden. Die Schalen können nach der Reihe von Wasserstoff und Helium beginnend 2, 8, 8, 18, 18, 32 und 32 Elektronen aufnehmen.

Die Quantenzahlen geben alle Bewegungseigenschaften des Elektrons an: das Orbital, den Drehimpuls (Stärke der Drehung) und den Spin (Eigendrehimpuls). Das Prinzip, nach dem sich zwei Elektronen in mindestens einer Quantenzahl unterscheiden müssen, heißt Ausschließungsprinzip oder – nach dem schweizerisch-amerikanischen Physiker öster=

reichischer Herkunft Wolfgang Pauli (1900-1958; siehe Kapitel „Naturkonstanten“), der es 1924 entdeckt hat - Pauli-Prinzip. Danach ist die Materie aus Teilchen aufgebaut, die die Eigenschaft haben, nicht gemeinsam im selben Zustand sein zu können. Dieser Umstand verleiht der Materie die Festigkeit, die wir von ihr gewohnt sind. Durch das Pauli-Prinzip ist verstehbar, warum das Universum nicht mehr oder weniger eigenschaftslos ist: Die Elektronen bauen in den Atomen Energieebenen auf, wodurch die verschiedenen Atome erst voneinander chemisch unterscheidbar sind. Es handelt sich um ein abstraktes Muster, das unter der Oberfläche atomarer Materie verborgen ist.

Das Pauliprinzip gilt für alle Teilchen, deren Spin nicht ganzzahlig ist, also für Teilchen mit Spin 1/2, 3/2, 5/2 und so weiter. Diese Teilchen fasst man unter dem Begriff Fermionen (benannt nach dem Physiker Enrico Fermi) zusammen. Neben den Elektronen gehören auch die Teilchen, die den Atomkern bilden, die Protonen und Neutronen, zu den Fermionen. Teilchen, die nicht dem Pauli-Prinzip unterliegen, nennt man dagegen Bosonen. Das Pauli-Prinzip ist dafür verantwortlich, dass nur zwei Elektronen in einem Orbital Platz finden. Das Orbital gibt nämlich alle Quantenzahlen mit Ausnahme des Spins an. Die beiden Elektronen eines Orbitals müssen sich also in ihrem Spin unterscheiden.

Die Verteilung der Elektronen auf verschiedene Orbitale führt dazu, dass die Atome im Periodensystem der Elemente angeordnet werden können. Zudem sorgt sie dafür, dass Atome mit mehr Elektronen auch mehr Platz benötigen, also größer sind. Das Pauli-Prinzip gibt den Atomen also zusammen mit der Heisenberg'schen Unschärferelation eine Ausdehnung und erklärt letztlich die Festigkeit der Materie. Die Unschärferelation besagt, dass Ort und Impuls eines Elektrons im Atom gleichzeitig nur ungenau beobachtbar sind. (Siehe Kapitel „Die Welt ist Mathematik")

Die zweite Kategorie von Teilchen, die Bosonen, kann man sich als Quantisierung von Kraftfeldern vorstellen. Jede bekannte Kraft bildet eine Form von Bosonen. Die elektische und magnetische Kraft werden durch Photonen vermittelt. Theoretisch nehmen die Physiker an, dass für die Vermittlung der Schwerkraft Gravitonen verantwortlich sind. Es ist ein schwerwiegendes Dilemma der heutigen Physik, das Gravitonen bisher nicht beobachtet bzw. gemessen werden konnten.

Selbst nach dem Nachweis der Gravitationswellen 2016 hat man damit noch keine einzelnen Gravitonen gesehen. Zum anderen entzieht sich die allgemeine Gravitationstheorie jedem Versuch, ihre Gravitationswellen in Elementarteilchen zu quantisieren. Kraftübertragung durch Teilchen ist zwar bisher ein sehr erfolgreiches Modell der Physik, lässt sich aber nicht ohne weiteres auf die Gravitation übertragen.

Im Atomkern gibt es zwei weitere Wechselwirkungen. Die eine hält den Atomkern zusammen und wird als starke Kernkraft bezeichnet. Sie wird durch Gluonen vermittelt. Die andere wird schwache Wechselwirkung genannt und verursacht den (radioaktiven) Zerfall der Teilchen höherer Gruppen. Sie wird duch w- und z-Bosonen übertragen.

Im heutigen Standardmodell der Teilchenphysik haben Neutrinos keine Masse. Es gibt aber Erweiterungen des Standardmodells und auch einige Große Vereinheitlichte Theorien, die eine von null verschiedene Masse vorhersagen. Man erwartet, dass sich in teilchenphysikalischen Prozessen erzeugte Neutrinos mit nahezu Vakuumlichtgeschwindigkeit bewegen. Nach dem Standardmodell existieren drei Neutrino-Typen: Elektron-, Myon- und Tau-Neutrinos (plus Antineutrinos). Neutrinos sind so winzig, dass sie die Erde druchqueren können, ohne mit irgendetwas in Kontakt zu kommen. Entsprechend aufwendig ist der Nachweis von Neutrinos in riesigen Detektoren innerhalb der Erde oder in der Tiefseee. Als Detektormaterial werden Wasser oder verschiedene Chemikalien verwendet.

Ähnlich geheimnisvoll sind die Myonen. Über sie heißt es bei Harald Fritzsch, ihre Funktion sei unbekannt: „Niemand weiß etwas, es ist ein Mysterium, eines der großen Geheimnisse der Natur." Mysteriös, dass auf diesem Elementarsektor trotzdem sechs „Geisterobjekte" unterschieden werden: Myon, Tauon, s-, c-, be- und t-Quarks. „Das t-Quark ist ein richtiges Monstrum. Würden wir die u-Quarks in unserem Körper durch t-Quarks ersetzen, würde das Gewicht eines Menschen von etwa 80 kg auf zirka 25 Tonnen ansteigen." (Fritzsch, 2005:163ff.) Tröstlich, dass für die ganz normale atomare Materie nur u- und d-Quarks, das Elektron und sein Neutrino maßgeblich sind. Einige Forscher setzen noch eins drauf und glauben, dass sich viele Teilchen noch verstecken, etwa in der "Dunklen Materie" (siehe Kapitel „Dunkle Materie – Dunkle Energie"), die überall im Weltall umherwabert und die Galaxien zusammenhalten soll wie unsichtbarer Klebstoff.

Ein Gespenst geht um in der Welt: das Gespenst der Quantenphysik. Überall spukt es. Spuk ist eine Bezeichnung für wissenschaftlich unerklärte, unerklärliche, unheimliche Erscheinungen, für Gespenstererscheinungen. Oder ist es etwa nicht unheimlich, dass z.B. massiver Stahl in Wirklichkeit hauptsächlich leerer Raum ist? Dem ist so, weil die Atome vor allem aus Kernen bestehen, winzigen kugelförmigen Gebilden ähnlich, die nur 0,0000000000001% ihres Volumens ausmachen. Das entspricht annähernd einem Vakuum, das sich nur deshalb fest anfühlt, weil die elektrischen Kräfte, die die Kerne an Ort und Stelle halten, sehr stark sind. Die Relation in einem Atom ist etwa so: Wäre der Durchmesser so groß wie der Wiener Stephansturm (137 Meter), dann hätte der Atomkern die Größe einer Erbse. Wenn man die Oberfläche eines Diamanten berührt, hat man den Eindruck, es handlet sich um einen sehr festen Körper. Dies stimmt auch, jedoch wird die Härte des Diamanten nicht von seiner Oberfläche erzeugt, sondern durch das Zusammenwirken der elektrischen Kräfte zwischen den Atomkernen und den Elektronen. Auch ein Diamant besteht hauptsächlich aus leerem Raum.

Die Leere ist offenbar ein Weltprinzip. Das gilt auch im Weltraum. Die Galaxien sind in Clustern angeordnet. Die Leerstellen zwischen diesen Superhaufen von Galaxien sind durchschnittlich 150 Millionen Lichtjahre groß. Ein Lichtjahr ist eine Entfernung von 9,461 Billionen Kilometern. Die Dimensionen sind unfasslich, insbesondere wenn man davon ausgeht, dass das Universum etwa 250mal größer ist, als die von der Erde aus erkennbare Sphäre. Der für uns sichtbare Teil des Universums hat einen Radius von etwa $3{,}5.10^{23}$ Kilometern. (Schrott, 2016:689, 699)

Die Durchmesser von Atomen liegen im Bereich von drei mal 10^{-11} m bis zwei mal 10^{-10} m, ihre Massen in einem Bereich von 10^{-27} bis 10^{-25} kg. Das heißt der Atomdurchmesser liegt zwischen rund Hundert- und Zehnmilliardstel Meter. Diese Winzigkeit ist wohl auch der Grund, warum Atome gleichzeitig in einer kugelförmigen Wellenfunktion auftreten. Und die

Elektronen in einem Atom sind vollends „Geisterteilchen", die keine Ausdehnung zeigen und als punktförmig angenommen werden. Die experimentelle Obergrenze für die Größe des Elektrons liegt derzeit bei etwa 10^{-19} m. Und jetzt kommt's erst: Max Tegmark erklärt in seinem Buch „Unser Mathema= tisches Universum": „Darüber hinaus haben sorgfältige Messungen subatomarer Teilchen ergeben, dass es ihnen offenbar gelingt, gleichzeitig an unterschiedlichen Orten zu sein, ein wohlbekanntes Rätsel im Zentrum der Quanten= physik." (Tegmark, 2015:18) Und: „Auf mikroskopischer Ebene tauchen Teilchen schizophrenerweise an zwei Orten gleich= zeitig auf." (Tegmark, 2015:20)

Bekanntlich wird der elektrische Strom durch Elektronen erzeugt. Seit ihrer Entdeckung geben sie den Physikern Rätsel auf. Da das Elektron eine Masse besitzt, dachte man, dass es auch eine endliche Größe besitzen müsse, also einen Radius. Die Experimente, bis heute mit stets wachsender Präzision durchgeführt, ergeben aber ein Null-Resultat. „Das Elektron scheint ein elementares Objekt par excellence zu sein, ein mathematischer Punkt, jedoch ausgestattet mit den Attributen Ladung und Masse. Sollte das Elektron eine innere Struktur besitzen, so muss diese zumindest kleiner sein als 10^{-17}, also eine Milliarde mal kleiner als die Ausdehnung eines Atoms." (Fritzsch, 2005:88; 10^{-17} = Hundertbilliardstel)

Nota bene: Es ist dasselbe Teilchen, das an zwei Orten gleichzeitig auftaucht. Dies ist nach den empirischen Erfahrungen der makroskopischen Welt rational nicht erklärbar und daher ein Spuk. Ich kann nicht zugleich hier und dort sein. Die Körper können nur hier *oder* dort sein. Tegmark spricht von „Quantenverrücktheit“. (Tegmark, 2015:270) Hängt das damit zusammen, dass die Teilchen „rein mathematische Objekte“ sind, wie er postuliert? Für ihn haben die elemen= taren Legosteine, aus denen alles besteht, keine anderen Eigenschaften außer mathematische. Rein mathematisch betrachtet, so Tegmark, lasse sich der Zustand dieser Teilchen als Wellenfunktion definieren, die das Ausmaß beschreibt, in dem sie sich an verschiedenen Orten befinden. Das ist eine Definition, aber keine Erklärung. Tegmark schlägt vor, dass man daher die Teilchen „Wavicles“ (Fusion von wave = Welle und particle = Teilchen) nennen sollte. (Teg= mark, 2015:271f.) Diese Wellenfunktion hat Erwin Schrödinger in eine Gleichung gegossen. Sie ist auf der Grabtafel des österreichischen Physikers (geboren 1887 in Wien-Erdberg, Begründer der Quantenmechanik, Nobelpreis für Physik 1933 zusammen mit Paul Dirac, gestorben 1961 in Wien-Alsergrund an Tuberkulose) in Alpbach, Tirol, zu sehen. (Siehe Kapitel „Die Welt ist Mathematik“)

„Die Botschaft der Natur ist kristallklar: Mikroskopische Teil= chen verletzten die Gesetze der klassischen Physik. Stehen also mikroskopische Teilchen über dem Gesetz? Nein, sie gehorchen einem anderen Gesetz, nämlich dem Gesetz Erwin Schrödingers." (Tegmark, 2015:255) Das Schrödiinger-Modell hat ein einziges Elektron an vielen Orten gleichzeitig in einer „Elektronenwolke", dessen Form durch die sogenannte Wellenfunktion gegeben ist.

Aufgrund von de Broglies Doppelspaltexperiment (siehe Kapitel „Mikrokosmos – Makrokosmos") entwickelte Erwin Schrödinger 1925 seine berühmte Gleichung. In ihrer einfach= sten Form lautet sie: H ψ = E ψ. Dabei ist H der Hamilton-Oparator, ψ (psi) die Wellenfunktion und E die Energie. Der Hamilton-Operator hängt vom untersuchten System ab. Er ist für ein Elektron ein anderer als für ein Atom. Er beschreibt also die Art des Teilchens und der Felder, in denen es sich bewegt.

H wird bestimmt vom berühmten Planckschen Wirkungs= quantum h in Form der Naturkonstante ħ (h quer) und von der Masse m des Elektrons. Auf der rechten Seite steht E, die Energie des Zustandes, ebenfalls multipliziert mit ψ. In ihrer allgemeinsten und zeitunabhängigen Form lautet die Schrödinger-Gleichung so:

$$(-\hbar^2/2m)\ \Delta\psi(x) + V(x)\ \psi(x) = E\ \psi(x)$$

Das mathematische Symbol Δ (Nabla) bezeichnet eine Ableitung nach allen Raumkoordinaten. Es wird eine doppelte Ableitung gebildet, wobei die kinetische Energie von der

Krümmung der Wellenfunktion abhängig ist. Man kann die Gleichung auch in Worten anschreiben: Die Krümmung der Wellenfunktion plus der potentiellen Energie mal Wellen= funktion ist gleich der Gesamtenergie mal Wellenfunktion. Wobei in der klassischen Physik eine ganz ähnliche Gleichung gilt: Kinetische Energie + potentielle Energie = Gesamt= energie. (Martin Bäber, Scienceblog.de)

Ein Hamilton-Operator ist eine Rechenvorschrift, die auf eine ganze Funktion angewandt wird und diese in eine andere Funktion überführt. ψ (Psi) ist auch nicht einfach eine Zahl, sondern eine Funktion, die von den drei Raumkoordinaten und der Zeitkoordinate abhängt. Die Unbekannte der Schrödinge= rgleichung ist immer die Wellenfunktion. Der Operator H ist dagegen bekannt.

Bahnhof? Ja, der imaginäre Bahnhof, gleich um die Ecke. Max Tegmark hilfreich: Der Hilbertraum ist ein „abstrakter Raum mit unendlich vielen Dimensionen, in denen die Wellen= funktion lebt“. Und: „Die Wellenfunktion enspricht einem einzigen Punkt in diesem unendlich-dimensionalen Raum, während die Schrödingergleichung sagt, dieser Punkt werde in einer festgelegten Entfernung um das Zentrum des Raumes kreisen.“ (Tegmark, 2015:281, Anm. 31, 322) Tröstlich auch der folgende Hinweis des Physikers: „Es gibt überhaupt nichts Zufälliges in der Schrödingergleichung. Kennt man die Wellenfunktion unseres Universums zum jetzigen Zeitpunkt, wird sie einem im Prinzip erlauben, den Zustand der Wellenfunktion zu jedem künftigen Zeitpunkt vorherzusagen." (Tegmark, 2015:283) Das sieht auf den ersten Blick wie purer Determinismus aus. Kann man die Wellenfunktion unseres Universums kennen? Wie steht es mit den Wahr=scheinlichkeitsgesetzen? Gibt es tatsächlich keinen Zufall, keine chaotischen, nicht vorhersehbaren Prozesse? (Siehe Kapitel „Chaos und Ordnung")

Die Schrödingergleichung sagt etwas aus über die Wellen=funktion der Teilchen, die in Wahrscheinlichkeiten angegeben werden. Es könnte so sein – oder auch anders. Aber wie wahrscheinlich ist das eine oder das andere? So bewegt sich etwa ein Elektron innerhalb eines Atoms in einer „Elektronenwolke", auch „Wahrscheinlichkeitswolke" oder „Wahrscheinlichkeitswelle" genannt. Nach Tegmark gibt das Quadrat der Wellfunktion in der Schrödingergleichung die Wahrscheinlichkeit an, mit der man das Teilchen an verschiedenen Orten finden kann. Ein Teilchen, das hier und dort zugleich ist, befindet sich in einer Superposition von hier und dort, einer Überlagerung. Die Wellenfunktion beschreibt sie. (Tegmark, 2015:263)

Doch wie hält es der Zufall mit sich selbst? Nach der Interpretation der Quantenmechanik fällt eine Quantenmünze, die man teilchengenau auf ihren Rand aufgestellt hat, nicht zufällig auf Kopf oder Adler. Die quantenmechanischen

Objekte würden in alle Ewigkeit in dieser Position verharren. Sie fallen erst, wenn sie wenigstens einen Mikroimpuls erhalten. Und dieser Impuls erst – es mag der Hauch vom Flügelschlag eines Schmetterlings sein – bringt die Entscheidung. Der Impuls aber unterliegt den Gesetzte des Zufalls und der chaotischen Prozesse. (Siehe Kapitel „Die Welt ist Mathematik")

Max Tegmark legt eine andere Interpretation vor: „Der Quantenmechanik zufolge fällt eine perfekt auf ihrer Kante ausbalancierte Spielkarte durch Symmetrie in beide Richtungen gleichzeitig. Dieser Zustand wird Überlagerung (Superposition) genannt." Auch bei unendlich vielen Überlagerungen gilt: Im Ergebnis sind dann die zufalls= bedingten Wahrscheinlichkeitsgesetze maßgeblich, obwohl die zugrundeliegende Physik nicht dem Zufall gehorchen mag. (Tegmark, 2015:285, Leg. 8.2.)

So wie Einstein die Weltformel finden wollte, sind auch die Quantenphysiker höchst interessiert, die letzten Geheimnisse der Natur zu enträtseln. John Wheeler von der Princeton University, Schüler Bohrs und Einsteins, schrieb an Max Tegmark: "Sie teilen meine Auffassung, dass unter und hinter der Quantenmechanik ein tiefes und wunderbares Prinzip liegt, das erst noch entdeckt werden muss." (Tegmark, 2015: 313/14)

„Gott würfelt leidenschaftlich gern“

Die Entwicklung von Biologie, Psychologie, Astronomie, Chemie und Physik zeigt auffällige Koinzidenzen. Das spielt eine entscheidende Rolle, ob im Makro- oder im Mikrokosmos. Der britische Physiker Stephen Hawking hat das folgender= maßen formuliert: „Die früheren Lebensformen haben sich selbst reproduziert. Das Unbestimmtheitsprinzip der Quanten= mechanik und die zufälligen Wärmebewegungen der Atome dürften für eine gewisse Zahl von Reproduktionsfehlern gesorgt haben... Einige wenige Fehler erwiesen sich rein zufällig als vorteilhaft ...“ (Hawking, 2005:131)

Die atomaren Zerfallsprozesse, gemeinhin Radioaktivität genannt, sind nicht vorhersehbar und unterliegen dem Zufall. Durch die große Zahl der Zerfallsprozesse kann man zwar die Halbwertszeit angeben, nicht aber den Zeitpunkt des einzelnen Zerfalls. Anders gesagt: Die Wahrscheinlichkeit, dass ein Atom innerhalb seiner Halbwertszeit zerfällt,beträgt 50 Prozent. Eine exakte Beschreibung der Mikrowelt ist also nicht möglich. Ein Chaostheoretiker wie der deutsche Mathe= matiker Uwe an der Heiden nennt das „praktischen Indeterminismus“ (an der Heiden, Küppers, 1996), also das Gegenteil von Determinismus, und fügt hinzu: „Die Chaos= theorie zeigt, wie aus mikroskopischen Unterschieden makroskopische werden können. Insofern führt der ‚praktische

Indeterminismus im Kleinen' zu einem ‚praktischen Indeter= minismus im Großen'."

Im Übrigen sei die Wirkung von Zufallsprozessen auf die deterministischen chaotischen Systeme noch nicht genügend untersucht, obwohl dieses Problem von großer praktischer Relevanz sei. Denn so genannte stochastische Prozesse, also Prozesse die in zufälliger Abfolge stattfinden, spielten in der Natur eine entscheidende Rolle. Uwe an der Heiden über dieses Dilemma: „Obwohl die Hoffnung aufgegeben werden musste, das Verhalten deterministischer chaotischer Systeme jemals genau bestimmen zu können, ist andererseits durch die Chaostheorie die Hoffnung größer worden, in dem uns überall umgebenden Chaos tiefer liegende Ordnungsstrukturen aufzufinden. Das Reich des Chaotischen ist jedoch größer und vielfältiger als ein Ozean, und wir können nur einige Kieselsteine von seinem Rand aufnehmen." (an der Heiden, Küppers, 1996:119f.)

Durch die 1933 publizierte Wahrscheinlichkeitstheorie von Andrei Nikolajewitsch Kolmogorow (1903 – 1987) wurde der Zufall in die Königsdisziplin aller Wissenschaften, die Mathematik, aufgenommen. Und seit der Quantentheorie, zu der Max Planck um 1900 und davon ausgehend Albert Einstein durch die Annahme kleiner Energiequanten den Anstoß gaben, hielt der Zufall auch Einzug in die Physik. Einstein hatte selbst den entscheidenden Impuls zur

Quantentheorie geliefert, indem er 1905 in der Fachzeitschrift „Annalen der Physik“ einen Artikel „Über einen die Erzeugung und Verwandlung des Lichtes betreffenden heuristischen Gesichtspunkt“ veröffentlichte. (Heuristik: Wissenschaft von den Verfahren, Probleme zu lösen. Methodische Anleitung zur Gewinnung neuer Erkenntnisse.) Der brachte ihm 1921 den Nobelpreis ein. Mit seiner Lichtquantenhypothese kam Einstein zu dem Schluss, dass auch elektromagnetische Strahlung aus Korpuskeln (Photonen) bestehen muss. Ironischerweise wollte er aber die Konsequenz, die andere daraus zogen, nicht wahrhaben.

Die volle Bedeutung des Photoeffekts erkannte erst Werner Heisenberg, als er 1925 darlegte, dass es unmöglich sei, den Ort eines Teilchens genau zu messen. Je genauer man nämlich den Ort des Teilchens messen möchte, desto mehr Energie muss man aufwenden und desto stärker wird dadurch das Teilchen gestört. Das Gleiche gilt für die Messung der Geschwindigkeit. Dieses Heisenberg'sche Unbestimmtheits=prinzip aufgrund des Teilchen-Welle-Dualismus des Lichts zeigt, dass sich nicht genau vorhersagen lässt, wie sich das Teilchen in der Zukunft verhalten wird. Nur Wahrschein=lichkeiten kann man vorhersagen. Hawking hat dazu angemerkt: „Dieses Zufallselement hat Einstein sehr beunruhigt. Er weigerte sich zu glauben, dass es physika=lische Gesetze gibt, die keine klare, eindeutige Aussage über künftige Ereignisse machen.“ (Hawking, 2005:72)

Albert Einstein dachte in klassischen universellen Maßstäben. Er wollte mit einer für alle Naturphänomene gültigen Welt=formel, wie er sagte, „dem Alten auf die Schliche kommen". „Gott würfelt nicht" war seine pikierte Antwort auf die Relativierung seiner allgemeinen Relativitätstheorie, der man vorwarf, dass sie die Heisenberg'sche Unschärferelation und das Zufallselement von Plancks Quantentheorie nicht einbezieht. Das Zufällige widersprach Einsteins philoso=phischer Auffassung von der Ordnung der Welt. Er wollte nicht wahrhaben, dass alles einer „Quantenlotterie" (A. Zeilinger) gehorcht.

„Gott würfelt nicht" hat Einstein übrigens nie so gesagt. Das Originalzitat lautet: „Die Quantenmechanik ist sehr ach=tungsgebietend. Aber eine innere Stimme sagt mir, dass das noch nicht der wahre Jakob ist. Die Theorie liefert viel, aber dem Geheimnis des Alten bringt sie uns kaum näher. Jedenfalls bin ich überzeugt, dass der Alte nicht würfelt." (zitiert nach Clegg, 2012:307) Mit dem „Alten" meinte er Gott.

Nach der Quantentheorie schaut es umgekehrt aus: „Gott würfelt leidenschaftlich gern." So der trotz einer totalen Lähmung durch Amyotrophische Lateralsklerose ziemlich heitere Stephen Hawking: „Nach all dem, was wir heute wissen, hat der liebe Gott eine ziemlich ausgeprägte Spielernatur. Man kann sich das Universum als ein riesiges Casino vorstellen, in dem bei jeder Gelegenheit Würfel geworfen und Rouletteräder gedreht werden.“ (Hawking, 2001:86; siehe Kapitel „Schrödingers Katze – tot und lebendig zugleich“)

Dass Gott, der „liebe Gott“, heute nur noch im Halbscherz zitiert wird, hat seine Geschichte. Lange vor Nietzsches „Gott ist tot“ hat der Physiker, Astronom und Mathematiker Laplace auf die Frage Napoleons, wo denn angesichts der neuen Erkenntnisse der Wissenschaft der Schöpfer bliebe, cool geantwortet: „Sire, diese Hyopthese benötige ich nicht.“ (Taschner, 2007:37)

Wenn das Universum vom Urknall an wie ein Uhrwerk abschnurren würde – was sollte das für einen Sinn haben? Wo wäre da Platz für Korrekturen, Wandlungen, Verän= derungen, für Kreativität, für das Leben? Alles schon vorweg entschieden: das wäre mehr als fad, fatal, einfallslos, phantasielos, unkreativ. Und es wäre unmöglich: Denn ohne Fehler, ohne Chaos und Zufall gibt es keine Evolution. Religiöse Fatalisten halten sich deshalb eine Hintertür offen: „Spätestens nachdem er die Welt und die Naturgesetzte erschaffen hatte, darin sind sich fast alle Forscher einig, begab sich der Schöpfer erschöpft zur Ruh.“ (Stampf, 1998:170)

Gott habe, so der Basler Genetiker und Nobelpreisträger Werner Arber, „etwas sich selbst Organisierendes geschaffen“

und sich dann zurückgezogen. Wenn es so gewesen wäre, dann hätte Gott nur unvorstellbar kurz amtiert: genau 10^{-43} Sekunden. Und heiß war es dabei auch: Es hatte mehr als 10 Billionen Grad Celsius. Nach weniger als einer Billionstel Sekunde dehnte sich das Universum vom Urknall an schlagartig auf eine astronomische Größe aus. Diese Phase der „Inflation" ist heute noch in der Hintergrundstrahlung aus dem Weltraum messbar.

Aus der „Unordnung des chaotischen Zustands vor der Inflation" sei, so der österreichische Physiker Heinz Ober=hummer, der Kosmos „durch die Ausdehnung in einen Zustand großer Ordnung übergeführt" worden. (Oberhummer, 2008:158) Seither geht es allerdings durch das Entropiegesetz wieder retour in Richtung zunehmende Unordnung.

Einer der Mitbegründer der Inflationstheorie war Andrei Dmitrijewitsch Linde. Der russische Kosmologe, geboren 1948, ist einer der Begründer der Inflationstheorie des Universums. In den 80er Jahren des 20. Jahrhunderts war er Professor am Lebedev-Physik-Institut und arbeitete danach am CERN in Genf. Seit 1990 ist er Professor für Physik an der Stanford University in Kalifornien. Neben vielen anderen Auszeichnungen erhielt er 2004 den Gruber-Preis für Kosmologie für die Entwicklung der Inflationstheorie. Linde vertritt wie Everett, Tegmark und andere die These, dass wir in einem Multiversum mit „chaotischer ewiger Inflation" leben.

Es gebe keinen Grund, warum im „Urchaos“ nur einmal eine Inflation auftreten kann. Es komme zu beliebig vielen weiteren Inflationen und unendlich vielen Universen. Wer da noch ein Bild braucht, kann sich ein Meer aus Seifenschaum mit unendlich vielen Blasen vorstellen. Eine Blase davon ist unser All.
Naheliegend, dass die katholische Kirche sich mit der Multiversum-Theorie nicht anfreunden kann und sie als „Spielerei“ abkanzelt. Es gebe nur ein von einer höheren Macht „intelligent designtes“ Universum. Fest steht: Würden sich manche Naturkonstanten nur minimal von ihrem Wert in unserem Universum unterscheiden, wäre es tot und steril. Wäre z. B. die Kernkraft nur um ein halbes Prozent schwächer oder stärker, wäre Leben extrem unwahrscheinlich. Heinz Oberhummer meint, wenn man die Multiversum-Theorie akzeptiere, könne es „kein Zufall“ sein, dass es unter unendlich vielen Universen zumindest eines gibt, welches lebensfreundlich ist. (Oberhummer, 2008:158) Es ist wohl ein spätes Erbe der Verflechtung von Religion und Naturwissenschaft, dass ein zufällig entstandenes Universum schwer akzeptabel ist.

Nach Hawking regiert von Anfang an der Zufall im gesamten Kosmos. Hier spielt seine Erforschung der Schwarzen Löcher mit herein, von denen man lange Zeit annahm, dass aus ihnen nichts entweichen kann. Hawking stellte aber „zu seiner großen Überraschung“ fest, dass die Schwarzen Löcher einen stetigen Teilchenstrom emittieren: „So hat es den Anschein, als habe Einstein sich gleich doppelt geirrt, als er sagte: ‚Der liebe Gott würfelt nicht'. Die Teilchenemission aus Schwarzen Löchern scheint den Schluss nahezulegen, dass Gott nicht nur manchmal würfelt, sondern die Würfel auch gelegentlich an einen Ort wirft, wo man sie nicht sehen kann." (Hawking, 2005:111) Letztlich geht es nur um Worte: Was die einen als Gott, die anderen als Zufall bezeichnen, ist in beiden Fällen nicht erfassbar. Wir wissen nicht, woher etwas zufällt, wir werden es nie wissen. Wir sind dafür nicht ausgestattet.

Nach der US-Physikerin Lisa Randall (Harvard University) leben wir ohnehin in einem Kosmos, den man wahrscheinlich nur mit einer erst zu findenden Chaostheorie verstehen kann, in einem Universum mit mehreren anderen Welten, von denen wir aber nichts mitkriegen. Nach einer gemeinsamen „schönen" Formel für diese Welten gefragt, stellte Lisa Randall Überlegungen an, die den Erfindern des „Intelligent Design" nicht recht schmecken werden: „Also, was finden Physiker schön? Wenn ihre Gleichungen einfach und symmetrisch sind. Aber es ist nun einmal eine Tatsache, dass die Welt oft weder einfach noch symmetrisch ist. Also fragt sich: Was ist schöner? Wenn eine Theorie einfach ist, oder wenn sie genauso chaotisch ist wie die Welt?" (Blech, Grolle, 2006:115ff.)

Nicht nur für zeitgenössische Biologen und Evolutionsforscher, auch für viele Physiker von heute wirkt der Weltgeist also mit Hilfe des „Zufalls". Was ist daran so unverständlich? Der weltberühmte Wiener Quantenphysiker Anton Zeilinger sagte kürzlich in einem Interview zur modernen Quantentheorie: „Eine der Lehren ist, dass in der Quantenwelt eine neue Form des Zufalls herrscht: Es gibt keine Ursache für die Beobachtungsergebnisse. Das ist wohl die faszinierendste Konsequenz der Quantenphysik: Jahrhunderte des Suchens nach den Ursachen und Erklärungen der Dinge führen uns plötzlich an die Wand. Plötzlich gibt es etwas, das wir nicht mehr erklären können, nämlich das Ergebnis in einem einzelnen quantenphysikalischen Experiment. Dieser Zufall kann interpretiert werden als die Freiheit der Natur ... Die Welt, wie sie zum jetzigen Zeitpunkt beschaffen ist, determiniert nicht eindeutig die Welt in ein paar Sekunden, in ein paar Minuten, in ein paar Jahren. Wir können nur Wahrscheinlichkeiten angeben, welche Ereignisse auftreten können." (Linhart, 2005:77)

Die Wirklichkeit existiert also nicht so, wie wir sie beobachten, ehe wir sie beobachten. Wir sind mit der beobachteten Wirklichkeit „verschränkt", wie es Erwin Schrödinger formuliert hat: Eine Messung an einem verschränkten Teilchen ändert sofort den Quantenzustand eines anderen, das man gleichzeitig misst, unabhängig von der Entfernung zwischen beiden. Wie durch Geisterhand bleiben sie miteinander verbunden. 2010 hat Zeilingers Forschungsgruppe ver=schränkte Photonenpaare über eine Strecke von 144 Kilometern zwischen den kanarischen Inseln La Palma und Teneriffa gesendet. China will demnächst einen ent=sprechenden Versuch mit einem Satelliten starten.

Wie kommen verschränkte Photonen zustande? Sie werden erzeugt, indem man mit einen Laserstrahl mit ultrvioletter Wellenllänge in einem Prozess, den man parametrische Fluoreszenz nennt, durch einen Kristall schickt. Dabei zerfällt mit einer gewissen Wahrscheinlichkeit ein ultraviolettes Lichtteilchen in zwei Lichtteilchen mit der halben Energie beziehungweise der doppelten Wellenlänge. Rational ist das Phänomen der verschränkten Teilchen nicht zu erklären, daher die Bezeichnung „Spuk". (Siehe Kapitel „Was ist Zeit" und „Gott würfelt leidenschaftlich gern")

Einstein selbst hatte 1935 zusammen mit seinen Kollegen Boris Podolsky und Nathan Rosen entdeckt, dass zwei Teilchen, zwei Systeme, aufgrund der Quantenmechanik sehr eng miteinander verbunden sein können. (Die Arbeit von Einstein, Podolsky und Rosen heißt: „Kann die quantenmechanische Beschreibung der physikalischen Realität als vollständig betrachtet werden?") Schon Albert Einstein war dieses Phänomen nicht geheuer. Er hat es bereits 1935 als „spukhafte Fernwirkung" bezeichnet. Spukthaft wohl vor allem deshalb, weil diese

Informationsübertragung unmittelbar, in einem einzigen Moment funktioniert und damit ungleich schneller als das Licht, dessen Geschwindigkeit nach Einstein durch nichts übertroffen werden kann. Übrigens sind auch die Gedanken schneller als das Licht.

Der US-amerikanische Wissenschaftler David Bohm hat daraus einen interessanten Schluss gezogen: Es existiert keine räumlich Trennung. Bohm hatte das beim Übergang von Gas zu Plasma studiert. Wenn man das Plasma einem Magnetfeld aussetzt, dann verlieren die Elektronen unter bestimmten Umständen ihre Individualität und verhalten sich so, als seien sie Teil eines verknüpften Ganzen.

Im Jahr 1935 holte Einstein zu seinem letzten großen Schlag gegen die Quantentheorie aus. Er wollte beweisen, dass die Dinge unabhängig von einem Beobachter eine objektive Realität besitzen. Intuitiv geben wir Einstein sofort Recht. Denn ein Auto zum Beispiel hat natürlich auch dann eine bestimmte Geschwindigkeit, wenn der Tachometer ausge= fallen ist und wir sie deswegen nicht messen können. Die Quantentheorie behauptet aber, dass der Zustand mikroskopischer Objekte vor einer Messung nicht nur nicht bekannt, sondern völlig unbestimmt ist. Um diese Behauptung als unsinnig zu entlarven, erdachte Einstein gemeinsam mit seinen Mitarbeitern Boris Podolsky und Nathan Rosen ein

Gedankenexperiment, das nach den Anfangsbuchstaben seiner Erfinder als EPR-Argument in die Geschichte einging.

In einer modernen Version funktioniert das Gedanken=experiment so, dass Laserlicht einer bestimmten Wellenlänge einen Kristall mit speziellen optischen Eigenschaften durchquert. Dabei entstehen im Kristall Paare von Lichtteilchen (Photonen). Gleich nachdem sich ein Paar gebildet hat, fliegen die beiden Photonen aber wieder in unterschiedliche Richtungen auseinander. Den Regeln der Quantentheorie zufolge sind die Polarisationsrichtungen dieser „Zwillings-Photonen“ unbestimmt. Das bedeutet: Erst im Augenblick der Messung „entscheidet“ sich das Licht für eine bestimmte Polarisation. Allerdings weiß man aufgrund physikalischer Erhaltungssätze, dass die Polarisations=richtungen beider Photonen immer senkrecht aufeinander stehen.

Kommt es zu einer heimlichen Absprache der Photonen? Einstein, Podolsky und Rosen sahen darin einen Widerspruch zur Relativitätstheorie. Denn man könnte rein theoretisch so lange warten, bis die beiden Photonen sich an entgegengesetzten Enden des Universums befänden. Misst man dann das eine Photon, wird sich dieses ganz zufällig für eine Polarisationsrichtung entscheiden. Damit wäre aber auch die Polarisationsrichtung des Zwillings automatisch festgelegt (eben senkrecht dazu). Das erste Photon müsste also dem

Zwilling mit Überlichtgeschwindigkeit (nämlich augenblicklich!) mitteilen, für welche Richtung es sich entschieden hat. Da die Überschreitung der Lichtgeschwindigkeit laut Relativitäts= theorie aber verboten ist, schlossen Einstein, Podolsky und Rosen, dass der Zustand jedes Photons schon vor der Messung festgelegt sein müsse.

Zu Einsteins Zeit ließen sich die Widersprüche des EPR-Arguments nicht auflösen. Erst 1982 gelang es dem französischen Physiker Alain Aspect in Paris, die von Einstein bezweifelte „spukhafte Fernwirkung“ im Laborversuch glaub= haft zu bestätigen. Insbesondere konnte er nachweisen, dass der Zustand der Photonen tatsächlich vor der Messung nicht durch „verborgene Variablen“ festgelegt ist. Forschern um Nicolas Gisin von der Universität Genf gelang es (mit einem etwas komplizierten Experiment) in jüngster Zeit sogar, diese „heimliche Absprache“ zwischen Photonen über eine Entfernung von zehn Kilometern nachzuweisen.

Das Zwillingspaar wurde so aufgeteilt, dass ein Photon die Strecke zwischen Genf und Bellevue durchlief, während das andere Photon sich auf den Weg nach Bernex machte. Kurz vor dem Ende der Rennstrecke durchlief jedes Photon einen Messapparat, in dem es die Wahl zwischen mehreren Ausgängen hatte. Wählte beispielsweise eines den rechten Ausgang, so tat das Zwillingsphoton das Gleiche. Im Jahr 2008 erweiterte Gisins Team das Experiment sogar noch.

Dieses Mal schickten die Forscher die verschränkten Photonen von Genf nach Satigny und Jussy, die 18 Kilometer voneinander entfernt liegen. Die Wissenschaftler konnten nicht nur ein weiteres Mal die rätselhafte Verbundenheit der Photonen bestätigen. Durch Berücksichtigung der West-Ost-Achse, auf der die beiden Orte annähernd liegen, und der Erdrotation zeigten sie zudem, dass der Austausch zwischen den Photonen, wenn er nicht unendlich schnell sein sollte, mit mindestens zehntausendfacher Lichtgeschwindigkeit erfolgen muss.

Solch ein endlich schneller Austausch zöge außerdem eine weitere Konsequenz nach sich. Zwar wurde zu Beginn des 20. Jahrhunderts experimentell ausgeschlossen, dass ein universelles Bezugssystem, das sich gegenüber allen anderen physikalischen Bezugssystemen auszeichnet, für klassische Informationen existiert. Doch wenn die „Quanteninformation" zwischen den Photonen nicht instantan ausgetauscht werden sollte, müsste es als Folge einen „Quantenäther" geben.

Wie aber lässt sich dieses außergewöhnliche Verhalten erklären, wenn ein Übertragen von Informationen mit Überlichtgeschwindigkeit laut Einsteins Relativitätstheorie ausgeschlossen ist? Die Antwort lautet: Es wird gar keine Information übertragen! Vielmehr verhalten sich die Zwillingsphotonen wie ein Würfelpaar, das bei jedem Wurf gleiche Augenzahl zeigt. Da das Ergebnis eines solchen

Experiments völlig zufällig ist, lässt sich dieses Phänomen nicht dazu benutzen, irgendwelche sinnvollen Daten zu übermitteln. Man kann mit solch einer Apparatur also zum Beispiel nicht „morsen".

Die Wissenschaftler erklären den erstaunlichen Ausgang der Experimente damit, dass zwei Teilchen, die einmal mitein= ander in Wechselwirkung getreten sind, offenbar zu Bestand= teilen eines unteilbaren Systems werden. Sie sind und bleiben verschränkt. Dieses zunächst nur hypothetische Konzept ist inzwischen durch zahlreiche Forschungsarbeiten bestätigt worden. An der Ecole Nationale Supérieure in Paris konnte eine Forschergruppe um Serge Haroche nachweisen, dass es nicht nur verschränkte Photonen, sondern auch verschränkte Atome gibt. Der Gruppe von Anton Zeilinger in Wien gelang es sogar, vier Lichtteilchen miteinander zu verschränken. Eines der spannendsten Experimente, die auf der Verschränkung von Teilchen beruhen, ist die „Teleportation" von Quanten= zuständen.

Auch im Licht der neuesten Experimente mit verschränkten Teilchen bleibt es dabei: Nach der Quantentheorie lassen sich Teilchen, die einmal in Wechselwirkung gestanden haben, nicht mehr als getrennte Objekte betrachten, selbst wenn sie räumlich weit voneinander entfernt sind.

Charles Bennett vom IBM Forschungslabor in Yorktown Heights, USA, hat bereits 1993 einen ernstzunehmenden Vorschlag gemacht, wie die Teleportation sich physikalisch realisieren ließe. Dabei spielte die Verschränkung zwischen Zwillingsphotonen eine zentrale Rolle. Bennetts Idee wurde 1997 von Anton Zeilingers Gruppe erfolgreich umgesetzt: Ihnen gelang die erste Teleportation eines Photons. Inzwischen ist die Teleportation auch bei anderen Objekten gelungen. Jeff Kimble am Caltech in Pasadena, USA, teleportierte beispielsweise ein Lichtfeld mit Hilfe zweier verschränkter Lichtstrahlen. Sein Kollege Raymond Laflamme in Los Alamos teleportierte hingegen den Zustand eines Atoms auf ein anderes. Obwohl beide Atome nur eine kurze Strecke voneinander entfernt waren – sie befanden sich innerhalb desselben Moleküls –, könnte auch diese Art der Teleportation nützlich sein. Die Forscher glauben, dass so die Datenverarbeitung in künftigen Quantencomputern vonstatten gehen könnte.

Eine der ersten praktischen Anwendungen solcher Quanten=zaubereien zeichnet sich in der Kryptographie ab – der Kunst, wie man geheime Nachrichten verschlüsselt. Das Prinzip beruht darauf, dass man den Code, den man zur Verschlüsselung und späteren Dechiffrierung der geheimen Daten braucht, über Photonenpaare erzeugt. Der Sender, meist Alice genannt, besitzt dafür eine Apparatur, die Paare von Zwillingsphotonen herstellt. Das eine Photon wird jeweils von Alice gemessen, das zweite an den Empfänger, meist Bob genannt, übermittelt und dort gemessen. Da ein Zwillings= photonenpaar quasi einem Paar von Würfeln ähnelt, die immer die gleiche Augenzahl zeigen, können sich Alice und Bob so über einen Schlüssel für die spätere Daten= übermittlung verständigen.

Wenn Alice das eine Zwillingsphoton an Bob übermittelt, kann ein Lauscher in der Leitung leicht entlarvt werden, wenn man ein bestimmtes, etwas kompliziertes Verfahren anwendet. Das Grundprinzip ist jedoch einfach: Das Abhören entspricht nämlich einer Messung, die den Zustand des Zwillingsphotons verändern kann. Die Besonderheit des Verfahrens liegt also nicht darin, dass es abhörsicher ist, sondern dass Alice und Bob den Lauscher bemerken (und dann noch einmal von vorn anfangen können). Die Anwesenheit des ungebetenen Mithörers stellen beide während eines Telefonats fest, indem sie zufällig ausgewählte Ergebnisse aus ihren Messpro= tokollen miteinander vergleichen. Schon bei einem Abgleich von nur 10 bis 15 wahllos herausgegriffenen Messwerten ist es sehr wahrscheinlich, ein von einem Lauscher verändertes Photon festzustellen. Ist kein Fehler aufgetreten, streichen Alice und Bob die Testmesswerte einfach aus dem Protokoll und verwenden den verbliebenen Code dann zum Senden der eigentlichen Nachrichten.

Dass dieses Prinzip funktioniert, ist mehrfach experimentell bestätigt worden. Die Gruppe von Nicolas Gisin an der Universität Genf hat die Praxistauglichkeit des Verfahrens vor drei Jahren bewiesen, indem sie verschlüsselte Nachrichten durch ein Glasfaserkabel der Swisscom unter dem Genfer See hindurchschickte. Allerdings lässt sich der abhörsichere Code nicht an zwei weit voneinander entfernten Orten erzeugen. Denn dazu müsste man den „Strom" der Photonen verstärken – und diese Verstärkung entspricht (ebenso wie das Lauschen) einer Messung! Den bisherigen Streckenrekord über vierzig Kilometer hält eine Forschergruppe um Richard Hughes in Los Alamos.

Dennoch könnte die Quantenkryptographie für den inner= städtischen Bereich oder innerhalb begrenzter Sicher= heitsbereiche, beispielsweise in Ministerien, funktionieren: „Die Industrie zeigt an diesem Verfahren zunehmend Interesse", sagt Harald Weinfurter von der Universität München. In seiner Arbeitsgruppe wird zur Zeit ein Modul entwickelt, das für Strecken zwischen zwei und fünf Kilometern geeignet ist. Ist ein solches Gerät erst einmal in Betrieb, dann müssen sich Spione in Acht nehmen. Sie könnten nämlich mit großer Wahrscheinlichkeit noch während des Lauschangriffs gefasst werden.

Rüdiger Vaas, deutscher Wissenschaftsjournalist, seit 2000 hauptberuflich Redakteur der Zeitschrift „Bild der Wissen=

schaft“ für die Bereiche Astronomie und Physik, hat 2000 einen Bericht mit dem Titel „Vorsicht! Quantenphysiker: Quantenspuk“ veröffentlicht. Er beginnt folgendermaßen:

„50 Jahre angestrengten Nachdenkens haben mich der Antwort auf die Frage ‚Was sind Lichtquanten?‘ nicht nähergebracht. Heute bilden sich Hinz und Kunz ein, es zu wissen. Aber da täuschen sie sich", schrieb Albert Einstein 1951 in einem Brief. Inzwischen seien 50 weitere Jahre vergangen, aber Einsteins Diagnose stimme noch immer. Die Verwirrung sei sogar größer geworden.

Einstein wollte nicht glauben, dass unsere Welt so sonderbar ist, wie es die Quantenmechanik vorhersagt. M.A. Rowe vom National Institute of Standards and Technology in Boulder, Colorado, hat jetzt zusammen mit seinen Kollegen eines der letzten Hintertürchen geschlossen, dass den Gegnern der Quantenmechanik noch offen stand. Im Gegensatz zu früheren Versuchen konnten die Physiker bei ihrem Experi= ment mit "verschränkten Teilchen" so gut wie alle Teilchen auffangen.

Das Besondere an verschränkten Teilchen ist, dass sie sich in einem gemeinsamen Quantenzustand befinden. Das bedeutet, dass die Eigenschaften der beiden Teilchen voneinander abhängen. Verändert eines der Teilchen eine seiner Eigenschaften, dann muss das andere dies augen=

blicklich auch tun, unabhängig von der Distanz.

Stephen Hawking hat Einsteins "spukhafter Fernwirkung" sein „Gott würfelt leidenschaftlich gern“ entgegengehalten. Max Tegmark hat in diesem Punkt zur Vorsicht geraten. Die Wellenfunktion sei ein mathematisches Gebilde zur Beschreibung der Quantenwirklichkeit, aber nicht die Realität selbst! Die physikalische Realität verhalte sich wie sie will – und die Physiker müssten mühsam lernen, ihre mathema= tischen Werkzeuge an ihr ungebärdiges Verhalten anzu= passen. Umgekehrt lernten sie mit jeder Vervollkommnung des mathematischen und technischen Werkzeugs neue Wirklichkeitsaspekte kennen.

Wie die Chemie mit dem Einsatz von Giftgas im Ersten Weltkrieg (siehe Kapitel „Die Pioniere“) so hat auch die Physik bei allen lichtvollen Erkenntnissen eine äußerst dunkle Seite. Leider ist Albert Einsteins Leben und Werk auch mit diesem sinistren Kapitel verbunden: mit dem Abwurf von Atombomben auf Hiroshima und Nagasaki im Zweiten Weltkrieg und dem verlogenen Einsatz der Atomenergie in Kernkraftwerken unter dem Slogan „Atoms for Peace“. Ein tragischer Irrtum, den er später schwer bereut hat, hat Albert Einstein dazu bewogen, den Paten der Atombomben zu spielen.

Die Vorgeschichte beginnt in Frankreich. Nach der deutschen Besetzung Frankreichs 1940 nahm der französische Physiker Frederic Joliot-Curie in der Résistance aktiv am Widerstand teil und schmuggelte seine Forschungsergebnisse zur Kernspaltung nach England. 1941 wurde er Präsident der Nationalen Front des Widerstands. Während der Besatzung stand er der Kommunistischen Partei Frankreichs nahe. Anfang des Jahres 1939 hatte der Physiker Robert Oppenheimer auf einem Kongress in Washington einen Vortrag über den Stand der Atomforschung in Europa gehört. Schon damals wurde die Möglichkeit einer Atomwaffe ernsthaft in Betracht gezogen.

Das Forscherehepaar Frederic und Irène (Tochter von Marie und Pierre Curie) Joliot-Curie (siehe Kapitel „Die Elemente“) hatten in der Zeitschrift „Nature“ bereits zu diesem Zeitpunkt die letzten Zweifel an der Herstellbarkeit einer solchen Waffe beseitigt. Wie der Bericht ausführte, würden durch eine Kernspaltung sehr große Energiemengen sowie durch= schnittlich zwischen drei und vier Neutronen pro Spaltung frei. Beide hatten nun bewiesen, dass eine genügend große Anzahl dieser Neutronen mit anderen Atomen zusammenstieß und diese ebenfalls spaltete, wobei weitere Energiemengen sowie Neutronen freigesetzt werden, um eine Kettenreaktion in Gang zu bringen. Diese ungeheure Energie, die diese in einem winzigen Bruchteil einer Sekunde erzeugen würde, müsste eine Explosion von bisher unbekannter Gewalt bedeuten. Innerhalb weniger Wochen wurde der Joliot-Curie-Bericht in allen Physikzentren der Welt bekannt. (Kesten, 2003)

1938/39 hatte der Direktor des Kaiser Wilhelm-Institus für Chemie in Berlin, der Chemiker Otto Hahn, mit Neutronen und schweren Elementen experimentiert. Als er Uran bestrahlte, entstanden für ihn unverständlicherweise Barium und Krypton. Hahn hatte damit die Kernspaltung entdeckt, zweifelte aber an dem Ergebnis. Seine ehemalige Mitarbeiterin, die öster=reichische Physikerin Lise Meitner hörte davon und über=zeugte ihn, dass es sich tatsächlich um Kernspaltung handelte. Sie hatte wegen ihrer jüdischen Abstammung nach Schweden auswandern müssen, hielt aber Kontakt mit Hahn. Sie erkannte, dass durch die Spaltung von Atomkernen nach der Einsteinschen Gleichung $E = mc^2$ ungeheure Energie=mengen freigesetzt würden und drängte Hahn zur Veröffentlichung.

An dieser Stelle ist festzuhalten, dass Lise Meitner nicht die „Mutter der Atombombe“ war, als die sie in manchen Medien – auch in den USA - dargestellt wurde und wird. Allerdings hätte sie sich vor allem den Physik-Nobelpreis für die ent=scheidenden Hinweise auf die Vorgänge bei der Kernspaltung des Urans verdient, den dann alleine Otto Hahn erhielt. Lise Meitner hat aufgrund von Versuchen Otto Hahns 1939 zusammen mit ihrem Neffen, dem Kernphysiker Otto Frisch, in dem Aufsatz „Disintegration of Uranium by Neutrons: a New Type of Nuclear Reaction“ eine erste physikalisch-theoretische Deutung der Spaltung des Uran-Atomkerns bei Neutronen=beschuss geliefert. Otto Frisch formulierte dafür den Begriff „nuclear fission“ (Kernspaltung), der in der Folgezeit international anerkannt wurde. Lise Meitner entdeckte, dass die beiden Bruchstücke (Atomkerne), die bei der Spaltung entstehen, zusammen eine geringere Masse als der ursprüngliche Uranatomkern haben. Aus dieser Massen=differenz errechneten Lise Meitner und Otto Frisch mit Einsteins Formel $E = mc^2$ die bei der Spaltung freiwerdende Energie von etwa 200 Millionen Elektronenvolt pro gespaltenem Atomkern. Entsetzt stellten sie fest, welche ungeheuren Kräfte in den Atomkernen stecken. (Hingst, 2014)

Lise Meitner war vom Pazifismus geprägt. Sie weigerte sich, Forschungsaufträge für den Bau einer Atombombe anzu=nehmen, obwohl sie von den USA immer wieder dazu aufgefordert wurde. Sie blieb während des Zweiten Weltkriegs in Schweden. Die Atombombe wurde vom Militär gebaut. Das so genannte Manhattan-Projekt zum Bau einer US-Atombombe stand ab 1942 unter militärischer Leitung, angeführt von General Leslie R. Groves. Die For=schungsarbeiten wurden von dem Physiker deutsch-jüdischer Abstammung J. Robert Oppenheimer geleitet. Ein anderer wichtiger Physiker, der am Manhattan-Project arbeitete, war der aus Italien stammende Enrico Fermi, der an der Columbia

University den ersten Prototyp eines Kernreaktors baute. Er starb an Magenkrebs, weil er sich giftiges Beryllium, das süß schmeckt, von den Fingern leckte.

Hahns Ergebnisse wurden in der Zeitschrift „Natur=wissenschaften" im Februar 1939 veröffentlicht und lösten in den Kreisen der Atomforscher eine Sensation aus. Die deutschen Atomphysiker wurden von der Regierung zu strengster Geheimhaltung verpflichtet. Alle Uranvorkommen (die größten lagen in Tschechien) wurden von den deutschen Besatzern unter Aufsicht gestellt. Ein Mitarbeiter Hahns veröffentlichte aber in den ‚Naturwissenschaften' einen Aufsatz über ‚Uran-Kettenreaktionen'. Werner Heisenberg, der sich im Sommer des Jahres als Gast der Columbia Universität in Amerika aufhielt, befürwortete daraufhin eine gemeinsame Verabredung der Wissenschaftler, um den Bau der Atombombe zu verhindern, (Jungk, 1980:72), doch in den Vereinigten Staaten deutete man die Vorgänge so, dass es den Deutschen nun um das Bombenprojekt gehe.

Oppenheimer wurde auch von britischen und kanadischen Wissenschaftlern sowie von europäischen Emigranten unterstützt, unter ihnen die geflüchteten ungarischen Wissenschaftler Leó Szilárd, Edward Teller (der spätere „Vater der Wasserstoffbombe") und Eugene Wigner. Sie wollten den deutschen Atomwaffenplänen zuvorkommen. Zunächst müsse Amerika sich den Zugang zu den Minen in Belgisch-Kongo sichern, welche damals die einzige größere Uranquelle außerhalb Tschechiens darstellten. Leó Szilárd verpflichtete dazu den Industriellen und Bankier Alexander Sachs und Albert Einstein, der in die USA emigriert war. Er überzeugte Albert Einstein, an den US-Präsidenten Franklin D. Roosevelt einen Brief zu schreiben, in dem er ihn aufforderte, die Entwicklung einer Atombombe zu forcieren. Das hat Einstein später sehr bereut. Er hat sich später immer massiv für den Frieden eingesetzt. Die Atombombe hatte also viele Väter, aber keine Mutter! Die grauenhaften Folgen der Atombombenabwürfe auf Hiroshima und Nagasaki folgen ihnen wie der Schatten, den der atomare Blitz von einem Opfer der Katastrophe auf einer Stiege in Hiroshima hinterließ.

Die Entwicklung der Atombombe ist untrennbar mit der sogeannten „Friedlichen Nutzung der Atomenergie“ verbunden. Die AKW-Unfälle, die nach den Betreibern nie hätten passieren können, wurden vertuscht und verdrängt. Schon vier Jahre nachdem Eisenhauer sein Programm „Atoms for Peace“ verkündet hatte, genau am 29. September 1957, fand in Russland der erste schwere Atomunfall statt: in Tscheljabinsk-40. Kaum jemandem wird der Niemandsort in Russland ein Begriff sein. Es zeigte sich die enge Verflechtung zur militärischen Nutzung. Die Weltöffentlichkeit erfuhr von dem Super-GAU erst 1989. Staatsgeheimnis. Militärisches Sperrgebiet. Die Sowjetunion bezog von der streng geheimen Atomanlage Majak („Leuchtturm“), östlich des Urals, in der heutigen Stadt Osjorsk, Material für ihre ersten Atombomben. Am 29. September 1957 explodierte dort hochradioaktiver Abfall, dessen Kühlung versagt hatte. Man bezeichnete die Katastrophe als „Strahlenunfall von Kysthym".

Und dann folgten die Atom-Katastrophen in Tschernobyl und Fukushima. Sie sind verantwortlich für Abertausende von Todesopfern und Krebserkrankungen, für namenloses Elend, für Entvölkerung riesiger Gebiete. Allein die Todeszone um Tschernobyl hat einen Durchmesser von 60 Kilometern. Und auch die Menschen in der roten Zone um Fukushima dürfen nie wieder zurückkehren. Trotzdem triumphiert die Atomlobby, denn es werden fleißig weiter AKW gebaut.

Einsteins Spuk

Quanten sind die kleinsten, atomaren oder subatomaren Teilchen der Materie. Nach der Quantenphysik können diese Teilchen so eng miteinander zusammenhängen, dass die Messung an einem den Zustand des anderen augenblicklich beeinflusst. Albert Einstein (1879 – 1955) wollte dieses Ergebnis der Quantenphysik nicht akzeptieren und bezeichnete die Verschränkung als „spukhaft", weil sie bedeutete, dass das Weltbild der klassischen Physik nicht zu halten war, nämlich dass die Welt unabhängig vom sie beobachtenden Menschen existiert und dass wir die Information, die wir von ihr bekommen, als unbeteiligte Zuschauer erhalten. (Siehe Kapitel „Die Welt ist Mathematik") Einstein störte auch die entscheidende Rolle des Zufalls in der Quantenphysik.

Nach den Erkenntnissen der Quantenphysik ist es nun einmal so, dass beispielsweise ein Photon, ein unteilbares Lichtteilchen, das hier auf der Erde gemessen wird, den Quantenzustand irgendeines mit ihm verschränkten anderen Photons in unserer Galaxie, das gleichzeitig gemessen wird, beeinflusst – oder auch irgendeines Photons im gesamten Weltall. So die These. Um sie zu erhärten, wurde erst jüngst von Physikern der Universität Genf ein Versuch mit im Labor erzeugten verschränkten Photonen-Paaren unternommen. (Kramar, 2008:36; mit Bezug auf die Studie „Testing the speed of ‚spooky action at a distance'", publiziert in der Zeitschrift „Nature" 454, S. 861) Die einzelnen Photonen wurden getrennt und in neun Kilometer voneinander entfernte Orte verfrachtet. Durch Messungen wurde festgestellt, dass sie immer noch miteinander verschränkt sind, weil die Messung an einem Photon mit der Messung am anderen Photon korreliert war. Unter Berücksichtigung der Erddrehung berechneten die Physiker, dass die Geschwindigkeit dieser Beeinflussung mindestens zehntausend Mal so groß wie die Lichtgeschwindigkeit sein muss. Mindestens. Man kann, so die Physiker, aber auch annehmen, dass sie unendlich groß ist.

Der Clou steckt im Wörtchen „gleichzeitig". Die Auswirkung der Messung auf das andere Teilchen findet ohne Zeitverzögerung statt, also mit unendlich großer Geschwindig= keit, was im Widerspruch zu Einsteins Relativitätstheorie steht, nach der sich nichts schneller als mit Lichtgeschwindigkeit ausbreiten kann. (Genauer sagte Einstein, nichts ist schneller als Licht *im Vakuum*.) Daher, so Anton Zeilinger, habe Einstein dieses Phänomen als „spukhaft" bezeichnet. Die Lösung ist einfach: Es wird Information übertragen, also nichts, das wie Photonen gleichzeitig auch materiell ist. Wenn ich ans Ende des Weltalls denke, sind meine Gedanken unendlich schnell an dieser Stelle: augenblicklich. Anders gesagt: Ohne Geist besteht die Welt im Grund nur aus Elementarteilchen wie Elektronen, Photonen und Quarks (aus denen Protonen und Neutronen zusammegesetzt sind). Die Physiker verwenden statt Geist lieber das Wort Information: „Offensichtlich ist die Information darüber, wie die Quarks und Elektronen angeordnet sein müssen, um die Atome zu bilden, und wie die Atome angeordnet sein müssen... wichtiger als Materie... Die Materie ist immer dieselbe. Es hängt daher nur von der Information ab, was wir vor uns haben... Information ist der fundamentale Baustein des Universums." (Zeilinger, 2007:73)

Verschränkung im kosmischen Maßstab. Verschränkung heißt: Keines der beiden Photonen hat eigene Eigenschaften, aber wenn eines gemessen wird, dann sind die Eigenschaften des anderen festgelegt. Nicht unbedingt die gleichen Eigenschaften. Es können auch verschiedene sein. Noch skurriler: „Genau das ist ja das Eigenartige an der Ver= schränkung, dass die Messung, die Beobachtung, an einem der beiden Teilchen die beobachtete Eigenschaft erst erzeugt. Sie war vorher nicht da. Es gibt auch keinerlei Erklärung, warum gerade das eine und nicht das andere Resultat der Messung erhalten wird. Es herrscht hier der reine Zufall. Das Überraschende ist, dass das andere Teilchen, ganz egal, wie weit es weg ist, nun genau die gleichen Eigenschaften besitzen wird. Das ist Einsteins Spuk." (Zeilinger, 2007:100)

Danach hängt alles vom Beobachter ab: Photonen und andere Elementarteilchen können als Welle oder Teilchen auftreten – je nach dem Experiment, das der Forscher auswählt. Je tiefer die Physiker in die Welt der Quanten vordringen, desto klarer wird, dass die Welt ziemlich verrückt ist, widersprüchlich, phantastisch, chaotisch – und doch einer gewissen Ordnung folgend.

Das wissen die Physiker spätestens seit 1972, als Stuart F. Freedman und John F. Clauser zeigten, dass die Bell'sche Ungleichung verletzt ist, dass die Natur nicht auf „'vernünftige', also lokal realistische Weise verstanden werden kann".

(Zeilinger, 2007:275) Die Quanten verhalten sich nicht, so zeigte sich, wie eineiige Zwillinge, welche die (gemessenen) Eigenschaften schon vor der Beobachtung hatten. Das heißt, die Wirklichkeit hängt von der Entscheidung des Beobachters ab, davon, was er misst und wie er misst. Seltsam, dass gerade der Vater der Relativitätstheorie seinen Kollegen Niels Bohr fragte, ob er wirklich glaube, der Mond sei nicht da, wenn niemand hinschaut. (Einstein hat den Nobelpreis nicht für die Relativitätstheorie erhalten, wie viele glauben, sondern für einen Beitrag zur Quantenphysik, zur Theorie der Photonen.) Der Beobachter ist ausschlaggebend: Je nachdem, was er zu messen beschließt, ist eine elementare Lichteinheit ein Welle oder ein Teilchen. Zwei verschränkte Quanten, die ohne direkte Verbindung durch einen größeren Abstand voneinander getrennt sind, sind dennoch auf geheimnisvolle, unerklärliche Weise miteinander verbunden. Was an einem Quant gemessen wird, korreliert mit der Messung am anderen. Das hat den Physiker David Bohm zur Annahme veranlasst, ein prinzipiell unteilbares Universum anzunehmen, in der sich der Beobachter nicht vom Beobachteten trennen lässt. Teilchen oder Welle – alles Formen einer grundlegenden Einheit, einer „fließenden Ganzheit". (Siehe die Ausführungen über Immanuel Kant im Kapitel „Die Welt ist Mathematik")

Niels Bohr und Werner Heisenberg hatten zur Lösung des Problems der Schrödingergleichung - wonach ein Teilchen sich immer an mehreren Orten befindet, die Wellenfunktion sich aber ändere, wenn etwas nicht beobachtet wird - die „Kopenhagener Interpretation“ konstruiert: Die Wellenfunktion breche bei Beobachtung in sich zusammen, wodurch man das „Objekt nur an einem einzigen Ort“ findet.

Doch keine These ohne Antithese: Der amerikanische Physi= ker Hugh Everett behauptete später (siehe Kapitel „Quanten= mechanik“, „Schrödingers Katze: tot und lebenig zugleich“ und „Unendlich viele Welten), dass die Wellenfunktion niemals zusammenbreche, auch dann nicht, wenn jemand hinschaut oder misst. Hugh Everett folgerte daraus, „dass dies in der Praxis so wäre, als hätte sich unser Universum in zwei Paralleluniversen gespalten...“ Everetts Version der Quanten= mechanik wurde 10 Jahre lang ignoriert oder abgelehnt. Erst der US-Physiktheoretiker Bryce DeWitt (1923-2004) machte sie unter dem Namen „Viele-Welten-Interpretation“ bekannt. (Siehe Kapitel „Unendlich viele Welten“)

Schon Einstein war mit der „Kopenhagener Interpretarion“ nicht zufrieden gewesen: „Sollte die Wellenfunktion tatsächlich zusammenbrechen, würde das eine in die Naturgesetze eingebaute grundsätzliche Zufälligkeit voraussetzen.“ Einstein sprach von „Spukhaften Fernwirkungen". Er wehrte sich mit Händen und Füßen dagegen, dass die Welt vom Zufall beherrscht wird (siehe Kapitel „Gott würfelt leidenschaftlich gern“), dass „es keine Ursache gibt“, wie Anton Zeilinger in seinem Buch „Einsteins Spuk“ schreibt, dass es keine

„vorhersagbare deterministische Welt“ gibt. (Zeilinger, 2007:338) Die Natur ist frei, wie Anton Zeilinger sagt. „Die Welt ist offen. Wir können nur Wahrscheinlichkeiten dafür angeben, welche Ereignisse auftreten können“. (Zeilinger, 2007:337) Zweifellos hängen die Prognosen vom Beobachter ab, vom Interpreten, von den Fragen, die gestellt werden und wie sie gestellt werden.

Die Zukunft ist vorhersagbar. Aber das Vorhergesagte unliegt dem Gesetz des Zufalls! Es ist durchaus anzunehmen, dass nicht nur die Materie dem Prinzip der Verschränkung gehorcht. Auch die immaterielle Information, der Geist, ist höchst wahrscheinlich mit der Materie verschränkt. Wird die geistig-materielle „Wirklichkeit“ beobachtet, nimmt immer die Materie die Gestalt der Information an und umgekehrt. Nie weiß man sicher, was rauskommt. Gefragt ist der Möglichkeitssinn.

Schon Ende des vorigen Jahrhunderts begann sich eine Biophysik abzuzeichnen, die auch starke Impulse für die Medizin setzte. Es kam zu einer Vernetzung der verschiedensten Wissenschaftsdisziplinen. Darüber hat z.B. der deutsche Physiker und Biologe Ulrich Warnke geforscht, der an der Universität des Saarlandes als Dozent für Biomedizin-Technik, Umweltmedizin, Klinische Ökologie, Physiologische Psychologie und Psychosomatik arbeitete. Schon seit 1969 experimentiere er auf dem Gebiet der

Wirkungen elektromagnetischer Schwingungen und Felder einschließlich der Lichtquanten auf Organismen. (Warnke, 1997)

Nach Fritz-Albert Popp, einem international renommierten Physiker und Photonen-Fachmann vom Institut für Biophysik in Neuss, ist Kohärenz das Mittel der Informationsübertragung in lebenden Zellen. Beim Menschen finden pro Zelle und Sekunde 100.000 Reaktionen statt. Das wäre ohne Kohärenz nicht möglich. Alle Erkrankungen sind, so Popp, auf Fehler in diesen Informationssystemen zurückzuführen. Er hat daraus seine „Quantenmedizin" abgeleitet, Grundlage einer völlig neuen Diagnose (Regulationsdiagnostik) und Therapie.. (Siehe Bischof, 1995) Popp hat in den 1990er Jahren mit Hilfe einer Infrarot-Kamera erstmals die den Chinesen seit Jahrtausenden bekannte Meridianstruktur (Leitbahnen-Struk= tur der Akupunktur) auf der Körperoberfläche physikalisch nachgewiesen.

Mikrokosmos - Makrokosmos

Ein Gespenst geht um in der Welt: der Quantenspuk. Definition: Spuk ist eine Bezeichnung für wissenschaftlich unerklärte, unerklärliche, unheimliche Erscheinungen, Ge=

spenstererscheinungen. Gemeint ist die „Quantenverrückt=heit“: ein Teilchen kann an zwei Orten gleichzeitig sein, weil es ein Welle ist, zugleich Teilchen und Welle. Aber auch eine Welle kann nicht zugleich hier und dort sein – oder?

Der Gedanke einer Wellennatur der Materie geht auf Louis de Broglie (1923) zurück. Zum Beweis für die „Wavicles“, wie sie Tegmark nennt, führte er das Doppelspaltexperiment durch. Dabei werden Elektronen oder Photonen durch eine Matritze mit zwei sehr dünnen Schlitzen geschickt und treffen auf einen Detektor. Es entstehen nicht zwei Streifen (wie man nach der klassischen Mechanik vermuten würde), sondern eine ganze Reihe von parallelen Streifen, die ein Interferenzmuster ergeben.

Inzwischen konnten Beugungsexperimente auch mit Neutronen, mit ganzen Atomen und sogar mit Molekülen durchgeführt werden. Eine Sensation, denn bis dahin hatte man angenommen, das Mikro- und Makrowelt scharf getrennt seien. An der Universität Konstanz wurde 1991 ein Doppelspaltexperiment realisiert, bei dem Helium-Atome als Ganzes zur Interferenz gebracht wurden. Dies gelang, indem man sich Techniken aus der Halbleiterherstellung zunutze machte, um aus einer dünnen Goldfolie einen Doppelspalt mit zwei 1 Mykrometer breiten Spalten im Abstand von 8 Mykrometer herzustellen. Es ist also tatsächlich so, dass nicht nur Quanten, sondern auch Atome an mehreren Orten gleichzeitig sein können.

Und noch ein anderes Experiment erregte in diesem Zusammenhang Aufsehen: Ein einzelnes Silberatom wurde durch einen sogeannten Stern-Gerlach-Apparat geschickt, wo es, je nach seinem Spin, an zwei verschiedenen Orten platziert wurde. (Tegmark, 2015:579, Anm. 27) Nicht nur ein Teilchen, sondern ein ganzes Atom erscheint an zwei verschiedenen Orten. Die Hexerei ist perfekt.

Tegmark hat das so kommentiert: „Eine solche Ausweitung der Verrücktheit findet eindeutig immer dann statt, wenn wir Quantenmessungen vornehmen. Wenn Sie die Position eines einzelnen Atoms messen, das sich an zwei Orten gleichzeitig befindet und sie schreiben das Ergebnis auf einen Zettel, dann wird die Position des Teilchens die Bewegung Ihrer Hand bestimmen, und Ihr Bleistift wird schließlich an zwei Orten gleichzeitig sein.“ (Tegmark, 2015:269)

Die Physiker Otto Stern und Walther Gerlach hatten mit ihrem Gerät bereits im Ferbruar 1922 erstmals die Richtungs=quantelung von Drehimpulsen beobachtet. Der Stern-Gerlach-Versuch ist ein grundlegendes Experiment in der Physik und wird immer wieder herangezogen, um diesen quanten=mechanischen Effekt zu erläutern, der im Rahmen der klassischen Physik nicht verständlich ist.

„Das Doppelspaltenexperiment, wurde immer wieder auch für Objekte, die größer sind als Elementarteilchen, erfolgreich wiederholt: Atome, kleine Moleküle und sogar das wie ein Fußball geformte, „Bucky Ball“ genannte, Kohlenstoff-60-Molekül verhielten sich so „verrückt“ wie Teilchen. Richard Philips Feynman (1918-1988), mit zwei Kollegen Physik=nobelpreisträger des Jahres 1965, sah in diesen Versuchen die „Mutter aller Quanteneffekte“. Von ihm stammt der Denkwürdige Satz: „I think I can safely say nobody under=stands Quantummechanics“. (Siehe Fullerene im Kapitel „Mysterium Kohlenstoff“)

Keith Schwab arbeitete am Caltech-Labor mit einem Metallrohr, das viele Milliarden Atome enthielt, um Doppel=spaltphänomene nachzuweisen. Andew Cleveland in Santa Barbara hat es mit einem Metallpendel bereits geschafft. Die Gruppe des österreichischen Physikers Anton Zeilinger will es mit einem Virus versuchen. Tegmark bringt es so auf den Punkt: „Die experimentelle Erkenntnis lautet meiner Ansicht nach so: Die Welt ist *tatsächlich* verrückt, und wir müssen schlicht begreifen lernen, damit zu leben.“ (Tegmark, 2015:331 f.)

Everett, der allein aus der Mikrophysik der subatomaren Welt seine Theorie entwickelte, ließ eine Frage offen. Die Objekte der Makrowelt setzen sich aus Teilchen zusammen, die an zwei Orten gleichzeitig sein können. Daher müsste dann auch, worauf auch die Doppelspaltexperimente im Gefolge von Louis de Broglie hinweisen (siehe Kapitel „Mikrokosmos – Makrokosmos“) ein großes Objekt an zwei Orten gleichzeitig sein können. Warum, fragt sich Max Tegmark zu Recht, können wir das dann nie beobachten? Kryptische Antwort: Misst man den Ort des Objekts, werden die Kopien des Beobachters es in den beiden resultierenden Parallel= universen jeweils an einem eindeutigen Ort finden. Aber, so Tegmark, „große Objekte verhalten sich *niemals* so, Und sie weisen nie wellenähnliche Eigenschaften auf. (Tegmark, 2015:290) Eine Feststellung – kein Beweis!

Es scheint eine unsichtbare Trennungslinie von Mikro- und Makrowelt zu geben, die nicht überschritten werden kann. Folgt man der Argumentation Tegmarks, muss es auch erlaubt sein, einen die gesamte Materie tragenden oder durchwirkenden Geist anzunehmen. Zumindest ist das nach Tegmark nicht weniger mysteriös. Seine Erklärung: „Die Quantenverrücktheit verschwindet nicht, sie wird lediglich zensiert.“ Ein Objekt könne nur dann an zwei Orten gleichzeitig angetroffen werden, solange man seine Positionen vor dem Rest der Welt geheim halte. Wenn man das Geheimnis lüfte, „werden alle Quantenüberlagerungen unbe= obachtbar, und es ist in der Paxis so, als sei es entweder hier oder da, nur weiß man schlicht und ergreifend nicht wo“. Befinde sich, so Tegmark, beispielsweise eine Bowlingkugel an zwei verschiedenen Orten gleichzeitig, sei ihre Quanten=

überlagerung ruiniert, bevor der Beobachter Gelegenheit habe, sie bewusst wahrzunehmen, weil sie von 10^{20} Photonen und 10^{27} Luftmolekülen getroffen wird, die reflektiert werden und so ihre Position verraten. Isoliere der Beobachter hingegen ein Elektron in einem Vakuum, überlebe es normalerweise eine Sekunde ohne Zusammenstoß mit irgendetwas. Das genüge, um „abgefahrenes Quantenüber= lagerungsverhalten zu demonstrieren". (Tegmark, 2015:292f.)

Wir haben es hier mit Dekohärenz zu tun, einem aus der Schrödingergleichung ableitbaren Zensureffekt, wonach Überlagerungen (Superpositionen) unbeobachtbar werden, es sei denn, sie werden vor dem Rest der Welt geheim gehalten. Dies lässt die Wellenfunktion während eines Messvorgangs scheinbar zusammenbrechen, auch wenn es in Wiriklichkeit nicht der Fall ist. (Tegmark, 2015:267) Kohärenz: ist im Gegensatz dazu die Eigenschaft von Lichtbündeln, die gleiche Wellenlänge und Schwingungsart zu haben. Ein Quanten= computer funktioniert nur so lange, wie sein Zustand vor der Außenwelt geheim gehalten bleibt. Physiker, die Quantencompuer bauen, bemühen sich, ihre Apparate in einem kalten, dunklen Vakuum zu isolieren, um deren Zustände vor dem Rest der Welt zu verbergen.

Fragen und Zweifel sind in der Regel wichtiger als Antworten. Max Tegmark weiß, wie schwierig der Übergang vom Mikrokosmos in den Makrokosmos ist: Da Atome an mehreren

Orten gleichzeitig sein können, müssten größere Objkte, die aus Atomen bestehen, auch dazu imstande sein. „Aber nur weil sie es *können*, heißt das nicht, dass sie es auch *tun werden...*" (Tegmark, 2015:268) Wenn Quanten an mehreren Orten gleichzeitig sein können, warum nicht ganze makro= skopische Objekte? Diese Frage führt direkt zu „Schrödingers Katze".

Schrödingers Katze: tot und lebendig zugleich

Der US-amerikanische Physiker Robert Betts Laughlin hat einen bemerkenswerten Artikel geschrieben: „Schrödingers Problem. Oder: Was bei der Erfindung der Quantenphysik nicht logisch zu Ende gedacht wurde". Darin heißt es, Schrödinger sei 1927 einem "brutalen intellektuellen Mobbing" ausgesetzt gewesen. (Laughlin, Schrödingers Problem, in: Gumbrecht, 2008:45). Der Konflikt eskalierte im Lauf der Jahre so stark, dass Schrödinger als einer der Mitbegründer dieser Wissenschaft 1950 in einer Vorlesung sagte, er wende sich gegen die „Quantenphysik als Ganzes", gegen „ihre grundlegenden Ansichten". (Laughlin, 2008:44)

Der Grund für diesen unerhörten Vorgang beschäfttigt die Physiker bis heute, weil er dazu führte, dass sich Schrödinger in den 1950er Jahren von der Quantenphysik, wie sie Niels Bohr und Werner Heisenberg vertraten, total distanzierte. Die hatten sich bemüßigt gefühlt, einen Kollaps der Wellen=funktion zu konstruieren, um den Dualismus Welle-Teilchen mit der konventionellen Physik in Einklang zu bringen, die „Kopenhagener Deutung": eine Interpretation der Quanten=mechanik, formuliert um 1927, basierend auf der von dem deutschen Physiker und Nobelpreisträger Max Born (1882-1870) vorgeschlagenen Wahrscheinlichkeitsinterpretation der Wellenfunktion.

Um ihre These von einer abgeschlossenen (nobelpreis=würdigen) Theorie der Quantenmechanik zu halten, hatten Bohr und sein Assistent Heisenberg die zentrale Gleichung Schrödingers (siehe Kapitel „Quantenmechanik") marginali=siert. In einem Brief an Wolfgang Pauli 1926 hatte sie Werner Heisenberg sogar als „Mist" bezeichnet (Tegmark, 2015:49) Über Bohr und Heisenberg schreibt Laughlin, dass es ihnen gelungen sei, Schrödingers Werk zu einern Fußnote zu degradieren, „obwohl eine umgekehrte Hierarchie ange=messener gewesen wäre". (Laughlin, 2008:49) Das Drama=tische daran ist, dass Schrödinger seiner Zeit weit voraus war, in der weder chaotische Prozesse oder komplexe Wahr=scheinlichkeiten berechenbar waren. Nach Laughlin war das Problem 1927 nicht lösbar, „weil die elektronischen Rechner, die zur Lösung einer aus vielen Teilen bestehenden Schrö= dinger-Gleichung benötigt werden, noch nicht erfunden waren". Daher kehre die „Kopenhagener Deutung" Ursache und Wirkung um. (Lauglin, 2008:48).

Der Konflikt geht auf Einstein und seine spitze Bemerkung gegenüber Max Born zurück, Gott würfle nicht. (Einstein/Born, 1991:129f.; siehe Kapitel „Gott würfelt leidenschaftlich gern") Einstein wollte damit sagen, die Quantenmechanik könne nicht richtig sein, weil sie impliziere, dass der Versuch, Teil= chen im atomaren Bereich zu messen, zu Zufallsergebnissen führe. Das Universum entfalte sich aber nach strengen logischen Gesetzen. Einsteins Spruch wird noch heute von vielen Physikern geteilt – und ist dennoch falsch. Robert B. Laughlin schreibt in seiner Arbeit „Das Verbrechen der Ver= nunft. Betrug an der Wissenschaft": „Gott würfelt sehr wohl, wenn es um das Universum geht. Und er tat es regelmäßig von allem Anfang an. Er erschuf die Galaxien in einer gewaltigen chaotischen Explosion. Er verteilte die Sterne rein zufällig am Firmament... Und schließlich schuf er in einem Geniestreich Menschen, die Würfel für ihn herstellten und damit spielten und sich dann hinsetzten, um gelehrte Schriften zu verfassen, in denen sie erklärten, dass Gott nicht würfle." (Laughlin, 2008:29f.)

Einstein, so Laughlin, habe übersehen, dass sich Würfel keineswegs zufällig verhalten, sondern chaotisch. Das bedeute, dass ihre Bewegung vollständig determiniert und logisch ist, „aber so unregelmäßig, dass es faktisch an Zufall grenzt". Das Verhalten von Würfeln sei so unregelmäßig, weil sie gelegentlich über ihre Ecken kippen und winzige Veränderung die Richtung verändern, in die sie fallen. Wenn die Würfel lange genug geworfen werden, übersteige eine präzise Voraussage „die Kapazität aller Computer, die jemals gebaut werden können, selbst wenn man beliebig viele davon zusammenschalte". (Laughlin, 2008:30)

Charakteristisch für den heutigen Stand der Dikussion über die „Kopenhagener Deutung" ist ein Aufsatz des österreichischen, in Deutschland lebenden Physikers Michael Springer. (Springer, 2016) Obwohl sich die Quantenphysik seither enorm weiterentwickelt habe, so Springer, würden die meisten Physiker heute – „so man sie denn zum Philosophieren zwingt" – auch heute noch die „Kopenhagener Deutung" bevorzugen. Sie sei eine Zwei-Welten-Theorie: Der Beobach= ter richte sein makroskopisches Messinstrument auf ein mikroskopisches Quantenobjekt. Bohr zufolge seien Beobachter und Messgerät physikalisch betrachtet klassische, das heißt nicht quantenmechanische Objekte. Zwei disparate Welten stießen aufeinander, eine klassische und eine gequantelte. Bei dieser Begegnung verwandle sich die Vieldeutigkeit der Quantenmechanik, die mathematisch in der Wellenfunktion zum Ausdruck kommt, in ein eindeutiges, allerdings nur statistisch vorhersagbares Messresultat. Das sei der so genannte Kollaps der Wellenfunktion – „ein physikalisch nicht erklärter Vorgang, in dem sich alle Deutungsprobleme der Quantentheorie zusammenballen".

Die physikalische Praxis, so Springer, passe immer schlechter zur Bohrschen Zwei-Welten-Theorie – allein schon deswegen, weil die Grenze zwischen Mikro- und Makrophysik durch die Fortschritte der Experimentiertechnik immer diffuser werde: „Typische Quanteneffekte werden mit immer größeren, aus tausenden Atomen bestehenden Objekten demonstriert, und umgekehrt nähern sich immer feinere Messfühler der Größenordnung des beobachteten Quantenobjekts an." (Siehe Kapitel „Makrokosmos - Mikrokosmosmos" und „Mysterium Kohlenstoff") Deshalb habe in den letzten Jahren die so genannte Dekohärenztheorie an Boden gewonnen, die bereits 1970 von dem Theoretiker H. Dieter Zeh vorgeschlagen und beschrieben worden sei: Alle Beteiligten – Beobachter, Messapparat, Messobjekt und Umwelt – seien Quanten= objekte. Es gebe nur eine einzige Quantenwelt. Das hebe zwar die künstliche Trennung in zwei Welten auf, schaffe aber dafür das Problem, wie man das vertraute Verhalten klassischer Alltagsobjekte durch die exotischen, unanschau= lichen Vorgänge der Quantenwelt erklären könne.

In der Quantenwelt regiere, so Springer, die Wellenfunktion, der zufolge stets Superpositionen (Überlagerungen) mehrerer Zustände existieren. Zustände separater Teilchen könnten verschränkt, das heißt zu einem gemeinsamen Quantenobjekt gekoppelt sein (siehe Kapitel „Gott würfelt leidenschaftlich gern“), Teilchen könnten sich an zwei Orten gleichzeitig aufhalten, eine mikroskopische Blattfeder könne zugleich zwei gegenläufige Schwingungen ausführen. Diese Phänomene könne man im Alltag deshalb nicht beobachten, weil die Wellenfunktionen von Beobachter, Umwelt und Quantenobjekt quantenmechanisch verschränkt sei. Damit habe der Beobachter seine isolierte und herausgehobene Bedeutung verloren. Beim Messvorgang handle es sich um eine Wechselwirkung zwischen Apparat, Messobjekt und Umwelt, die wie jeder Naturvorgang den Quantenregeln gehorche. Das beruhige übrigens auch die Kosmologen, die – anders als zu Bohrs Zeiten – heutzutage Urknall, kosmische Hintergrund=strahlung, Supernovae und Schwarze Löcher als typische Quantenphänomene untersuchen. Sie müssten sonst über Einsteins alte Frage (an Bohr) grübeln, ob für Quantentheoretiker der Mond existiere, wenn niemand ihn beobachte.

Wenn man der Wellenfunktion unabhängig vom Beobachter Realität zugestehe, erhebe sich die Frage, was aus den vielen möglichen Messresultaten werde, die wir nicht beobachten. Antwort Springers: Da sie nicht mehr durch den unerklärten Kollaps (die „Kopenhagener Deutung“) weggezaubert werden, bestehen sie irgendwie weiter. Eine logisch einfache, aber für den Normalverstand extrem unverdauliche Antwort gebe die so genannte Vielwelten-Interpretation nach dem amerika= nischen Theoretiker Hugh Everett (1930 – 1982): Der Mess= vorgang spalte die Quantenwelt quasi in getrennte Zweige auf; alle möglichen Messresultate existierten in parallelen Teil= welten, in denen das Messgerät jeweils einen von ihnen an= zeige. (Siehe Kapitel „Unendlich viele Welten")

Michael Springer skeptisch: „Wird sich unser Hausverstand je an solche oder andere ähnlich bizarre Ideen gewöhnen? Die Quantenphysik zwingt uns jedenfalls, den Realitätsbegriff drastisch zu erweitern. Die Wirklichkeit ist offenbar keine simple Addition lokal eindeutiger Zustände. Gegenwärtig favorisieren Wissenschaftstheoretiker den so genannten Strukturenrealismus, der die Natur nicht mehr als klassische Ansammlung von Teilchen und zwischen ihnen herrschenden Kräften betrachtet, sondern als eine letztlich nur mathematisch fassbare Struktur, die durch komplexe Symmetrien definiert ist." Springer verweist an dieser Stelle auf den Aufsatz „Was ist real?" des deutschen Philosophen und Physikers Meinhard Kuhlmann. (Spektrum der Wissenschaft 7/2014, S. 46).

Das mündet in Max Tegmarks Theorie, die Welt sei nicht nur mathematisch beschreibbar, sondern sei Mathematik. (Siehe Kapitel „Die Welt ist Mathematik") Hier rät Springer zur Vorsicht: „Die Wellenfunktion ist ein mathematisches Gebilde zur Beschreibung der Quantenwirklichkeit, aber nicht die Realität selbst! Die physikalische Realität ist, wie sie ist, und verhält sich, wie sie will – und wir müssen mühsam lernen, unsere mathematischen Werkzeuge an ihr ungebärdiges Verhalten anzupassen. Umgekehrt lernen wir mit jeder Vervollkommnung des mathematischen und technischen Werkzeugs neue Wirklichkeitsaspekte kennen."

Die Quantentheorie von Bohr, Heisenberg und Schrödinger, so Springer, sei überholt von der Quantenfeldtheorie, welche die Quantenmechanik mit der speziellen Relativitätstheorie vereinige und die Basis der heutigen Teilchenforschung bilde. Aber auch das sei noch nicht der physikalischen Weisheit letzter Schluss, denn niemand wisse heute, wie eine Theorie von Allem, die Gravitation und Quanten konsistent vereinigt, aussehen werde – falls sie je zustande komme. „Wir wissen nur: Von der Naturforschung sind auch künftig Über= raschungen zu erwarten. Daher sollten wir uns kein vorge= fertigtes Bild von ihrem Gegenstand machen. Vor allem sollten wir unser Bild nicht mit der Wirklichkeit verwechseln. Die Natur war da, bevor unser Geist sich anschickte, sie zu verstehen." (Springer, 2016)

Doch zurück zu den Anfängen: In offensichtlicher Verzweiflung über die „Kopenhagener Deutung" veröffentlichte Schrödinger 1935 den Aufsatz „Die gegenwärtige Situation in der Quantenmechanik", in dem er die berühmte Katze einführte. „Er wollte zeigen, dass eine der logischen Folgerungen der Kopenhagener Deutung offenkundig absurd war, und sie widerlegen.“ (Laughlin, 2008:53) Seine Argumentation war folgende: Der „Kopenhagener Deutung“ zufolge ist eine Messung erforderlich, um zu bestimmen, welcher der beiden Zustände (der Katze in einer Kiste mit spezieller Apparatur, deren Leben am berühmten Seidenen Faden – nämlich am zufallsbedingten radioaktiven Zerfall - hängt) tatsächlich vorliegt. Daraus folgt, dass man dadurch, dass man in die Kiste hineinschaut, die Katze umbringt. Der Schaden kann nicht mehr behoben werden. Die von der Quantentheorie geforderte Überlagerung – die Katze ist tot und lebendig zugleich – ist damit perdü.

Anstatt die Kopenhagener Deutung zu widerlegen, was Schrödinger beabsichtigte, wurde seine Katze zu ihrem Vorzeigeobjekt. Sie symbolisiert jene übergreifende Verwir= rung, die Forscher überall auf der Welt bis heute meinen aufrechterhalten zu müssen. Aufgrund einer Laune des Schicksals ist Schrödingen heute eher als der Erfinder dieser Katze (in ihrer umgekehrten Bedeutung) in Erinnerung geblieben, denn als der Erfinder der Wellenmechanik. So kam die Quantentheorie damals mit einer „seltsamen Missbildung in die Welt“. (Tegmark, 2015:53f.) Absurd: Schrödingers Gleichung, die sie begründete, sei, nach der Kopenhagener Deutung mit der Quantenmechanik unvereinbar!

Die Grundfrage der Philosophie ist: Wieso ist überhaupt Etwas und nicht Nichts? Ähnlich die Kernfrage der heutigen Physik:

Wenn Atome an mehrern Orten gleichzeitig sein können, warum dann nicht die ganze Welt? Bei dem Versuch, den Schrödinger zur Veranschaulichung seiner Theorie konzipiert hat, spielt eine chaotische Wahrscheinlichkeitsanordnung durch die Zufälligkeit des radioaktiven Zerfalls eine zentrale Rolle.

1935 hat der Nobelpreisträger die paradoxe Situation mit einem Gedankenexperiment zu illustrieren versucht: „Man kann auch ganz burleske Fälle konstruieren. Eine Katze wird in eine Stahlkammer gesperrt, zusammen mit folgender Höllenmaschine (die man gegen den direkten Zugriff der Katze sichern muß): In einem Geigerschen Zählrohr befindet sich eine winzige Menge radioaktiver Substanz, so wenig, daß im Lauf einer Stunde vielleicht eines von den Atomen zerfällt, ebenso wahrscheinlich aber auch keines; geschieht es, so spricht das Zählrohr an und betätigt über ein Relais ein Hämmerchen, das ein Kölbchen mit Blausäure zertrümmert. Hat man dieses ganze System eine Stunde lang sich selbst überlassen, so wird man sich sagen, daß die Katze noch lebt, wenn inzwischen kein Atom zerfallen ist. Der erste Atomzerfall würde sie vergiftet haben. Die Psi-Funktion des ganzen Systems würde das so zum Ausdruck bringen, daß in ihr die lebende und die tote Katze zu gleichen Teilen gemischt oder verschmiert sind."

Diese Parabel war als Beispiel gedacht, wie die Quantentheorie in anderen Bereichen mißbraucht werden kann, und wie unangemessen eine simple Übertragung mikrophysikalischer Phänomene (beispielsweise der verschmierten Zwitterzustände) auf makroskopische Objekte der Alltagswelt (etwa Katzen) ist. Aber viele Physiker und Philosophen haben Schrödingers Katze wörtlich genommen.

Doch ist es wirklich sinnvoll anzunehmen, daß die Katze in der Kiste zugleich tot und lebendig ist – oder eben keines von beidem –, solange sie niemand beobachtet? Oder sorgt sogar erst die Beobachtung für einen eindeutigen Katzenzustand? Diese radikale Auffassung hat tatsächlich Anhänger, bei= spielsweise den Physiknobelpreisträger Eugene Wigner: Das Bewußtsein bestimmt das Sein oder, wie der anglikanische Bischof George Berkeley schon im 18. Jahrhundert behaup= tete: „Sein ist Wahrgenommenwerden."

John Wheeler hat dieser idealistischen Auffassung mit seinem „Partizipatorischen Anthropischen Prinzip" gewissermaßen die physikalische Krone aufgesetzt: Das Universum habe nicht einfach den Beobachter erschaffen, sondern dieser auch das Universum. Beträchtliche Schwierigkeiten liegen allerdings auf der Hand: Woher kommt der Beobachter? Wieso kann er die Welt nicht einfach so sehen wie er will, wieso ist sie oftmals so unerquicklich? Und: Geht der verschmierte Zustand von Schrödingers Katze nicht auf den Beobachter über?

Angenommen, ein Mann öffnet die Kammer und schaut nach der Katze. Vor der Tür warten neugierige Journalisten, um vom Schicksal des Tieres zu erfahren. Müsste sich der Mann, solange er ihnen nichts berichtet hat, für sie nicht seinerseits in einem Überlagerungszustand befinden zwischen jeman= dem, der eine tote Katze erblickt hat, und einem, dem sie quietschlebendig in die Arme sprang? Andererseits: Könnte sich die Katze, die doch wohl auch ein Bewußtsein hat, nicht selbst beobachten und dadurch am Leben halten?

Alwyn Scott, ein Mathematiker an der University of Arizona, weist auf weitere Schwierigkeiten hin: „Es ist fraglich, ob die Schrödinger-Gleichung auf Katzen überhaupt anwendbar ist, da sie Energie verbrauchen. Außerdem: Könnte ein Beobachter den Todeszeitpunkt der Katze nicht nachträglich feststellen, zum Beispiel durch die Messung des Sauerstoffverbrauchs in der Kiste?" Andererseits, so Scott weiter, sind die Quanteneffekte bei makroskopischen Objekten viel zu gering. Die prinzipielle Meßungenauigkeit eines Tennisballs beträgt aufgrund der Heisenbergschen Un= schärferelation beispielsweise nur ein hundertbillionstel Prozent, die von Nervenimpulsen ein zehnmillionstel Prozent. Mit anderen Worten: Quanteneffekte dürften das Gehirn eigentlich nicht stärker beeinflussen als ein Stampfen auf den Boden die Bahn der Erde.

Für Henry Stapp vom Lawrence Berkeley National Laboratory ist das Bewußtseinsproblem dagegen schon gelöst, weil er die Quantentheorie für die einzige wissenschaftliche Theorie hält, die den Beobachter mit der Welt verknüpft. „Es gibt keine Materie oder Substanz mehr wie in der klassischen Physik. Beides hat sich aufgelöst und läßt ideenartige Dinge zurück. Die fundamentale Realität ist von Erfahrungen getränkt, die Physik handelt letztlich von subjektiven Erlebnissen."

Euan James Squire (1933-1996), Mathematiker an der britischen University of Durham, setzt den Akzent folgendermaßen: „Unabhängig von der Frage, ob das Bewußtsein die Quantentheorie braucht, gibt es gute Gründe anzunehmen, daß die Quantentheorie das Bewußtsein braucht. Jede Hoffnung, Bewußtsein mit Hilfe der Physik zu erklären, wird wahrscheinlich durch die Tatsache enttäuscht, daß wir die Physik nicht ohne das Bewußtsein verstehen können." Doch Wissenschaftler möchten auch das Bewußtsein verstehen – und wenn die Hirnforschung dazu nicht ausreicht, dann eben mit Hilfe der Physik.

Der 1997 verstorbene Medizin-Nobelpreisträgers John C. Eccles glaubte nicht an einen rein neuronalen Ursprung des menschlichen Geistes, sondern betrachtete diesen als göttliche Schöpfung und eigenständige Existenzform. Doch wie kann dieser vermeintlich freie Geist in die „schnöde" Materie eingreifen? Eccles formulierte hierzu gemeinsam mit dem Physiker Friedrich Beck von der Technischen Hochschule Darmstadt 1992 eine kühne Hypothese: Es sind Quanteneffekte, die der Geist in Bewegung bringt oder zumindest ausnutzt. Eccles zufolge geschieht das an den Synapsen, den Verbindungsstellen zwischen den Nerven= zellen. Das Bewußtsein soll über Quantensprünge Boten= moleküle freisetzen, welche die nachgeschaltete Zelle aktivieren oder hemmen können. Beck hat dies durch ein biophysikalisches Modell noch ergänzt, das den Elektronen= transport in den Synapsen berücksichtigt. Eccles' Vorschlag stürzt allerdings in schier unlösbare Schwierigkeiten: Die synaptische Übertragung beruht auf vielen großen Proteinen, auf die sich Quanteneffekte bestenfalls marginal auswirken.

Die Quantenphysik erlaubt zwar Lücken in den kausalen Gesetzmäßigkeiten, durch die der Geist in die Natur schlüpfen könnte, aber es gibt keinen Hinweis darauf, daß sich Quanteneffekte steuern lassen. Rein physikalisch betrachtet sind sie der reine Zufall. Und wenn sich die Quanteneffekte wirklich lawinenartig aufschaukeln können – was Eccles annehmen muß, obwohl es im Nervensystem extrem unwahrscheinlich ist –, dann bleibt unverständlich, wieso die Wirkungen nicht völliges Chaos anrichten. An derselben Schwierigkeit ist schon die „Verstärker-Hypothese" geschei= tert, mit der Physiknobelpreisträger Pascual Jordan in den dreißiger Jahren eine Quantentheorie der Willensfreiheit zu etablieren versuchte. Ein letztes Problem: Eccles zufolge darf der Geist hinter den Kulissen keine Energie verbrauchen, um nicht mit dem Energieerhaltungssatz in Widerspruch zu kommen. Bildgebende Verfahren zeigen aber, daß das Gehirn bei Bewußtseinsprozessen außerordentlich aktiv ist und enorme Energievorräte benötigt.

Aus einem anderen Betrachtungswinkel versuchte sich Roger Penrose, Mathematiker und Kosmologe an der Oxford University, einer Quantentheorie des Bewußtseins zu nähern. Er ist davon überzeugt, daß Denken auf nichtberechenbaren und im Computer prinzipiell nicht simulierbaren Prozessen beruht, für deren Beschreibung die gegenwärtige Physik noch gar nicht ausreicht. Seine beiden Bücher „The Emperor's New Mind" und „ Shadows of the Mind" (deutsche Titel: „Computer= denken" und „Schatten des Geistes") von 1989 und 1994 sind internationale Bestseller geworden. Penrose verbindet darin das Mysterium des menschlichen Geistes mit dem großen Ziel der theoretischen Physik: einer Vereinheitlichung von Quan= tentheorie und Allgemeiner Relativitätstheorie. Diese Quan= tengravitation, so hofft Penrose, wird gleich drei Fliegen mit einer Klappe schlagen: das Rätsel des Urknalls, das Meßproblem in der Quantenphysik und das Geheimnis des Bewußtseins. „Ich meine nicht nur, daß wir eine neue Physik brauchen, sondern daß diese neue Physik auch für die Vorgänge im Gehirn von Relevanz sein muß."

Eine Theorie der Quantengravitation wird noch lange auf sich warten lassen, und ob darin das Bewußtsein eine Heimstatt erhält, ist mehr als fraglich. Inzwischen hat sich Penrose mit dem Narkosearzt Stuart Hameroff von der Uniklinik der University of Arizona verbündet, der schon früher mit abenteuerlichen Überlegungen zu Quanteneffekten im Gehirn von sich Reden machte. Er glaubt, daß „Mikrotubuli" den Geist hervorzaubern. Diese Proteinfäden fungieren innerhalb der Nervenzellen als molekulare Transportbänder. Penrose und Hameroff meinen, daß diese sich – ähnlich wie Schrödingers zugleich tote und lebende Katze – häufig in „kohärenten Überlagerungszuständen" befinden. Die sollen nach den mutmaßlichen Gesetzen der Quantengravitation im Sekun=dentakt von selbst zu einem eindeutigen Zustand kollabieren und dabei den Strom von Bewußtseinsmomenten erzeugen.

Wie das im einzelnen geschehen soll, versteht freilich niemand. Außerdem ist es extrem unwahrscheinlich, daß die Quanteneffekte einerseits lang genug von der Umgebung abgeschirmt bleiben, sich andererseits aber wohlgeordnet übers ganze Gehirn ausbreiten können. Auch physiologische Daten sprechen gegen eine Beteiligung der Mikrotubuli an Bewußtseinsvorgängen.

Einstein war bis zu seinem Tod skeptisch gegenüber „spuk=haften Fernwirkungen" und „Gespensterfeldern" der Quanten=physik. Sicherlich hätte ihn amüsiert, daß Quanteneffekte jetzt auch in den Köpfen der Bewußtseinsforscher herumspuken sollen. Mehr Fragen, als Antworten. Doch wir müssen uns diesen Fragen stellen. Der französische Schriftsteller Joseph Joubert wußte schon vor 200 Jahren: „Es ist besser, eine Frage zu diskutieren, ohne sie zu entscheiden, als eine Frage zu entscheiden, ohne sie zu diskutieren." (Rüdiger Vaas: Bild der Wissenschaft 01.10.2000)

Schrödingers Katze ist ein Paradoxon. Solange man die Messung nicht vorgenommen hat (will heißen, den Kasten, in dem die Katze sitzt, nicht geöffnet hat), stellt das System eine Kombination aus lebender und toter Katze dar. „Die Absurdität dieser Vorstellung ist offensichtlich, besonders für alle, die schon einmal auf eine richtige tote Katze gestoßen sind. Genau das wollte Schrödinger ausdrücken." (Laughlin, 2007:85) Schrödingers Katze ist zugleich tot und lebendig. Wer in den Kasten reinschaut, zerstört die quanten=physikalische Realtität dieser Überlagerung – und damit das Leben der Katze. Eine verzweifelte Warnung des Nobelpreisträgers an alle Wissenschaftsfetischisten, die seine ironische Falle allzu ernst nehmen! Schrödinger selbst hat das Katzenbeispiel als „lächerlich" bezeichnet. (Laughlin, 2007:97, Anm. 6)

Auch der US-Amerikaner Brian Greene, Universitätsprofessor für Physik und Mathematik (siehe Kapitel „Unendlich viele Welten"), lehnt den Kollaps der Wellfunktion ab. In der Welt der Physik komme es bis heute zu „Karrieren verschlingenden Auseinandersetzungen mit den anstehenden Problemen, Rätseln und Paradoxa". (Greene, 2004:236) Die Schwierigkeit liege darin, dass Wellenfunktionen nach der allseits anerkannten Schrödinger-Gleichung „*nicht* kollabieren". Ex=perimentatoren ebenso wie der Mensch im Alltag bekämen Teilchen oder Wellen nie so zu sehen wie sie Schrödinger definiert hat: „Niemals erblicken wir einen Stuhl, der zugleich hier und dort ist... Niemals sehen wir eine Katze, die zugleich tot und lebendig ist". Existiert die Vergangenheit erst dann, wenn wir sie in einem bestimmten Moment in der Zukunft analysieren? Niels Bohr zog eine klare Grenze zwischen Mikrowelt und Makrowelt (siehe Kapitel „Mikrokosmos - Makrokosmos) Aber wo verläuft diese Grenze? Wie sind die Welten miteinander verflochten? Gibt es eine „verborgene Realität" backstage? Diese Fragen sind bis heute strittig. Eine allgemein akzeptierte Anwort ist nicht in Sicht und hinterlässt eine schmerzliche Lücke in der Formulierung der Quanten=gesetze.

Es existieren mehrere umstrittene Lösungsansätze. Wheelers Schüler Hugh Everett (siehe Kapitel „Unendlich viele Welten") hat 1957 postuliert, dass die Wellenfunktion niemals kollabiert. Vielmehr erblicke absolut jedes potenzielle Ergebnis, das in einer Wellenfunktion verkörpert ist, das Licht der Welt – in separaten Universen. „Nach diesem Ansatz, der *Viele-Welten-Interpretation*, wird der Begriff des „Universums" so erweitert, dass er unzählige „Paralleluniversen“ – unzählige Versionen unseres Universums – einbezieht. So kommt es, dass sich alles, was nach der Vorhersage der Quantenmechanik geschehen *könnte* – und wenn auch nur mit winziger Wahrscheinlichkeit -, *tatsächlich* in mindestens einer der Kopien ereignet.“ (Greene, 2004:240)

Ein anderer Vorschlag stammt von David Bohm (siehe Kapitel „Gott würfelt leidenschaftlich gern“ und „Einsteins Spuk“), der die Ansicht vertritt, „die Wellenfunktion eines Teilchens sei ein anderes, *separates Element der Wirklichkeit*, die *„zusätzlich zum Teilchen“* existiere (Greene, 2004:241), aber vereinigt in einer „fließenden Ganzheit“.

Und zum dritten gibt es den Ansatz der Dekohärenz, den Dieter Zeh 1970 vorgeschlagen hat. (Siehe Kapitel „Schrö= dingers Katze – tot und lebendig zugleich“) Obwohl die Teilchen der Mikrowelt zu klein seien, um nennenswerte Auswirkungen auf ein großes Objekt der Makrowelt zu haben, stupsen sie die Wellenfunktion des großen Objektes an, stören seine Kohärenz. Diese „Dekohärenz zwinge die Selt= samkeit der Quantenphysik dazu, großen Objekten weitgehend zu entweichen“: „Die Quantenseltsamkeit wird von unzähligen aus der Umgebung einwirkenden Teilchen Stück um Stück davongetragen.“ (Greene, 2004:247) Die umge= bungsbedingte Dekohärenz, so Greene, sei ein entschei=

dender Ansatz, um die Kluft zwischen klassischer Physik und Quantenmechanik zu überbrücken.

Die Wellenfunktion von Teilchen erlaubt eine genaue Berechnung des Verhaltens von winzigen Quantenobjekten wie Elektronen oder Lichtteilchen (Photonen). Quantenver= rückterweise können sie an zwei Orten gleichzeitig sein oder sich in ihren Eigenschaften überlagern (Superposition). Jüng= ste Nachricht von der Katzen-Front: Wissenschaftler der University of Queensland in Brisbane, Australien, brachten Photonen in nicht mehr unterscheidbare Zustände und führten dann Messungen durch. Einer der Autoren, Martin Ringbauer, erklärt dazu: „Das Phönomen der Nicht-Unterscheidbarkeit von Quanetenzuständen kann nicht vollständig erklärt werden.“ (Ringbauer et al., 2015) Es bleibe dabei: Schrö= dingers Katze ist tatsächlich zugleich tot und lebendig.

Die Welt ist paradox

Schrödingers Katze ist ein (von ihm ironisch gemeintes) Paradox. Zenon, ein anderer Konstrukteur von paradoxen Denkaufgaben, hat uns schon in der Antike die Sache mit dem Pfeil hinterlassen. Zenon behauptete, schon der Begriff Bewegung sei inhaltsleer. Der Denker lädt uns ein, den Pfeil in einem beliebigen Moment während des Fluges zu betrachten. Zu diesem Zeitpunkt erfüllt der Pfeil ein Raumgebiet, das so lang ist wie er selbst; dabei ist keinerlei Bewegung zu bemerken. Weil diese Beobachtung in jedem Moment wahr ist, kann der Pfeil niemals in Bewegung sein. Die Behauptung "Der fliegende Pfeil steht!" hat sich historisch für Zenons Widersacher als der unbequemste erwiesen. Viele Philosophen und Mathematiker haben versucht, Zenons Einwänden zu begegnen. Die einfachste Methode ist, das Problem glatt zu leugnen. (Siehe Kapitel „Die Welt ist Mathematik")

Manche Denker erzielten gewisse Fortschritte in der Frage, wie sich in der materiellen Welt eine Abfolge unendlich vieler Vorgänge ereignen könne. Ihre Erklärungen waren stets mit der Idee von Infinitesimalen verflochten – räumlichen oder zeitlichen Abständen, die den Inbegriff der Kleinheit verkör= pern. Man nahm an, eine infinitesimale Größe sei so nahe null, daß sie ohne zahlenmäßige Wirkung bleibe; sie entziehe sich jedem noch so exakten Meßvorgang – wie Sand, der durch ein Sieb rieselt. So behauptete Giovanni Benedetti (1530 bis 1590), ein Vorgänger von Galileo Galilei, daß Zenon, wenn ihm ein Gegenstand als mitten in der Luft erstarrt erscheine, tatsächlich nur einen Teil des ganzen Vorgangs sehe – um einen modernen Vergleich zu gebrauchen: als würde er Standphotos anstelle eines Kinofilms betrachten. Zwischen den ruhenden Bildern, die Zenon sehe, gebe es infinitesimal kleine Zeitabschnitte, in denen der Gegenstand sich um ebenso winzige Entfernungen fortbewege.

Andere umgingen das Problem, indem sie meinten, dass physikalische Intervalle sich einfach nicht unendlich oft unter= teilen lassen. Friedrich Adolf Trendelenburg (1802 bis 1872) von der Universität Berlin errichtete ein komplettes philoso= phisches Gebäude, das die menschliche Wahrnehmung aus der Bewegung erklärte. Auf diese Weise kam er um die Erklärung der Bewegung selbst herum.

Ein ähnliches metaphysisches System entwarf in unserem Jahrhundert der englische Philosoph und Mathematiker Alfred North Whitehead (1861 bis 1947). Es beruhte auf dem Phänomen des Wandels, mit der Bewegung als Spezialfall. Whitehead widersprach Zenons Einwänden, indem er geltend machte, daß Ereignisse in der materiellen Welt eine gewisse Ausdehnung haben müssen und demnach nicht punktförmig sein können. Schon der schottische Philosoph David Hume (1711 bis 1776) hatte geschrieben: "Alle Vorstellungen von Größe, mit denen die Mathematiker arbeiten, sind immer nur Einzelvorstellungen, und zwar von den Sinnen und der Einbildungskraft eingegeben, können daher nicht ins Unendliche teilbar sein."

Jedenfalls ist die Frage, ob Infinitesimale existieren oder nicht, kontrovers geblieben, und bis vor kurzem hielten die meisten

Mathematiker sie für Hirngespinste. Auch der irische Bischof George Berkeley (1685 bis 1753) – vor allem bekannt als Verfechter eines radikalen Idealismus, der die Wirklichkeit der Materie leugnet – lehnte sie strikt ab. Wie er fand, gaben sich die Mathematiker seiner Zeit, insbesondere Isaac Newton (1643 bis 1727), in dieser Frage mit Scheinbegriffen ab. "Sie sind weder endliche Größen noch unendlich kleine und doch auch nicht nichts. Dürfen wir sie nicht Geister verstorbener Größen nennen?"

Andererseits fiel es den Mathematikern schwer, ohne Infinitesimale auszukommen – so zuwider sie ihnen theore= tisch auch sein mochten. Einige Historiker glauben, schon der in Syrakus lebende Grieche Archimedes (etwa 287 bis 212 vor Christus) habe manches mathematische Resultat mittels Infinitesimalen gewonnen und sie nur in der öffentlichen Darstellung vermieden. Im 17. und 18. Jahrhundert haben Infinitesimale in der Entwicklung sowohl der Differential- als auch der Integralrechnung ihre Spuren hinterlassen. Aus praktischen Gründen nutzen einführende Lehrbücher sie oft, um den Studenten gewisse Ideen der Analysis zu vermitteln. Doch als man die Existenz dieser kleinen Größen streng zu begründen suchte, tauchten unzählige Schwierigkeiten auf. Schließlich erfanden die Mathematiker des 19. Jahrhunderts einen kunstgerechten Ersatz: die Theorie der Grenzwerte. Ihr Sieg war so umfassend, daß einige Mathematiker von der Verbannung der Infinitesimalen sprachen. Aber im Jahre 1966 führte der Logiker Abraham Robinson von der Yale-Universität in New Haven (Connecticut) mit seiner sogenannten Nichtstandard-Analysis die geisterhaften Wesen erneut in die Mathematik ein.

Edward Nelson von der Universität Princeton (New Jersey) schuf dann eine Spielart der Nichtstandard-Analyse mit dem trockenen Namen interne Mengenlehre (internal set theory, kurz IST). Nelsons Methode erzeugt überraschende Deu= tungen scheinbar vertrauter mathematischer Strukturen. In ihrer Seltsamkeit ähneln die Ergebnisse gewissen Erscheinungen in der Quantenphysik: Quantenwelt und „reale Welt" sind unvereinbar, weil die Quantenwelt, wenn wir messen, verschwindet.
Langsam lichtet sich der Schleier, der beide Welten trennt, und es wird erkennbar, dass sich der Makrokosmos zwar aus dem Mikrokosmos zusammensetzt, aber immer in einem Zustand des Gegensatzes verharrt, wenn man versucht, den Mikrokosmos zu beobachten. Der Mikrokosmos wird immer ein Geheimnis bleiben. Auf der subatomaren Ebene gelten eigene Bedingungen. Wendet man die Quantenmechanik auf kosmische Phänomene an, führt das zu paradoxen Situationen.

Unendlich viele Welten

Epikur war der erste, der lehrte, die Erkenntnis der Natur befreie die Menschen von der falschen Auffassung des Volksglaubens über das Einwirken der Götter auf die Menschenwelt: Jedes Ding entstehe „ohne Hilfe der Götter". (Lukrez, 1972, 1. Buch, Vers 150ff.) Epikur war der erste, der annahm, dass es im All unendlich viele Welten gibt – eine Ansicht, die erst in der modernen Astronomie wieder auftaucht. Wer das erkannt habe, so Lukrez, der sehe, „wie die Natur, frei, ohne stolze Herren, selbst aus eigenem Willen alles tut ohne Götter." (Lukrez, 1972, 2. Buch, Vers 1090) Epikur war ein Vorläufer von Giordano Bruno und von Physikern wie Everett, Greene und Tegmark heutzutage mit ihrer „Viele-Welten-Interpretation" (siehe Kapitel „Die Welt ist Mathematik", „Quantenmechanik" und „Schrödingers Katze – tot und lebendig zugleich").

Galilei, der vor dem Inquisitionstribunal bei Androhung des Todes seiner Entdeckung abschwören musste, dass sich die Erde um die Sonne dreht, wurde zwar vor kurzem rehabilitiert. (Allerdings glaubt nach einer im Jänner 2002 publizierten EU-Umfrage immer noch jeder vierte Europäer, dass sich die Sonne um die Erde dreht.) Doch wegen des armen großen Giordano Bruno, gefoltert und in Rom lebendig verbrannt, hat sich die Kirche nicht bewegt. Ein auffälliges Versäumnis. Für den italienschen Mönch, Philosophen, Astronomen und Schriftsteller Giordano Bruno (1548-1600) stammte alles aus der Natur von der göttlichen Einheit von Materie und Dunkelheit ab. Bruno bekannte sich zum Kopernikanischen Weltbild und nahm an, dass Gott in allem sei, vertrat also eine Philosophie, die man heute gemeinhin Pantheismus nennt. Von Rom wurde der Pantheismus in dieser Zeit mit Atheimus, mit Gottlosigkeit gleichgesetzt. Sein Todesurteil.

Mit dem nach Wahrheit Suchenden verhält es sich nach Bruno wie mit dem altgriechischen Jäger Aktaion, der nach der mythologischen Überlieferung auf der Jagd die nackte Göttin Diana beim Bad überrascht hatte und von ihr in einen Hirsch verwandelt und von seinen eigenen Hunden gejagt und zerrissen wurde. Diana ist hier ein Sinnbild für die Natur, deren Erkenntnis sich dem Menschen entziehen will. Bruno schreibt, es sei das letzte Ziel und das Ende dieser Jagd nach der Wahrheit, „in den Besitz jener flüchtigen und scheuen Beute zu gelangen, durch die der Beutemacher zur Beute, der Jäger zum Gejagten wird." (Bruno, 1989:168) Das Göttliche wird im Pantheismus Brunos nicht etwa in die Natur hineingelegt, die von der Erkenntnis getrennt wäre, sondern wird als Teil des Kosmos begriffen. Die Individualität löst sich auf, sobald der Mensch die Erfahrung der pantheistischen Einheit gemacht hat.

Bruno dachte nicht nur, dass das Weltall unendlich ist, sondern dass es auch unendlich viele Lebewesen auf anderen Planeten im Universum gibt. Diese Schlussfolgerungen zog er aus dem Gedanken, dass einer allmächtigen und unendlichen Gottheit auch nur ein unendliches Universum entsprechen kann, denn alles andere wäre einer unendlichen Gottheit nicht würdig. Giordano Bruno zweifelte aber im Gegensatz zu den Anhängern der modernen Vielewelten-Theoretiker an der Kompetenz der Mathematik. Er nahm an, dass die riesigen Räume zwischen den unendlich vielen Sonnensystemen mit Äther gefüllt seien, weil leerer Raum nicht existieren könne.

Neben der Urknall-Theorie (siehe Kapitel „Kosmische Hintergrundstrahlung") wurden in letzter Zeit auch andere Hypothesen in die Welt gesetzt. So etwa das 2002 entwickelte Modell einses zyklischen ekpyrotischen Universums (vom griechischen Wort für Weltenbrand abgeleitet; siehe Kapitel „Im Anfang war das Nichts") des US-amerikansichen Physikers Paul Steinhardt und des südafrikansichen Physikers Neil Turok, basierend auf der Stringtheorie. Danach kollidieren zwei vierdimensionale Branen (abgeleitet von Membran) in einer fünfdimensionalen Raumzeit periodisch, wobei sie jedes Mal einen Zustand erzeugen, wie er nach dem Urknallmodell im sehr frühen Universum geherrscht hat. Steinhardt hat sich neuerdings von der Inflationstheorie und der Physik von Multiversen abgewendet, weil er sie für eine Sackgasse hält. Er arbeitet an Forschungen über Quasikristalle. Turok ist einer der Urheber der Theorie eines inflationären, offenen Universums im Inneren von "Blasen", aus deren Zerfall immer wieder ein falsches Vakuum entsteht.

Die Loop Quantum Cosmology geht von einem Kosmos ohne Urknallsingularität aus. In diesem Modell kollabiert ein Vorgänger-Universum in einem „Big Crunch", der aber nicht zu einer Singularität wird, sondern nur eine maximale Dichte erreicht. Dann setzt wieder eine Expansion ein, aus der das heutige Universum hervorgeht. Dieses Modell ist aktuell Forschungsgegenstand, aber viele Fragen sind noch ungeklärt. Eine Weiterentwicklung des Modells ergibt ein zyklisches Universum, das immer im Wechsel bis zu einer maximalen Ausdehnung expandiert und zu einer minimalen Ausdehnung kollabiert.

Die Theorie der chaotischen Inflation wurde 1986 von dem russischen Kosmologen Andrei Dmitrijewitsch Linde vorgeschlagen. Sie besagt, dass der Großteil des Universums ewig inflationär expandiert und die Inflation nur innerhalb verschiedener Blasen zum Erliegen kommt, so dass sich eine Vielzahl von Teiluniversen bildet (Multiversumtheorie). Obwohl die Wahrscheinlichkeit für die Entstehung dieser Blasen sehr hoch sei, sorge die hohe Geschwindigkeit der Inflation dafür, dass die Blasen gegenüber dem Rest des Universums sehr schnell sehr viel kleiner werden und dadurch nur sehr selten kollidieren. Die verschiedenen Teiluniversen können, so Linde, unterschiedliche Werte der Naturkonstanten und damit unterschiedliche physikalische Gesetze aufweisen.

Nach Krauss scheinen die derzeit laufenden Aktivitäten in der Teilchentheorie ein Multiversum zu fordern. Es sei zu erwarten, „dass unser Universum im großen Maßstab nicht einzigartig ist". Wenn die Inflation ewig weitergehe, sei ein „Multiversum unvermeidlich". (Krauss, 2013:170ff.) Bleibt die Frage, welchen Stellenwert der Mensch im Multiversum hat. Ist er durch eine Fügung zufälliger und äußerst unwahrscheinlicher Umstände einmalig oder gibt es ihn in milliardenfacher Ausfertigung - wenn auch in verschiedenen Entwicklungsstufen? Vielleicht wird auch diese letzte Bastion der Besonderheit eines Tages fallen.

Linde war zusammen mit Alan Guth einer der entscheidenden Architekten der modernen Inflationstheorie. Später hat der russisch-US-amerikanische Physiker Alexander Vilenkin die Multiversum-Theorie aufgenommen. Vilenkin ist ein interessanter Bursche. Nach seinem Physik-Diplom in Russland 1971 durfte er aus politischen Gründen wissenschaftlich nicht weiterarbeiten. Er leistete dann seinen Wehrdienst und schlug sich als Hilfsarbeiter durch, unter anderem als Nachtwächter. 1976 emigrierte er über Italien in die USA, wo er 1987 Professor für Physik wurde. Ab 1989 leitete er das Institut für Kosmologie. Vilenkin geht davon aus, dass viele Teiluniversen existieren, die nie miteinander in

Kontakt treten können. Von ihm stammt die These von der „Ewigen Inflation" (Vilenkin, 1983) und der quantenme= chanischen Erzeugung des Universums aus dem Nichts. Diese auch als Tunnellösung bekannte Theorie geht davon aus, dass sich das Universum mit dem Radius Null, also dem Nichts, zu einem mit endlichem Radius entwickelt hat. (Vilenkin, 1982; siehe Kapitel „Im Anfang war das Nichts")

Der Tunneleffekt in der Quantenmechanik besagt, dass ein atomares Teilchen eine Potentialbarriere von endlicher Höhe auch dann überwinden kann, wenn seine Energie geringer als die Höhe der Barriere ist. In der klassischen Physik wäre das unmöglich. Doch mit Hilfe des Tunneleffekts wird unter anderem der Alpha-Zerfall von Atomkernen erklärt. Nach der Theorie der klassischen Physik dürfte der Kern wegen der Energiebarriere der starken Wechselwirkung nicht zerfallen. Der Tunneleffekt macht es aber möglich, dass das Alphateilchen den Mutterkern verlässt. Befindet sich das positiv geladene Alphateilchen einmal außerhalb der Barriere, verlässt es durch Abstoßung vom ebenfalls positiv geladenen Rest des Kerns diesen endgültig.

Nur durch die quantenphysikalische Beschaffenheit der Welt existiert unser Kosmos so, wie wir ihn kennen. Quanten= teilchen wie die Protonen haben keinen genauen Aufent= haltsort (siehe Kapitel „Die seltsame Welt der Physik"). Jedes Teilchen kann in seinem Bereich tunneln – von einem Ort zum anderen springen - selbst wenn sich dazwischen eine Bar= riere befindet. „Genau das geschieht in der Sonne. Nur weil Protonen die Entfernung, die sie aufgrund ihrer Ab= stoßungskraft von anderen Protonen trennt, durch Tunneln überwinden können. Sie tauchen augenblicklich so nahe bei einem der anderen Protonen auf, dass sie miteinander verschmelzen können, bevor sie voneinander abprallen. Und deshalb scheint die Sonne.“ (Clegg, 2012:122)

Um zu zeigen, dass sich Mikrokosmus und Makrokosmos nicht kongruent verhalten, hat man ein Beispiel aus Harry Potter Teil 1 bemüht: Der Versuch, durch eine Hauswand hindurchzugehen, sei nicht zwangsläufig unmöglich. Es bestehe eine Wahrscheinlichkeit ungleich Null, dass jedes einzelne Teilchen im menschlichen Körper die Potentialbarrieren der Wand überwindet und sich anschließend auf der anderen Seite der Wand wiederfindet. Diese Wahrscheinlichkeit ist allerdings unvorstellbar gering und habe in der Praxis keine Bedeutung, da die Wechsel= wirkung von Teilchen und Umgebung Dekohärenzeffekte hervorrufe. (Siehe Kapitel „Mikrokosmos – Makrokosmos“) Dem ist das Beispiel der Protonentunnelung in den Sonnen entgegenzuhalten. Gebe es sie nicht, würden die Sterne nicht strahlen und es gebe kein Leben auf der Erde!

In ihren Theorien ewiger Inflation argumentieren Valenkin und Linde, dass in fast allen inflationären kosmologischen

Lösungen in einer Art Kettenreaktion ständig neue Universen gebildet werden, die aus einer Singularität hervorgehen müs= sen. Vilenkin leistete außerdem wichtige Beiträge zur String-Theorie, die auf fadenförmigen Energiekonzentrationen auf= baut. Die Theorie besagt, dass Elementarteilchen aus fundamentalen Bestandteilen zusammengesetzt sind, bei denen es sich nicht um Teilchen, sondern um Objekte handelt, die sich wie schwingende Saiten verhalten. Die Stringtheorie behauptet: Falls wir die Bausteine mit erheblich mehr Energie als heute zusammenstoßen lassen könnten (nach Tegmark vielleicht 10 Billionen Mal mehr), würden wir entdecken, dass alles aus winzigen, schwingenden Strings (Energie-Fäden) besteht. Unterschiedliche Schwingungsarten desselben elementaren Stringtyps ließen sich dann unterschiedlichen Teilchenarten zuordnen. (Tegmark, 2015:245)

Nach Krauss ist die Theorie aber nicht konsistent, wenn sie in nur vier Dimensionen definiert wird. Sie erfordere, dass die Strings, aus denen die Elementarteilchen aufgebaut sind, „nicht nur in den drei vertrauten Raumdimensionen und der Zeitdimension schwingen, sondern in 26 Dimensionen“. Damit rücke eine „Quantentheorie der Gravitation“ ins Blickfeld. Mit einem mathematischen Gerüst namens „Supersymmetrie“ sei es möglich, die 26 Dimensionen auf zehn zu reduzieren. Die restlichen Dimensionen sind unsichtbar und „in sich ge= schlossen, das heißt, sie sind auf so kleinen Skalen aufgerollt, dass wir sie in unseren Maßstäben nicht auflösen können – vielleicht nicht einmal in den winzigen Skalen, die aktuell mit unseren besten Teilchenbeschleunigern erkundet werden." (Krauss, 2013:177f.) Brian Greene formulierte, dass die Branen-Theorie zehn Raumdimensionen erfordere. Nehme man die Zeitdimension dazu, habe die „Raumzeit insgesamt elf Dimensionen". (Greene, 2012:145)

Die zehn Raumdimensionen sind ein mathematisches Konstrukt. Aber wenn es sie tatsächlich gibt, „kann jeder unterschiedliche Weg für das ‚Einrollen' der sechs unsichtbaren Dimensionen zu einem jeweils anderen Typ eines vierdimensionalen Universums führen – mit unter= schiedlichen physikalischen Gesetzen, anderen Kräften, anderen Teilchen und beherrscht von anderen Symmetrien. Einige Theoretiker haben geschätzt, dass es vielleicht 10^{500} verschiedene Möglichkeiten für konsistente vierdimensionale Universen gibt, die aus einer einzigen zehndimensionalen Stringtheorie hervorgehen könnten." (Krauss, 2013:179)

Beginnt sich am Horizont eine „Weltformel" abzuzeichnen? Liegt das Geheimnis in der Geburtsphase des Alls, in der ersten Sekunde nach dem Urknall? Ist hier der Schlüssel zur lange gesuchten Weltformel zu finden, der Schlüssel zum Schloss der vereinheitlichten Theorie vom Großen (Relativi= tätstheorie) mit der Theorie vom Kleinen (Quantenphysik)?

Es klingt mehr als utopisch, wenn Krauss von einem zu entwickelnden anthropischen Verständnis für die Energie des leeren Raumes spricht: „In diesem Fall benötigen wir keine unendliche Zahl möglicher Universen, die im dreidimen= sionalen Raum voneinander getrennt vorliegen. Vielmehr könnten wir uns eine unendliche Zahl von Universen vorstellen, die – für uns unsichtbar – an einem einzigen Punkt in unserem Raum übereinandergestapelt sind und jeweils bemerkenswert unterschiedliche Eigenschaften aufweisen könnten." (Krauss, 2013:181) Schmerzlich wird bewusst, dass die Kosmologie zwar theroretisch unfassliche Größenord= nungen hervorgebracht hat, dass wir aber, so Krauss, von der Energie des leeren Raumes „im Grunde nichts verstehen". (Siehe Kapitel „Im Anfang war das Nichts")

Das inflationäre Multiversum wird auch als Quantenschaum bezeichnet, da es in seinen Eigenschaften nicht mit dem beobachtbaren Universum übereinstimmt. So enthält es der Theorie zufolge weder Materie noch Strahlung, sondern aus= schließlich das Inflationsfeld. Was die Physiker unter Quan= tenschaum verstehen, ist kurios. Der Begriff versucht bildhaft zu beschreiben, was passiert, wenn Quanteneffekte die Raumzeit im Maßstab von 10^{-35} Metern (der Planck-Länge) aufmischen. Dadurch entstehen permanent kleine Blasen in der Raumzeit, die wieder zusammenfallen. Den Begriff Quantenschaum formulierte 1955 der US-amerikanische Physiker John Archibald Wheeler (1911-2008).

Quanten-Paralleluniversen sind auch das Spezialgebiet von Brian Greene. Er ist ein Vertreter der String-Theorie und hat das in seinen Büchern „Das elegante Universum“, „Der Stoff, aus dem der Kosmos ist“ und „The Hidden Reality“ begründet. Kein leichtes Forschungsgebiet: Die String-Theorie ist zwar mathematisch abgeleitet, aber experimentell nicht falsifizier= bar. Das heißt, es ist nach Karl Popper (siehe Kapitel „Im Anfang war das Nichts“ und „Expansion“) ungewiss, ob es sich um eine wissenschaftlich fundierte Theorie oder um Spekulation handelt. Greene kennt die Problematik nur allzu gut: „Bei allem ‚Fortschritt kann die Stringtheorie bis heute keine definitiven Vorhersagen treffen, mit deren experimen= teller Überprüfung man die Theorie bestätigen oder widerlegen könnte.“ (Greene, 2012:97) An anderer Stelle schreibt er: „Bei all ihren Fortschritten ist die Stringtheorie nach wie vor ausschließlich ein mathematisches Projekt.“ (Greene, 2012:128)

Um das richtig einschätzen zu können, muss man wissen, dass die Dimensionen schier unermesslich sind. Ein String hat die Dimension der Planck-Länge (10^{-35} Meter) und ist damit rund 100 Milliarden Milliarden mal kleiner als alles, was bisher experimentell untersucht wurde: „Würde man ein Atom so weit vergrößern, dass es die Ausmaße des beobachtbaren Univer= sums hat, hätte die Planck-Länge bei der gleichen Ver= größerung die Abmessung eines durchschnittlichen Baumes.“ (Greene, 2012:104) Stephen Hawking schreibt, die Planck-

Länge sei „der kleinste Abstand, den wir erfassen können, ohne automatisch ein Schwarzes Loch zu erzeugen". (Hawking, 2001:207) Ein Schwarzes Loch ist nach Hawking eine Region der Raumzeit, aus der nichts, nicht einmal das Licht entweichen kann, weil die Gravitaion so stark ist.

Der Teilchenbeschleuniger LHC in Genf kann Aufschluss über Strukturen von 10^{-19} Zentimetern geben. (Greene, 2012:106) Ein Gerät, mit dem sich Strings messen ließen, müsste einige Millonen Milliarden Mal leistungsfähiger sein, als der LHC heute. „Mit der uns bekannten Technologie müsste ein solcher Beschleuniger so groß sein wie unsere Galaxis, und er würde in jeder Sekunde eine Energiemenge verbrauchen, mit der man die ganze Welt tausend Jahre lang am Laufen halten könnte." (Greene, 2012:106, 121)
Die String-Theorie geht davon aus, dass die Materie anstelle der Elementarteilchen aus Strings (Fäden, Saiten) mit der Dimension Null und eindimensionaler räumlicher Ausdehnung besteht. Das steht im Gegensatz zu den gewohnten Modellen der Quantenfeldtheorie, die nulldimensionale Teilchen annimmt. String-Theorien wurden in den 1960er Jahren zur Beschreibung der starken Wechselwirkung verwendet, wobei die Gluonen als räumlich ausgedehnte Saiten zwischen den Quarks aufgefasst wurden. (Siehe Kapitel „Expansion" und „Urkräfte") Zunächst abgelehnt, erlebte die String-Theorie seit den 1980er Jahren einen Aufschwung. Einige Physiker (unter ihnen auch Greene) versuchten mit ihr eine vereinheitlichten

Theorie zu entwerfen, die das Standardmodell der Elementarteilchenphysik und die Gravitation miteinander verbindet (Superstring-Theorie, die eine Symmetrie zwischen Bosonen und Fermionen annimmt). In den 1990er Jahren wurde die Superstring-Theorie mit der 11-dimensionalen Supergravitation verbunden und ist Teil einer umfassenderen M-Theorie (siehe Kapitel „Naturkonstanten"), die auch höherdimensionale Objekte (Brane; siehe Kapitel „Urkräfte") umfasst.

Der amerikanische Physiker Hugh Everett (siehe Kapitel „Schrödingers Katze: tot und lebendig zugleich") stellte die These auf, dass sich unser Weltall aufgrund der Wellen= funktion nach Schrödinger ständig in Paralleluniversen aufspaltet. Dazu hat Max Tegmark treffend bemerkt: „Da eine solche Aufspaltung seit unserem Urknall stattgefunden hat, hat sich so ziemlich jede Version von Geschichte, die man sich vorstellen kann, tatsächlich in einem Quantenparallel= universum ereignet...Das lässt auf mehr Paralleluniversen schließen, als es Sandkörner in unserem Universum gibt..." Die von uns „wahrgenommene, vertraute Wirklichkeit" ist nach Max Tegmark, dem US-amerikanischer Physiker schwedi= scher Abstammung, „nur die Spitze eines ontologischen Eisbergs und stellt nur einen winzigen Teil der wahren Quantenwirklichkeit dar." (Tegmark. 2015:281)

Everetts Version der Quantenmechanik wurde 10 Jahre lang ignoriert oder abgelehnt. Erst der Physiktheoretiker Bryce Seligman DeWitt (1923-2004), USA, machte sie unter dem Namen „Viele-Welten-Interpretation" bekannt, obwohl sein „Bauchgefühl" ihm sagte, er wolle sich nicht ständig in „Parallelversionen seiner selbst" aufspalten. In einer Diskussion sagte Everett zu ihm: „Haben Sie etwa das Gefühl, Sie würden mit 30 Kilometern pro Sekunde die Sonne umkreisen?" Darauf De-Witt: „Touché!" (Tegmark, 2015:282) Wir spalten uns auf, ohne es zu bemerken.

Die Quantentheorie erinnert an den Zen-Aphorismus: Ob man das Leben lachend oder weinend verbringt, es ist dieselbe Zeitspanne. Auf unlösbare Paradoxa kann man auch antworten: „Lachender Buddha – Weinender Buddha". Eine Tochter Everetts beging Selbstmord. Sie hinterließ die Nachricht, sie wolle ihren Vater in einem Paralleluniversum besuchen. Aber da gibt es ein Problem: Große Objekte können von uns in Paralleluniversen nicht beobachtet werden. Das liegt am Unterschied zwischen Makro- und Mikrokosmos.

Die Schlussfolgerungen der Quantenphysik gleichen immer mehr spukhaften Erscheinungen. Nach Tegmark ist unser Universum „nur eines von unendlich vielen Universen in einem Ebene-I-Multiversum, wo alles, was geschehen kann, auch tatsächlich irgendwo geschieht". (Tegmark, 2015:232) Geschieht dann nicht auch das Nichtkausale unendlich oft, das vollkommen Freie, das Zufällige? Für Tegmark ist das Elementarste die Wellenfunktion (nach der Schrödinger=gleichung), die im Hilberttaum zu Hause ist. Dazu Tegmark: „Was für eine Bestie ist eine Wellenfunktion? Waraus besteht sie? Woraus besteht der Hilbertraum? Aus nichts, soweit wir wissen." (Tegmark, S. 334f.) Und, indem er sich an den Leser seines Buches „Unser mathematisches Universum" wendet : „Die Quantenzufälligkeit ist eine Illusion, die von Quanten=klonen Ihrer Person verursacht wird." (Tegmark, 20015.: 335) Und, noch mysteriöser: „Die einfachste Quantentheorie sagt einen Zensureffekt voraus, der Dekohärenz genannt wird, der den größten Teil der Verrückheit vor uns verborgen hält."

Auf der Ebene von unendlich vielen Universen, von der die neuere Quantenphysik ausgeht, ist alles was geschieht zugleich mit Ereignissen in Paralleluniversen verbunden. Alles ist mit allem verbunden. Daraus ergibt sich, dass das, was wir heute in unserer Welt vorfinden, sich unendlich anders hätte entwickeln können und sich auch in jedem Augenblick alles andere als automatisch, mechanisch und unausweichlich deterministisch entwickeln wird. Tegmark nennt es „Quantenverrücktheit".

Diese „Quantenverrücktheit" ist es, von der auch der US-amerikanische Physiker Brian Greene in seinem „Viele-Welten-Ansatz" ausgeht. Für ihn existieren neun verschiedene Variationen des Multiversum-Themas: „In manchen Varianten sind die Paralleluniversen von unserem durch ungeheure räumliche und zeitliche Abstände getrennt, in denen unsere „Kopien", unsere „Doppelgänger" leben; in anderen treiben sie sich nur wenige Millimeter entfern herum; in wieder anderen erweist sich schon die Vorstellung von einem Aufenthaltsort als zu kurz gedacht und bedeutungslos." (Greene, 2012:15) Entsprechend die Gesetze in den Paralleluniversen: In manchen sind sie gleich wie bei uns, in anderen haben sie eine andere Form, sind aber durch ein gemeinsames Erbe geprägt, in wieder anderen sind Form und Struktur völlig anders, als alles, was uns jemals begegnet ist. Unendlich viele Welten führen zu unendlich vielen Realtitäten.

Schon Pythagoras sagte, die Welt bestehe nur aus Zahlen. Die 10 oder 11 Dimensionen der Physik kann man nur mathematisch verstehen. Im übrigen sind die meisten Dimensionen „eingerollt". Eddington und Jeans (siehe Kapitel „Quantenmechanik") gehen von einer nur aus dem menschlichen Geist entspringenden Physik aus, von einem „mathematisch träumenden Gott". (Springer, 2015) Das ist keine idealistische Spekulation, wenn alles Zahl ist. Und in Wahrheit regiert im Innersten der Welt der pure Zufall. Gott würfelt leidenschaftlich gern. Doch das ist alles nur Traum. In Wirklichkeit geht es um die richtigen Fragen, aus denen sich ein seltsames Eigenleben entwickelnde Antworten ergeben. Was also ist die Frage? Warum ist überhaupt etwas und nicht nichts? Besser: Was liegt hinter der Quantenmechanik? Was liegt hinter der Geschichte? Der Quantenphysiker John Wheeler hat erklärt, dass hinter der Quantenmechanik „ein tiefes und wunderbares Prinzip liegt, das erst noch entdeckt werden muss". (Tegmark, 2015:314) Daraus ergibt sich schon die entscheidende Frage: Was ist dieses tiefe und wunderbare Prinzip?

Die seltsame Welt der Chemie

Die Pioniere

Die Basis für das heutige Wissen um die lange Zeit verborgenen Grundlagen der Natur, um die Elemente, um den Aufbau, die Eigenschaften und die Umwandlung von Stoffen wurde in der zweiten Hälfte des 17. sowie im 18. und 19. Jahrhundert geschaffen. Erst von da an entwickelte sich aus der Verbindung der antiken Praxis mit der, über arabische

Gelehrte nach Europa vermittelten mittelalterlichen Alchemie eine Chemie als Naturwissenschaft. Mit ihrer Schwester=wissenschaft, der Physik, verbindet sie das gleiche Ziel: die Aufklärung der innersten Strukturen der Materie. Ab etwa dem 18. Jahrhundert entstand dann durch die Grundlagen=forschung eine gewaltige chemische Industrie. Als der Geist einmal aus der Flasche war, bedachten nur wenige, dass er unkontrolliert und völlig frei ernorme Schäden bei Natur und Mensch anrichten könnte. Erst in letzter Zeit besinnt man sich darauf, dass es nicht ratsam ist, die Gesetze der Natur einseitig auszulegen oder das Wissen gegen die Menscheit zu missbrauchen.

Der englische Adlige und Naturforscher Robert Boyle (1627-1692) untersuchte die Verschiedenartigkeit der Stoffe und ihre Umwandlungen in andere Stoffe und wurde zum Mitbegründer der auf detailliert veröffentlichten Experimenten beruhenden modernen Naturwissenschaften, vor allem der Physik und Chemie. Zunächst selbst Alchimist, kritisierte er in seiner 1661 veröffentlichten Schrift „The Sceptical Chymist" den Begriff der Elemente in der Alchemie und definierte ein chemisches Element als einen im Experiment nicht weiter zerlegbaren Stoff. Boyle gründete die erste naturwissenschaftliche Gesellschaft, die Royal Society.

Antoine Laurent de Lavoisier (siehe Kapitel „Mikrowelten werden entdeckt") wies mit seiner Frau Marie gegen Ende des

18. Jahrhunderts mit Hilfe genauer Verfolgung von Ver= brennungsprozessen durch Abwiegen nach, dass es sich um Oxidation handelt und lieferte damit die Grundlage zur weiteren Entdeckung der Grundgesetze der Chemie. Der Verbrennungsprozess, so die Lavoisiers, entstehe durch Aufnahme von Sauerstoff (sie nannten ihn Oxygène). Lavoisier konnte zeigen, dass Wasserstoff und Sauerstoff sich zu Wasser vereinigen, woraus sich ergab, dass es sich um kein chemisches Element handelt, sondern um einen zusammengesetzten Stoff. Außerdem formulierte Lavoisier das Massenerhaltungsgesetz: Bei stofflichen Umsetzungen wird keine Masse erzeugt oder vernichtet. (Siehe Kapitel „Ohne Wasser kein Leben“)

Im 19. Jahrhundert ging die Aufdeckung der Naturgesetze in atemberaubendem Tempo weiter. 1805 legte der englische Naturforscher John Dalton (siehe Kapitel „Mikrowelten werden entdeckt“) eine erste Tabelle über Atomgewichte von Elemen= ten vor. Zusammen mit dem deutschen Naturforscher Alexan= der von Humboldt fand Joseph Louis Gay-Lussac bei der Trennung von Wasser durch Strom (Elektrolyse, entdeckt im Jahr 1800), dass Wasserstoff und Sauerstoff im Verhältnis 2:1 entstanden. Die beiden Gase ließen sich auch genau in diesem Verhältnis wieder zu Wasser vereinigen.

Der deutsche Naturforscher Friedrich Wilhelm Heinrich Alexander von Humboldt (1769-1859), ein typischer Vertreter der Pioniere der neuen Naturwissenschaften, schuf ein Gesamtwerk, das „einen neuen Wissens- und Reflexionsstand des Wissens von der Welt“ begründete. (Ette, 2009) Er war Mitbegründer der Geographie als empirische Wissenschaft und unternahm Forschungsreisen nach Lateinamerika, in die USA und Zentralasien. Für Physik, Chemie, Geologie, Mineralogie, Vulkanologie, Botanik, Zoologie, Klimatologie, Ozeanographie und Ethnologie leistete er wesentliche Beiträge und installierte lange vor dem Zeitalter des Internets durch seine Korrespondenz mit zahlreichen international bedeutenden Spezialisten der verschiedensten Fachrichtun= gen ein wissenschaftliches Netzwerk..

Am 24. August 1804 unternahm Gay-Lussac zusammen mit dem französischen Physiker und Mathematiker Jean-Baptiste Biot (1774-1862; er erforschte im frühen 19. Jahrhundert den Zusammenhang zwischen elektrischem Strom und Magnetismus) einen waghalsigen Flug im Wasserstoffballon und erreichte eine Höhe von 4.000 Meter. Bei dieser Gelegenheit untersuchten beide das Erdmagnetfeld. Am 16. September unternahm Gay-Lussac, diesmal allein, eine zweite Ballonfahrt. Er nahm Luftproben in verschiedenen Höhen und stieg bis auf 7.017 Meter Höhe.

Der schwedische Arzt und Chemiker Jöns Jakob Berzelius (1769-1859) führte auf der Basis lateinischer Bezeichnungen die bis heute gültige Zeichensprache für die Elemente ein:

zum Beispiel H für Hydrogenium, Wasserstoff, Fe für Ferrum, Eisen. Er bestimmte durch Fällung und Wägung von Salzen erstmals die Atomgewichte von 40 Elementen ziemlich genau. Berzelius entwickelte ein erstes Modell zum Verständnis der Elektrolyse und zu Stoffumsetzungen durch die Annahme einer positiven und einer negativen Ladung in jedem Teilchen. Er entdeckte die Elemente Cer, Selen und Thorium und stellte viele erstmals in elementarer Form dar. Mit Hilfe der Volta'schen Säule entwickelte Berzelius eine erste Theorie zur Gestalt von Atomen, wobei er zu dem Schluss kam, dass Atome immer aus einem positiven und einem negativen Ladungsteil zusammengesetzt sein müssten.

Die nach ihm benannte Säule war kurz zuvor, 1799/1800, von dem italienischen Physiker Alessandro Giuseppe Antonio Anastasio Graf von Volta (1745-1827) entwickelt worden. Die Volta'sche Säule spielte im 19. Jahrhundert eine entscheidende Rolle als Stromquelle. Sie besteht aus vielen übereinander geschichteten Kupfer- und Zinkplatten, zwischen denen sich in bestimmter regelmäßiger Folge mit einem Elektrolyt (z.B. Natriumchlorid oder Essigsäure) getränkte Papp- oder Lederstücke befinden. Die Volta'sche Säule kann als eine der bedeutendsten Erfindungen aller Zeiten eingestuft werden, da sie als erste brauchbare kontinuierliche Stromquelle die Erforschung der Elektrizität ermöglichte – lange vor der Erfindung des elektrischen Generators.

1869 konnten dann der russische Chemiker Mendelejew und der deutsche Arzt und Chemiker Meyer zeigen, dass sich die Eigenschaften von Elementen periodisch wiederholen, wenn man sie nach steigender Atommasse anordnet. Sie entwickelten das Periodensystem der Elemente, mit dem sie die Eigenschaften noch unbekannter Elemente korrekt vorhersagen konnten. (Sieh Kapitel „Mikrowelten werden entdeckt“ und „Die Elemente“)

Ein weiterer Pionier war der deutsche Chemiker Justus Freiherr von Liebig (1803-1873), der bei Gay-Lussac studiert hatte. Er verbesserte das Verfahren der chemischen Analyse, so dass für organische Verbindungen deren elementare Zusammensetzung angegeben werden konnte. Von vielen organischen Stoffen konnte er so erstmals deren Summen= formel angeben. Liebig gilt als Pionier der Agrarchemie. Durch Ascheanalysen von Pflanzenmaterial stellte er fest, dass dem Boden laufend Kalium, Phosphor und Stickstoff entzogen wurden, weshalb er sich für die Verwendung von natürlichem und künstlich hergestellte Dünger einsetzte, um nachhaltig hohe landwirtschaftliche Erträge zu erreichen. Das schlug später allerdings durch den maßlosen Einsatz von Kunstdünger in der Agrarindustrie in eine problematische Entwicklung um, zu der erst eine Renaissance des Bioland= baus in letzter Zeit ein Gegengewicht bilden konnte.

Der deutsche Chemiker Friedrich Wöhler (1800-1882) gilt als Pionier der organischen Chemie. Die Herstellung von Harnstoff wurde 1828 von Wöhler erstmals durch Reaktionen von Silbercyanat, Ammoniumchlorid und flüssigem Ammoniak beschrieben. Harnstoff gilt als die erste aus anorganischen Ausgangsstoffen synthetisierte organische Verbindung, als Beginn des Siegeszuges der organischen Synthesechemie. Das widersprach der damals verbreiteten Vorstellung, dass organische Substanzen grundsätzlich nur von Lebewesen durch die „vis vitalis", die Lebenskraft, hergestellt werden könnten. Es war der erste Nachweis, dass anorganische und organische Welt auf der molekularen und atomaren Ebene identisch sind! Schon 1827 hatte Wöhler eine Reduk= tionsmethode zur Herstellung von reinem Aluminium entwickelt. Mit dem gleichen Verfahren gelang ihm 1828 die Isolierung von Beryllium und Yttrium sowie 1856 die Dar= stellung von kristallinem Silcium, dem neben Sauerstoff zweithäufigsten Element auf der Erde.

Der deutsche Chemiker Robert Bunsen (1811-1899) ent= wickelte zusammen mit seinem Landsmann, dem Physiker Gustav Robert Kirchhoff die Spektralanalyse. Mit dieser analytischen Methode konnten anhand des charakteristischen Spektrums viele neue chemische Elemente entdeckt oder in Mineralproben nachgewiesen werden. Bunsen hat auch eine erste preiswerte Batterie entwickelt, die bis zur Entwicklung des Elektrodynamos durch Werner von Siemens die wichtigste Art der Stromerzeugung blieb.

Das Spezialgebiet des deutschen Apothekers Otto Unverdorben (1806-1873) war die trockene Destillation von organischen Stoffen. Er war erst zwanzig Jahre alt, als es ihm 1826 gelang, Anilin (anil = portugiesisch für indigo) herzustellen, indem er natürliches Indigo einer Kalk-Destillation unterzog. Der Farbstoff Indigo zersetzte sich bei der Destillation. Otto Unverdorben nannte das ölartige Produkt aufgrund seiner charakteristischen Eigenschaft, mit Säuren kristallisierbarer Salze zu bilden, Crystallin. Den Begriff Anilin prägte nicht Otto Unverdorben, sondern 1840 der deutsche, in St. Petersburg tätige Chemiker Carl Fritzsche nach der Destillation von Indigo mit Kalilauge.

Mit der revolutionären Idee, dass chemische Elemente in Lösung in Form von elektrisch geladenen Ionen vorliegen, schuf der englische Physiker und Chemiker Michael Faraday (1771-1867) die Grundlagen der Elektrochemie. Aus ein= fachen Verhältnissen stammend, durchlief er zunächst eine Buchbinderlehre und arbeitete dann in einem Chemielabor, wo sich – ganz an der Praxis orientiert - sein Genie durchsetzte. Faraday soll etwa 30.000 Experimente durchgeführt haben. Ohne ihn wären weder Einsteins Gravitations- noch seine Relativitätstheorie möglich gewesen. Um 1820 galt Faraday als führender Analytiker der Chemie in Großbritannien. Er entdeckte eine Reihe von neuen Kohlenwasserstoffen, darunter Benzol und Buten, und formulierte die Grundgesetze der Elektrolyse. 1833 wurde er Professor für Chemie.

1821 gelang Faraday zum ersten Mal ein Experiment, bei dem sich ein stromdurchflossener Leiter unter dem Einfluss eines Dauermagneten um seine eigene Achse dreht: die „elektromagnetische Rotation“ - eine wesentliche Voraus= setzung für die Entwicklung des Elektromotors. Durch seine intensiven Versuche mit der Verflüssigung von Gasen konnte Faraday nachweisen, dass die Zustände „fest“, „flüssig“ und „gasförmig“ ineinander überführbar waren und keine festen Kategorien bildeten. Faraday war seit diesem Jahr Mitglied der Sandemanianer, einer ein Jahrhundert zuvor gegründeeten Sekte der Church of Scottland. Sie gründete ihren Glauben auf eine wörtliche Auslegung der Bibel. Heute würde man sagen, dass Faraday Mitglied einer Evangelikalen Sekte war.
Bereits 1822 – es war das Jahr, in dem James Clerc Maxwell geboren wurde - wollte Faraday Magnetismus in Elektrizität umwandeln. Aber erst 1831 entdeckte er die elektromag= netische Induktion, die nach ihm auch Faradaysche Induktion genannt wird. Sie beschreibt das Entstehen eines elektro= magnetischen Feldes bei einer Änderung der magnetischen Flussdichte. Faraday beobachtete die Induktion bei Laborversuchen. Ergebnis: Ein mit Strom erzeugtes Magnet= feld ist umkehrbar. Dann erzeugt das Magnetfeld Strom.

1832 formulierte er seine Theorie der Elektrolyse und die nach ihm benannten Gesetze. Ionen sind elektrisch geladene Atome oder Moleküle. Atome und Moleküle haben im gewöhnlichen, neutralen Zustand genau so viele Elektronen wie Protonen. Besitzt ein Atom oder Molekül jedoch ein Elektron oder mehrere Elektronen weniger oder mehr als im Neutralzustand, hat es dadurch elektrische Ladung und wird als Ion bezeichnet. Ionen mit Elektronenmangel sind positiv (Kationen), mit Elektronenüberschuss negativ geladen (Anionen).

Faradays Ansicht von der Einheitlichkeit der Natur, die ohne eine einzige mathematische Formel auskam, hinterließ beim jungen James Clerk Maxwell (1831-1897) einen tiefen Eindruck. Maxwells erster größerer Aufsatz über Elektrizität „On Faraday's Lines of Force" (Über Faradays Kraftlinien) erschien 1856. Maxwell stellte es sich zur Aufgabe, Faradays experimentelle Befunde in eine mathematische Darstellung zu gießen. 1861 entwickelte er die Grundlagen der Elektrizitäts= lehre, ohne die es heute weder Radio noch Fernsehen geben würde. Maxwells Bedeutung für die Naturwissenschaft ist mit der Newtons vergleichbar. Er zeigte, aufbauend auf Faraday, dass elektrische und magnetische Kräfte sich ergänzende Erscheinungen des Elektromagnetismus sind. Und er fand, dass sich elektrische und magnetische Felder in Form von elektromagnetischen Wellen mit einer konstanten Geschwin= digkeit von etwa $3 \cdot 10^8$ Metern pro Sekunde (300.000 km pro

Sekunde) durch den Raum bewegen, was genau der Lichtgeschwindigkeit entspricht. Außerdem entdeckte er, dass das Licht eine Form von elektromagnetischer Strahlung ist. Dass es sich tatsächlich um Wellen handelt, wurde später durch den deutschen Physiker Heinrich Rudolf Hertz (1857-1894) herausgefunden. Auf diesen Erkenntnissen beruht ein Großteil der modernen Technik. Sie lieferten den Schlüssel zu Einsteins Relativitätstheorie und damit zur Erkenntnis von der Konstanz der Lichtgeschwindigkeit, die sich aus der Elektrodynamik ergeben hatte. Durch die Relativitätstheorie werden das elektrische und das magnetische Feld zu einer Einheit, dem vierdimensionalen elektromagnetischen Feldstärketensor (Faraday-Tensor), zusammengefasst, analog zur Vereinigung von Raum und Zeit zur vierdimensionalen Raumzeit. Der Farady-Tensor beschreibt in der Elektrodynamik das elektromagnetische Feld als Feld in der Raumzeit.

Mit der elektromagnetischen Lichttheorie schienen im aus= gehenden 19. Jahrhundert beinahe alle Fragen zum Licht geklärt. Aber erst durch Max Planck und Albert Einstein wurde das Licht als Quantenobjekt definiert. Daraus entstand Anfang des 20. Jahrhunderts die Quantenphysik und später die Quantenelektrodynamik, die bis heute unser Verständnis von der Natur des Lichts prägt.

Entscheidende Arbeiten dazu lieferte der französische Physiker Louis-Victor Pierre Raymond de Broglie (1892-1987), einer der bedeutendsten Wissenschaftler des 20. Jahr= hunderts. Für seine Entdeckung der Wellennatur des Elektrons und des Welle-Teilchen-Dualismus in seiner Dissertation „Recherches sur la théorie des quanta" (de Broglie, 1924) und der daraus resultierenden Theorie der Materiewellen erhielt er 1929 den Nobelpreis für Physik.

Louis-Victor de Broglie (siehe Kapitel „Makrokosmos – Mikrokosmos") folgerte, dass, wenn Photonen Teilchen und Welle zugleich sind, auch klassische Teilchen ein solches duales Verhalten aufweisen müssten. 1924 postulierte er in seiner Doktorarbeit die Materiewellen und erhob damit den Welle-Teilchen-Dualismus zum allgemeinen Prinzip. Es wurde in den folgenden Jahren mehrfach bestätigt, auch bei großen komplexen Molekülen mit mehreren hundert Atomen. (Gerlich et al., 2011; siehe Kapitel «Im Anfang war das Nichts» und «Quantenmechanik»)

Die wichtiste Folge der Maxwellschen Gleichungen war, das sich Änderungen von elektrischen und magnetischen Felrdern im Raum mit Lichtgeschwindigkeit ausbreiten. (Fritzsch, 2005:45) Kein Wunder, da Licht zum elektromagnetischen Spectrum gehört, so wie Rundfunkwellen, Mikrowellen, Infrarot-, UV-, Röntgen-, Gamma- und Höhenstrahlung. Ein= stein hat dann 1905 in seiner Relativitätstheorie festgestellt, dass diese elektromagnetischen Wellen nicht kontinuierlich übertragen werden, sondern in Form von kleinen Energie= paketen, den Photonen. Allerdings wurden erst in den 30er Jahren des 20. Jahrhunderts die Photonen im Sinne der Quantenphysik interpretiert. Auf diese Weise entstand die Theorie der Quantenelektrodynamik (QED). Nach ihr werden freie Photonen des Lichts von Photonenen in Ladungswolken geladener Teilchen unterschieden. Bei den Vorgängen um den Atomkern spielen Elektronen, Positronen (die Antiteilchen der Elektronen) und Photonen eine Rolle. Die Positronen wurden 1932 entdeckt. Schon 1928 hatte der britische Physiker Paul Dirac (1902-1984) ihre Existenz bei seinem Versuch, Quantentheorie und Relativitätstheorie zu verbinden, theoretisch gefordert. Dirac, Nobelpreisträger, gilt als Mitbe= gründer der Quantenphysik. Er legte auch die Grundlagen für den späteren Nachweis der Antimaterie.

Es erwies sich, dass Elektronen, Positronen und Photonen keine innere Struktur besitzen. Es sind Massenpunkte mit elektromagnetischer Wechselwirkung. Aus der Quantentheorie ergab sich, dass der leere Raum nicht ganz leer ist, sondern mit virtuellen Elektron-Positron-Paaren gefüllt ist, die in sehr kleinen Abständen und Zeiträumen existieren. Erzeugung und Vernichtung liegen unmittelbar aneinander. Dieses Vakuum ist keineswegs ein ruhiges Gebilde: „Je kleiner man die Distanzen wählt, bei denen man das Vakuum untersucht, um so heftiger werden die Prozesse der virtuellen Teilchen. Das Vakuum gleicht dann mehr einem brodelnden Hexenkessel als eiem leeren Raum.“ Trotz intensiver Bemühungen sei es, so Fritzsch, bis heue nicht gelungen, einen experimentellen Hinweis auf eine Substruktur des Elektrons zu finden. Es ist (und bleibt wahrscheinlich) ein Grundbaustein der Materie. Das „nackte Elektron“ sei „kein physikalisches Teilchen, sondern nur eine theoretische Konstruktion, ein Produkt unserer Gedankenwelt“.

Mitte des 19. Jahrhunderts begann eine Entwicklung, die charakteristisch für die Entwicklung der Industrie wurde: Die Herstellung von Produkten aus Abfällen, wo möglich solchen, die als Abfälle ein Problem darstellten. Der deutsche Chemiker Friedlieb Ferdinand Runge (1794-1867), zunächst Apothekerlehrling, untersuchte das bis dahin wertlose Teeröl, das bei der Herstellung von Leuchtgas und Koks abfiel. 1834 isolierte Runge Anilin aus Steinkohleteer und nannte das Produkt Kyanol. Runge entdeckte viele weitere Stoffe im Teeröl. Interessant waren das in ihm enthaltene Anilin, das Otto Unverdorben Kyanol nannte, Leukol (Chinolin), Carbolsäure (Phenol) und Stearin, das er als Ersatz für Kerzenwachs verkaufte. Außerdem gewann er farbige Substanzen aus dem Teer. Die Stoffe, die Runge fand, wurden jedoch noch nicht chemisch analysiert. Das gelang erst August Wilhelm von Hofmann.

Erst 1861 formulierte dann der österreichische Chemiker Johann Josef Loschmidt (1821-1895), Lehrer von Ludwig

Boltzmann, in seinem Werk „Chemische Studien. Consti= tutions-Formeln der organischen Chemie in graphischer Darstellung“ (1861) erstmals Vorschläge für die Konstitution des Benzols als ringförmige Struktur. In dieser Arbeit beschrieb Loschmidt außerdem mehr als 300 „Con= stitutionsformeln“ von Molekülen. Sie sind bis heute sehr gut verständlich und zeigen die räumliche Orientierung der Atome. Seine Formeln zeigen Doppel- und Dreifachbindungen mit entsprechender Anzahl der Striche, so wie es heutzutage noch üblich ist. Es ist anzunehmen, dass der deutsche Chemiker Friedrich August Kekulé von Stradonitz (1829-1896) 1865 von Lohschmidts Ansatz zu seiner berühmten Strukturformel für die Benzolringe inspiriert wurde. (Kekulé, 1872) Er hat später die Legende in der Welt gesetzt, der Einfall sei ihm gekommen, als er von einer Schlange träumte, die sich selbst in den Schwanz biss. Entscheidend war, dass er die vier Bindungsvalenzen zu Nachbaratomen erkannte. (Siehe Kapitel „Bindungen“)

Ein weiterer überragender Wegbereiter der organischen Chemie war der deutsche Chemiker August Wilhelm von Hofmann (1818-1892), Schüler von Justus von Liebig und einer der ersten Professoren für Chemie am Royal College of Chemistry in London. Er befasste sich bereits in seinen ersten Arbeiten um 1843 mit Basen des Steinkohleteers. Hofmann entwickelte auf der Grundlage von Benzol, das reichlich im Steinkohleteer vorhanden war, eine Anilin-Synthese. Er analysierte alle Produkte des Steinkohleteers und ermittelte die Summenformel von Anilin, dem Ausgangsprodukt vieler späterer synthetischer Farbstoffe.

Auch synthetisches Alizarin, das seit 1869 als Ersatz für den bis dahin aus großflächig angebautem roten Farbstoff Färberkrapp diente, hat in der chemischen Grundstruktur die Benzolringe. Mit der von den deutschen Chemikern Carl Graebe (1841-1927) und Carl Liebermann (1842-1914) entwickelten Synthese von Alizarin begann der Siegeszug synthetischer Farbstoffe und der Niedergang des Anbaus von Pflanzen zur Farbstoffgewinnung. Rotes Fuchsin, ebenfalls ein Benzolring-Derivat, 1958 erstmals synthetisiert von August Wilhelm von Hofmann (fast zeitgleich mit dem französischen Chemiker François-Emmanuel Verguin), bildete die wirtschaftliche Basis für die späteren Farbwerke Hoechst AG. Der synthetische Farbstoff Indigo wurde erstmals 1878 von dem deutschen Chemiker Adolf von Baeyer (1835-1917) synthetisiert. Er war schon Wegbereiter für die Alizarin-Synthese gewesen. 1905 erhielt er den Nobelpreis für Chemie für seine Verdienste um „die Entwicklung der organischen Chemie und der chemischen Industrie durch seine Arbeiten über die organischen Farbstoffe und die hydroaromatischen Verbindungen“. Seit 1897 wurde Anilin von der Badischen Anilin- und Soda-Fabrik (BASF) zur Synthese des vorher nur aus pflanzlichen Rohstoffen gewonnenen Farbstoffs Indigo eingesetzt. Die Anilin-Chemie wurde eine Säule der deutschen

Wirtschaft und erreichte in den 50er Jahren des 20. Jahrhunderts einen Höhepunkt.

Bis zum Ersten Weltkrieg war Deutschland in der organischen Chemie, besonders in der Farbstoffchemi führend. Es verlor seine Vormachtstellung, als die Patente und Markenzeichen während des Ersten Weltkriegs in den Ländern der Kriegsgegner enteignet wurden. Die Allierten bauten nach dem Ausscheiden von Deutschland als Handelspartner ihre eigene chemische Industrie auf. Durch den Friedensvertrag von Versailles gab es außerdem Handelsrestriktionen.

In die Zeit des Ersten Weltkriegs fällt der erste Sündenfall der aufstrebenden Chemie in der Neuzeit: die Erzeugung und der Einsatz von Giftgas, um Menschen zu töten – vergleichbar der Vernichtung von Menschen durch Zyklon B in Konzentra= tionslagern der Nazis und durch Atombomben auf Hiroshima und Nagasaki, die zu den größten Verbrechen der Menschheit zählen.

Im Gaskrieg während des Ersten Weltkrieges wurden rund 120.000 Tonnen Giftgase eingesetzt, durch die 100.000 Soldaten starben und 1,2 Millionen Soldaten schwer ver= wundet wurden. Der erste Einsatz von Chlorgas erfolgte am 22. April 1915 in der Zweiten Flandernschlacht bei Ypern und gilt als eigentlicher Beginn des Gaskrieges. Zu den treibenden Kräften für diese Kriegsverbrechen gehörte der deutsche

Chemiker und Nobelpreisträger Fritz Haber (1868-1934). Er wurde unterstützt von weiteren Nobelpreisträgern wie Otto Hahn, Gustav Ludwig Hertz und Max Planck. Auch Lise Meitner gratulierte „zu dem schönen Erfolg“ bei Ypern. Habers Frau Clara Immerwahr – sie stammte aus der jüdischen Gemeinde von Breslau und war 1900 an der dortigen Universität die erste promovierte Chemikerin in Deutschland – hatte vergeblich gegen das Giftgasprogramm ihres Mannes protestiert. Sie nahm sich kurz nach Ypern das Leben.

Haber hatte den Einsatz von Chlorgas auf die gegnerischen Stellungen empfohlen, da es sehr giftig und in ausreichenden Mengen verfügbar war. Die BASF konnte so das in hohen Mengen anfallende Abfallprodukt Chlorgas, welches ein Abfallprodukt war, gewinnbringend verwerten. Zur Spreng= stoffproduktion mußten nämlich Ammoniak und Salpetersäure aus Luftstickstoff produziert werden. Für die Ammoniak-Produktion nach dem Haber-Bosch-Verfahren war Wasserstoff erforderlich, den man durch Chlor-Alkali-Elektrolyse herstellen konnte. Bei der Elektrolyse entstand das Chlor-Gas in großen Mengen. Die Tagesproduktion an Chlor betrug zu diesem Zeitpunkt bereits 40 Tonnen.

Eine weitere Eskalation erfolgte, als dem Chlorgas in zunehmender Konzentration Phosgen hinzugefügt wurde, erstmals eingesetzt an der Westfront gegen französische Soldaten und an der Ostfront. Über den Einsatz vom 12. Juni

1915 berichtete Otto Hahn später so: „Ich war damals tief beschämt und innerlich sehr erregt. Erst haben wir die russischen Soldaten mit Gas angegriffen, und als wir dann die armen Kerle liegen und langsam sterben sahen, haben wir ihnen mit unseren Rettungsgeräten das Atmen erleichtern wollen, ohne jedoch den Tod verhindern zu können." (Hoffmann, 1993) Fritz Haber beurteilte nach dem Ersten Weltkrieg den Einsatz chemischer Kampfstoffe so: „Der Vorteil der Gasmunition kommt im Stellungskrieg zu besonderer Entfaltung, weil der Gaskampfstoff hinter jeden Erdwall und in jede Höhle dringt, wo der fliegende Eisensplitter keinen Zutritt findet."

Mitte des Jahres 1917 wurden von den Deutschen weitere Kampfstoffe entwickelt und eingesetzt. Hierbei handelte es sich um Blaukreuz (Diphenylarsinchlorid) und Gelbkreuz oder Lost (Bis(2-chlorethyl)sulfid). Blaukreuz war eine besonders teuflische Erfindung. Fein in der Luft verteilt, konnte es von den damals gebräuchlichen Gasmasken nicht zurückgehalten werden. Der betroffene Soldat war gezwungen, sie herunterzureißen und war dann ungeschützt dem gleichzeitig eingesetzten Giftgas Phosgen ausgesetzt. Der Stoff wurde daher auch „Maskenbrecher" genannt. Erstmals wurde Blaukreuz im Juni 1917 in Belgien eingesetzt. Und dann kam der Alptraum vom Alptraum. Waren die bisher verwendeten Verbindungen Lungengifte, handelte es sich bei Gelbkreuz, auch Senfgas oder „Lost" genannt, um ein Kontaktgift, das über die Haut wirkte. Es wurde im Juli 1917, nur kurz nach dem ersten Einsatz von Blaukreuz, gegen die Briten verwendet. Während der ersten drei Einsatzwochen von Lost hatten die Briten 14.200 Verletzte und 500 Tote zu beklagen. Lost haftete wochen- und monatelang an allem, womit es in Berührung gekommen war.

Der mörderischste Gasangriff der Habsburg-Armee gegen die Italiener erfolgte am 29. Juni 1916 bei St. Michelle del Carso, also noch zu Lebzeiten Kaiser Franz Josephs I., der am 21. November dieses Jahres starb. An die 8.000 Tote waren zu beklagen. Zuerst war das Giftgas ausgeblasen worden. Weil das auch in den eigenen Reihen Opfer kostete, wenn der Wind drehte, kamen schließlich alle kriegführenden Nationen, vor allem Deutschland, auf die glorreiche Idee, diese Methode durch neu entwickelter Gasgeschosse zu ersetzen. So sollte ein von Wind und Wetter unabhängiger Gaseinsatz ermöglicht werden.

Theorien

Finsternis und Licht liegen immer nah beieinander. Während Haber & Co Wissenschaft in den Dienst der Vernichtung stellten, entwickelten sie andere weiter und erforschten die atomaren Grundlagen der Materie. So der deutsche Physiker

Walter Kossel (1888-1956), der sich mit dem Atomaufbau und die Struktur der Moleküle beschäftigte. 1915/16 stellte er basierend auf der damals neuen Quantenphysik von Niels Bohr eine Arbeitshypothese zur Theorie der verschiedenen Atombindungen auf.

Der dänische Physiker Niels Bohr hatte schon während des Ersten Weltkriegs eine Dozentenstelle in Manchester und kurz danach in Kopenhagen angenommen. Zwei Jahre später wurde er Professor für Physik an der Universität in Kopenhagen. Bei einem Aufenthalt und Vortrag in Berlin 1920 machte er die Bekanntschaft mit Max Planck und Albert Einstein. Mit Hilfe der von Planck entwickelten Quantenphysik und Einsteins Relativitätstheorie, die er mit den Gesetzen der klassischen Physik verband, gelang es Bohr bereits 1913, ein Atommodell zu etablieren, mit dem z.B. die Linienspekten des Wasserstoffs erklärt werden konnten.

Ein angeregtes Atom oder Molekül geht nach einer sehr kurzen Zeitspanne wieder in einen tieferen Energiezustand zurück. Dabei wird ein Photon ausgesandt, dessen Energie der Energiedifferenz zwischen höherem und tieferem Energie= zustand entspricht. Wenn man dieses Material von der Seite, das heißt ohne dass die Strahlungsquelle sichtbar ist, beobachtet, erscheinen diese Photonen einer bestimmten Energie (und somit Wellenlänge) als Emissionslinien im Spektrum. Linienspektren von Atomen waren eine wichtige

Informationsquelle für die Entdeckung der Quantenmechanik. Das besonders einfache Spektrum des Wasserstoffatoms gab den Anstoß zum Bohrschen Atommodell.

Genauere Untersuchungen der Wasserstoff-Spektren mach= ten später deutlich, dass dieses Atommodell die Wirklichkeit nur sehr unzureichend beschreibt. Erst die Theorien von Werner Heisenberg und Wolfgang Pauli lieferten eine angemessenere Beschreibung. In der Astronomie sind Linienspektren eine wichtige Quelle für Information über das Universum. Die Linienspektren sind charakteristisch für das jeweilige Atom oder Molekül, daher lassen sich aus dem Licht die im All vorkommenden Elemente bestimmen. Auf diese Weise wurde zum Beispiel das Helium zunächst auf der Sonne gefunden, bevor man es auch auf der Erde nachweisen konnte.

Heisenberg formulierte 1927 die nach ihm benannte Un= schärferelation, die eine der fundamentalen Aussagen der Quantenmechanik trifft – nämlich, dass bestimmte Mess= größen eines Teilchens (etwa sein Ort oder Impuls) nicht gleichzeitig beliebig genau bestimmbar sind. Für die Begründung der Quantenmechanik wurde er 1932 mit dem Nobelpreis für Physik ausgezeichnet.

Bindungen

Der US-amerikanischen Physikochemiker Gilbert Newton Lewis (1875-1946) beschäftigte sich als einer der Ersten im englischen Sprachraum ab 1908 mit der Relativitätstheorie. Seine Forschungen auf dem Gebiet der Valenzen eines Atoms und seiner Elektronenhülle schufen die Grundlagen für das Verständnis chemischer Bindungen. Ab 1916 formulierte er seine „Oktettregel", wonach Atome anstreben, acht Außen= elektronen zu erlangen. Im Jahr 1926 gab Lewis der kleinsten Einheit der elektromagnetischen Strahlungstheorie den Namen Photon. Außerdem arbeitete er auf den Gebieten der Thermodynamik, der Fluoreszenz und der Theorie der Strahlung Schwarzer Körper (siehe Kapitel „Im Anfang war das Nichts") 1933 stellte er als erster Schweres Wasser durch Elektrolyse gewöhnlichen Wassers her.

Chemie und Physik sind aufeinander angewiesen, das zeigt sich im Lauf der Geschichte der Wissenschaften immer wieder. Die chemische Bindung ist ein physikalisch-chemisches Phänomen, durch das zwei oder mehrere Atome oder Ionen (elektrisch geladene Atome durch Überhang oder Mangel an Elektronen in der Außenhülle) fest zu chemischen Verbindungen aneinander gebunden sind. Dies beruht darauf, dass es für die meisten Atome oder Ionen energetisch günstiger ist, an geeignete Bindungspartner gebunden zu sein, anstatt als einzelnes ungebundenes Teilchen herum=zuschwirren. Durch die Bindungskräfte können sich Moleküle und damit chemische Verbindungen überhaupt erst bilden.

Der US-amerikanische Chemiker Linus Carl Pauling (1901-1994) erhielt 1954 für seine Forschungen zu chemischen Bindungen den Nobelpreis für Chemie und 1962, wegen seines Einsatzes gegen Atomwaffentests den Friedens=nobelpreis. Zweimal den Nobelpreis zu erhalten, war bis dahin nur Marie Curie gelungen. Anfangs religiös, neigte Pauling in später Jahren zum Atheismus. Schon in den 1930er-Jahren begann Pauling Aufsätze über die Natur von chemischen Bindungen zu veröffentlichen, die 1939 in seinem Buch „Die Natur der chemischen Bindung“ (Originaltitel: The Nature of the Chemical Bond) gipfelten. Darauf aufbauend veröffent=lichte Pauling das Konzept der Hybridisierung.

Ein Beispiel: Ein Kohlenstoffatom hat in der äußeren Elektronenschale zwei s- und zwei p-Elektronen. (Siehe Kapi=tel „Quantenmechanik“) Dementsprechend müssten diese Orbitale bei den C-H-Bindungen im Methan (CH_4) zu unterschiedlichen Bindungen führen. Tatsächlich stellt man aber fest, dass die vier Bindungen gleichartig und nicht unterscheidbar sind. So kann man Hybridisierung erklären: Das doppelt besetzte, kugelförmige 2s-Orbital wird mit den hantelförmigen 2p-Orbitalen zu vier gleichen, keulenförmigen Hybridorbitalen kombiniert, die mit je einem Elektron besetzt sind. Diese richten sich in Form eines Tetraeders (Vierflächner; siehe Kapitel „Die Struktur der Welt“, Platonische Körper) im Raum aus und bilden mit den 1s-Elektronen des Wasserstoffs gleichartige Atombindungen. Das so entstandene Modell entspricht den beobachteten Eigenschaften des Methans.

Man kann sich leicht vorstellen, dass die Komplexität der Moleküle mit diesem System nicht einfach darstellbar ist. Erst mit der Entwicklung von entsprechenden Computerprogrammen ab etwa 1950 wurden auch kompliziertere theoretische Berechnungen zur chemischen Bindung möglich. Ab 1964 wurde vom US-amerikansichen Phyiker österreichischer Herkunft Walter Kohn (1923-2016) schließlich mit der Dichtefunktionaltheorie eine weitere Möglichkeit zur theoretischen Berechnung der chemischen Bindung entwickelt. Er erhielt dafür den Chemie-Nobelpreis 1998. (Kohn, 1999) Die Dichtefunktionaltheorie (DFT) ist ein Verfahren zur Bestimmung des quantenmechanischen Grundzustandes eines Vielelektronensystems. Die große Bedeutung dieser Theorie liegt darin, dass es mit ihr nicht notwendig ist, die vollständige Schrödingergleichung für das Vielelektronensystem zu lösen, wodurch der Aufwand an Rechenleistung stark sinkt und Berechnungen von Systemen mit deutlich über zehn Elektronen überhaupt erst möglich werden.

Die ionische Bindung ist eine ungerichtete Bindung mit großer Reichweite, die in allen Raumrichtungen gleich stark wirkt. Sie ist die vorherrschende Bindungsart bei Salzen, also Verbindungen von Metallen und Nichtmetallen, die periodisch in Gittern angeordnet sind. Für die Bindung in Ionenkristallen sind vor allem elektrostatische Wechselwirkungen zwischen den verschieden geladenen Ionen verantwortlich. Die energetische Struktur lässt sich theoretisch gut mit der Gitterenergie beschreiben.

Dazu werden vor allem die anziehenden und abstoßenden Kräfte zwischen den Ionen, sowie die Abstoßung der sich durchdringenden Elektronenhüllen einbezogen. Die Gitterenergien von Ionenverbindungen wie etwa Kochsalz, Metallen und kovalent gebundenen Polymeren wie Diamanten sind wegen der starken vorwiegend elektrostatischen beziehungsweise kovalenten Wechselwirkungen erheblich größer als bei Festkörpern, die aus neutralen Molekülen wie etwa Zucker aufgebaut sind und die nur über Van-der Waals-Kräfte wechselwirken. Die Van-der-Waals-Wechselwirkungen, benannt nach dem niederländischen Physiker Johannes Diderik van der Waals (1837–1923), sind relativ schwach. Geckos nutzen sie, um ohne Klebstoff oder Saugnäpfen an Flächen zu haften. Die Unterseiten ihrer Füße sind voller feinster Härchen. Jedes Härchen kann nur eine kleine Kraft übertragen, durch die hohe Zahl reicht die Summe der Kräfte dennoch dafür aus, dass das Tier an der Decke oder auf glatten Flächen wie etwa Glas laufen kann.

Es geht also im wesentlichen um zwei Fragen: Was hält die Atome in chemischen Verbindungen zusammen? Und: Was hält die einzelnen Moleküle zusammen? Die „klassischen" chemischen Bindungen sind: die Ionenbindung, die Atom- bzw. kovalente Bindung und die metallische Bindung. Die Wechselwirkung zwischen den Molekülen wird bestimmt durch intermolekulare Wechselwirkungen und durch die Wasser= stoffbrückenbindung. (Siehe Kapitel „Ohne Wasser keine Leben")

Überwältigend der Gedanke, dass die Natur auch aus der Sicht der Chemie im Innersten nach Einfachkeit und Sparsamkeit strebt. In jedem Element tendieren die Kräfte nach der stabilen Edelgaskonfiguration. Wenn der Normal= zustand vom Idealzustand abweicht, werden Bindungen gesucht: ionische Bindungen, kovalente Bindungen und Metallbindungen. Dabei nimmt im ersten Fall das Atom Elektronen auf oder gibt sie ab und erreicht so einen energetisch günstigeren Zustand. Bei Elektronenabgabe werden positive Kationen, bei Aufnahme negativ geladene Anionen gebildet. Die Ionen ziehen elektrostatisch Gegen= ionen an und bilden dabei Salze, einen Verbund aus negativen und positiven Teilchen, die in der Gesamtheit neutral sind. Bei der kovalenten Bindung muss das Atom keine Elektronen abgeben oder aufnehmen. Die Bindung kommt dadurch zustande, dass die Elektronen zwischen den Bindungspartnern geteilt werden und Paare bilden. Die Metallbindung schließlich hält genug Elektronen bereit, um Elektronenwolken bzw. Elektronengas bilden zu können. Die Metallionen ordnen sich in Kationengittern, die von den Außenelektronen umschwirrt werden – Ursache für die Leitfähigkeit der Metalle.

Die atomaren Bindunsstrukturen sind eine besondere Variante des Schlüssel-Schloss-Prinzips, das in der Natur an allen Ecken und Enden auftaucht. Sie bestätigen, dass es sich um ein durchgehendes Prinzip handelt.

Schlüssel und Schloss

Das Prinzip

Wenn man bei der wissenschaftlichen Arbeit, beim Suchen nach einer Lösung, beim Denken oder Schreiben auf offene Fragen stößt – und die gibt es zuhauf – dann ist es gut, einen

Schlüssel zu suchen, wenn man ein Schloss hat, und ein Schloss, wenn man einen Schlüssel hat. Hat man beide nicht, sollte man meditieren.

Die Entdeckung des Schlüssel-Schloss-Prinzips führt zum Ende des 19. Jahrhunderts zurück und ist dem deutschen Chemiker Hermann Emil Fischer (1852-1919) zu danken. Er gilt als Begründer der klassischen organischen Chemie und erhielt 1902 den Nobelpreis für Chemie für bahnbrechende Arbeiten auf dem Gebiet der Zuckerchemie. Bei Unter= suchungen der räumlichen Gestalt von Zuckermolekülen fand Fischer heraus, dass Zucker in Gegenwart von Aceton auskristallisieren. Die kristallinen Acetonverbindungen des Zuckers führten dann zu einem besseren räumlichen Verständnis der Zuckermoleküle. Fischer entdeckte: Nur bei exakter Stereochemie der Zucker wurden diese von pflanzlichen und tierischen Körpern umgewandelt. 1894 formulierte er aufgrund dieser Beobachtungen das Schlüssel-Schloss-Prinzip.

Das Prinzip arbeitet im Verborgenen. Auch die Symbiose, die Lebensgemeinschaft zum gegenseitigen Nutzen, beruht im Grunde auf einem Schlüssel-Schloss-Prinzip. Was der eine nicht hat, trägt der andere zum Überleben bei – und umgekehrt. Typisches Beispiel: Die Mitochondrien, die Kraftwerke in jeder menschlichen Zelle, ohne die wir nicht leben könnten, stammen von Bakterien. Unsere Verdauung würde ohne die kleinen Helfer in der Finsternis nicht funktionieren. Rund zwei Kilo nützliche Bakterien siedeln im menschlichen Darm. Jeder von uns bewegt sich in einer „Mikrobiom-Wolke“ mit tausenden verschiedenen Mikroorga= nismen. (Stanzl, 14./15.5.2016)

Witzigerweise fangen beide Worte mit Schl an: Schlüssel und Schloss. Wir wissen es von der Haustür: Man steckt den Schlüssel ins Schloss. Passt. Ein, zwei Drehungen und die Tür springt auf. Ah! Was für ein Glücksgefühl. Bloß, dass wir durch die hohe Frequenz des Aufsperrens abgestumpft sind. Wir sollten es bewusster angehen. Rede und Gegenrede, Herz und Schmerz, Handschuh und Hand: alles funktioniert nach der Schlüssel-Schloss-Prinzip. Mathematik, Physik, die ganze Natur basieren auf dem Schlüssel-Schloss-Prinzip. Ein Körper passt in einen anderen, dann läuft alles ab wie von Zauberhand und wir betreten immer neue Welten.

Es geht nur um eines: Passt der Schlüssel oder passt er nicht. Oder wie Robert Musil, geheimnisvoll den Gedanken des Sexualverbrechers Moosbruger in seinem „Mann ohne Eigenschaften“ nachhängend, schreibt: „Wenn man unter= suchen würde, wer die Menschen sind, an denen wir so unsinnig hängen bleiben, so müßte sich zeigen, es ist der Mann mit Schlüsselbart, zu dem wir das Schloß haben.... Das Leben bildet eine Oberfläche, die so tut, als ob sie so sein müßte, wie sie ist, aber unter ihrer Haut treiben und drängen die Dinge.“ (Musil, Bd. 1, 1978:241) Geschrieben wurde das in den 1930er Jahren, vor Musils Emigration von Wien in die Schweiz.

Von der Täuschung der Oberfläche ist der Blick auf die wesentlichen Phänomene unter ihr zu richten, auf die verrückte Quantenwelt, dorthin eben, wo das Schlüssel-Schloss-Prinzip herrscht, wo das Wahlverwandte sich anzieht und das Nicht-Sympathische sich abstößt in einem unerschöpflichen Kombinationsreigen. Wenn „die Chemie stimmt“ wird angedockt: der Schlüssel passt ins Schloss. Der Adler zerzupft seine Beute, damit sie seinen Jungen in den Schlund passt. Wo es runter geht, geht es auch rauf.

Eiweißkörper

An der Oberfläche von Zellmembranen befinden sich un=zählige Rezeptoren, die im Wesentlichen aus Eiweißkörpern, aus Proteinen bestehen. Sie besitzen eine bestimmte Passform für kleine Moleküle, sogenannte Liganden, oder für Teile von größeren, komplex gefalteten Molekülen, die an die Rezeptorstruktur binden, indem sie diese nach dem Schlüssel-Schloss-Prinzip als komplementäre Struktur ergänzen. Die räumliche Struktur der Eiweißstoffe kann man mit der Proteinkristallographie ermitteln (siehe die Kapitel „Die mathematische Struktur der Welt“, „Schrödingers Exkurs über das Leben“ und „Das Geheimnis des Lebens“), indem die Aminosäuresequenz mithilfe von Röntgenstrahlen in die Elektronenverteilung eingepasst und so lange modifiziert oder verschoben wird, bis plausibel ist, dass die gewählte Struktur die ermittelte Elektronenverteilung erzeugen kann.

Ein Beispiel: Ein Forscherteam um den deutschen Bio=chemiker Thilo Stehlen an der Universität Tübingen beobachtete den Infektionsvorgang, das Andocken von Polyomaviren, den Erregern einer Gehirnerkrankung, an der Oberfläche einer Zelle auf molekularer Ebene. Polyomaviren besitzen sphärische Virionen (Durchmesser 45 Nanometer) in Form einer Ikosaedersymmetrie. Für den Versuch ließen die Forscher das Hüllprotein des Virus kristallisieren und untersuchten es mittels Röntgenstrukturanalyse, die ein detailliertes Bild der Proteinstruktur ergibt. Als dann das Hüllenprotein in Kristalle eingebracht wurde, konnte die Bindung zwischen Zellmembran und Virus direkt beobachtet werden. Dabei zeigte die Tübinger Gruppe, dass das L-förmige Molekül auf der Zellmembran die Virus-Andockstelle an der Form „erkennt“. (Neu et al., 2010)

AIDS-Viren – neueste Forschungen deuten darauf hin, dass sie bereits seit 1909 in Belgisch-Kongo vom Tier auf den

Menschen übersprangen - entern menschliche Zellen mit einem Nachschlüssel. Sie tragen auf ihrer Hülle komplexe noppenartige Fortsätze, Spikes und Knobs genannt, mit denen sie an den Zellen andocken. Mit seinen „Kupplungsfingern" passt das HIV-Virus ganz genau zu den Anlegestellen auf jenen menschlichen Zellen, die CD-4-Rezeptoren genannt werden. „Mit diesem Schloss-Schlüssel-System dringt das AIDS-Virus in menschliche Zellen ein und programmiert sie um... Dieses „Kuckucksei" zwingt die Zelle nun, neue Viren zu produzieren." (Hingst, 2008:165f.)

Zellen besitzen mit unzähligen Rezeptoren bestückte Membranen. Diese Rezeptoren sind die Schlösser, über welche die Zelle durch Botenstoffe aller Art mit dem Gesamtorganismus kommuniziert. Die Schlüssel müssen komplementär sein. Beide Strukturen passen mathematisch-räumlich zueinander. Dieses Prinzip wurde schon 1894 von dem deutschen Chemiker Emil Fischer (1852-1919; Nobelpreis 1902) hypothetisch beschrieben.

Mit der Frage, wieviele Zellen ein einziger Mensch besitzt, tauchen wir ein in die Welt des Mikrokosmos, der eine Ahnung davon vermittelt, in welchem mathematisch-physikalischen Universum wir uns dann befinden. Ein Erwachsener besteht aus 10^{14} oder 100 Billionen einzelnen Zellen. (Siehe Kapitel „Revolution des Lebens") Legte man die durchschnittlich nur 40 tausendstel Millimeter kleinen Zellen aneinander, reichten sie vier Millionen Kilometer weit – oder 100-mal um die Erde. Und selbst wenn man in jeder Sekunde eine Zelle an die andere reihte, würde man das Ziel erst nach über drei Millionen Jahren erreichen. (Schüring, 2003)

Wunderwerk Immunsystem

Alle Zellen in Zellverbänden, in Geweben oder Organen besitzen an ihrer Zelloberfläche Strukturen und komplemen= täre Gegenstrukturen, die Teil der Kommunikation zwischen den Zellen sind und zum strukturellen und funktionellen Zusammenhalt beitragen. In der Immunologie kommt es zu einem komplexen gleichzeitigen Zusammenspiel mehrerer komplementärer Strukturen an der Grenzfläche von Antigen-präsentierenden und Antigen-erkennenden Bruchstücken bzw. Abwehrzellen des Immunsystems. Voraussetzung für die Antigenerkennung ist die Kommunikation zwischen den Immunzellen über komplementäre Strukturen, um zwischen „Eigen" und „Fremd" zu unterscheiden.

Immunzellen, die im Körper zirkulieren, benötigen Ober= flächenstrukturen, um spezifisch von Ort zu Ort und zurück zu ihrem Ausgangsort zu finden. Spermien müssen bestimmte Glykoproteine an der Oberfläche der Eizelle vorfinden, um in sie einzudringen. Viren benötigen spezifische komplementäre Strukturen („Andockstellen“), um ihren Wirt zu infizieren.

Mensch und Tier besitzen ein Wunderwerk von Zellen für die Abwehr von Krankheiten: ihr körpereigenes Immunsystem. In der Medizin geht es vor allem darum, dieses Abwehrsystem zu stärken und negative Einflüsse zu verhindern. Dazu muss man das Gegeneinander von Antigenen und Antikörpern verstehen, die nach dem universellen Schlüssel-Schloß-Prinzip funktionieren. Antigene und Antikörper passen zueinander wie Schlüssel und Schloss. Die Antikörper heften sich an die in den Körper eingedrungenen Partikel und machen sie den Fresszellen schmackhaft. Nachdem die Fresszellen die einverleibten Fremdkörper abgebaut haben, präsentieren sie Bruchstücke dieses Antigens zusammen mit den Transplantationsantigenen an der Zelloberfläche und sondern Botenstoffe (Interleukine, Interferone und koloniestimulierende Faktoren) ab. Die führen zu einer Aktivierung von T-Lymphozyten, welche die Bruchstücke des Antigens nur zusammen mit den Transplantationsantigenen erkennen. Die T-Lymphozyten geben ihrerseits Botenstoffe ab, die ihre eigene Vermehrung und letztlich die Aktivierung von B-Lymphozyten bewirken. Diese entwickeln sich dann zu spezifischen Plasmazellen, die Antikörper herstellen. Bei diesem „Zweitschlag“ des Immunsystems spielen auch sogenannte Komplementfaktoren eine wichtige Rolle, die von den durch Antikörper-Antigen-Reaktion stimulierten Makro=

phagen abgesondert werden. Dadurch wird die Phagozytose und das Absterben der Fremdstoffe erleichtert und beschleunigt. Bei der Phagozytose werden Fremdkörper ins Zellinnere von Fresszellen (Phagozyten) aufgenommen und enzymatisch beziehungsweise oxidativ abgebaut. (Hingst, 1992:14)

Antigene sind Stoffe, die in einem fremden Organismus eine Immunreaktion auslösen können. Sind die Antigene Viren oder Bakterien, werden nur Bruchstücke von ihnen den Immunzellen präsentiert. Sie führen zur Bildung von Anti= körpern (Immunglobulinen), die spezifisch gegen Strukturen dieser Moleküle gerichtet sind und folglich mit diesen reagieren können.

Der japanische Biologe Susumu Tonegawa, Professor am Institute for Technology in Cambridge, erhielt 1987 den Nobelpreis für seine Forschungsarbeiten über „die genetische Grundlage für das Entstehen des Variantenreichtums der Antikörper". Tonegawa konnte nachweisen, dass rund eine Milliarde verschiedener Antikörper im Organismus eines erwachsenen Menschen existieren. Die meisten werden ihm nicht von Geburt an mitgegeben, sondern erworben. Diese enorme Zahl von Antikörpern entspricht den hunderten Millionen Fremdkörpern (Antigenen), die im Lauf eines Menschenlebens in den Organismus eindringen. (Hingst, 1988:142)

Die Antikörper werden von weißen Blutkörperchen gebildet, den B-Lymphozyten. Sie reifen im Knochenmark heran und wandern in den Thymus (die Brustdrüse), die Lymphknoten und die Milz. Unterstützt werden sie von den T-Zellen. Tonegawa und andere Wissenschaftler wiesen nach, dass jeder Antikörper aus vier speziellen Eiweißketten besteht – zwei langen und zwei kurzen -, die so miteinander verdrillt sind, dass sie die Form eines Ypsilons annehmen. Die langen Eiweißketten bleiben gleich, während sich die kurzen verändern. Sie gleichen Erkennungs- und Greifregionen, die dem jeweils eingedrungenen Fremdstoff angepasst werden. Die dabei entstehenden Genkombinationen ermöglichen die Synthese von Antikörpern gegen jedes denkbare Antigen. Wiederum funktioniert alles nach dem Schlüssel-Schloss-System.

Wenn ein Lymphozyt, dessen Oberfläche mit etwa 100.000 antennenähnlichen Antikörpern gespickt ist, sich ein Antigen „schnappt", werden Klone, genetisch idente Kopien der Antikörper in großen Mengen produziert, die dann die Antigene attackieren. Dabei spielen jede Menge nach dem Zufallsprinzip zusammengewürfelte Mutationen eine entscheidende Rolle. Es sind alles Antikörper, die die Antigene spezifisch „greifen" können. Das Prinzip: Der Erstkontakt eines Lymphozyten mit einem Antigen liefert einen Antikörper oder „Schlüssel" mit grober Passform, dessen Bart dann nach dem Zufallsprinzip weiter zurechtgefeilt wird.

Dieses Zufallsprinzip ist eine Naturgesetz und ermöglicht eine Fülle von Möglichkeiten und Ausformungen. Die Natur setzt nicht nur auf eine Karte.

In der Medizin sind künstlich entwickelte Antikörper unent= behrlich geworden. Heute ist es möglich, solche Monoklonalen Antikörper für Therapie und Diagnostik herzustellen, die spezifisch gegen einzelne Epitope von Molekülen aus Bakterien, Viren, pflanzlichen oder tierischen Zellen oder Körperflüssigkeiten gerichtet sind. Ein Epitop ist ein Bereich der Oberfläche eines Antigens, an den ein Antikörper oder T-Zell-Rezeptor nach dem Schlüssel-Schloss-Prinzip spezifisch bindet. Diese Epitope kann man sich als Vertiefungen oder Erhöhungen des Albuminmoleküls vorstellen, also als räumliche, mehr oder weniger definierte Teilabschnitte der Polypeptidkette, aus denen das kugelige Eiweißmolekül besteht. Im physikochemischen Sinne handelt es sich dabei um räumliche Ladungsmuster, die nur zu bestimmten „Gegenmustern" passen. Die meisten Antigene sind Eiweiße oder Kombinationen von Eiweißen mit anderen Stoffklassen wie Glyko(Zucker)proteine, Lipo(Fett)proteine, Nukleo(Kern)= proteine. Die Zellwandantigene von Bakterien sind zum Teil sehr komplex aufgebaut. Die immunologische Spezifität wird in der Regel durch die verschiedene Kombination der Zuckermoleküle bestimmt, so der deutsche Immunologe Jürg= en Groth. (Groth, 2013)

Diese Variabilität in der Aminosäurenzusammensetzung und -sequenz bewirkt im Antikörpermolekül eine unterschiedliche Faltung des Moleküls. So entsteht an bestimmten Stellen des Antikörpermoleküls eine räumliche Struktur, die komplementär zur Gestalt der Epitope ist, die die Immunreaktion ausgelöst haben. Dies ist der Ort, an dem die spezifische Antigen-Antikörperreaktion stattfindet: „Dabei handelt es sich um das sogenannte Schlüssel-Schloss-Prinzip, das wir überall in der belebten Natur verwirklicht finden. Einfach gesagt handelt es sich darum, dass zwei molekulare Strukturen zueinander passen müssen, um eine bestimmte Funktion erfüllen zu können, eben wie Schlüssel und Schloss." (Groth, 2013)

Das Schlüssel-Schloss-Prinzip in der Biologie besagt, das spezifische Rezeptoren nur mit ihren "passenden" komplementären Molekülstrukturen reagieren. Ähnlich verhält es sich bei der Reaktion komplementärer Strukturen an der Oberfläche zweier Zellen. In beiden Fällen führt die Reaktion zur Auslösung spezifischer Signalketten. So sind Antikörper gegen eine spezifische komplementäre molekulare Antigen=struktur gerichtet. Auch Viren benötigen zur Infektion ihres Wirtes spezifische molekulare „Andockstellen".

Immunzellen, die funktionell zusammenarbeiten, benötigen an ihrer Membranoberfläche Moleküle, die bestimmte Ober=flächenmoleküle der kooperierenden Zellen als Eigen und gleichzeitig das molekular Fremde als fremd erkennen. Träger der Selbst- und Fremderkennung sind die Immunzellen. Dabei handelt es sich in erster Linie um eine Population von weißen Blutkörperchen (Leukozyten), die hauptsächlich im Blutkreislauf und im lymphatischen System - daher der Name Lymphozyten - zu finden sind und dort wiederum konzentriert in den Lymphknoten, der Milz und dem Thymus. Die für die spezifische Fremderkennung zuständigen Lymphozyten besitzen an ihrer Zellmembran bestimmte Moleküle (Rezeptoren) mit einer Struktur, die komplementär zu der zu erkennenden Struktur ist. Große Antigene (z.B. Bakterien) werden dabei zuerst zerkleinert und die entstehenden Bruchstücke von speziellen antigenpräsentierenden Zellen den erkennenden Immunzellen präsentiert. Antigenre= präsentierende Zellen, T-Lymphozyten und Antigene funktionieren alle nach dem Schlüssel-Schloss-Prinzip. Alles als fremd klassifizierte wird aus dem Organismus ausgeschlossen. Das führt u.a. zum zentralen Problem der Transplantationsmedizin, nach dem implantierte Organe als fremd erkannt und abgestoßen werden. Diese Abstoßungsreaktion muss daher unterbunden werden. Die Immunschwächekrankheit AIDS wird durch einen virusbedingten, fast völligen Zusammenbruch der spezifischen Immunantwort ausgelöst. Er ist bedingt durch die extrem starke Reduzierung der T-(Helfer)-Lymphozyten mit der Folge einer therapeutisch nur schwer zu beherrschende Vielfalt an Infektionen.

Interessanterweise besitzen Pflanzen und Wirbellose kein adaptives spezifisches Abwehrsystem wie die Wirbeltiere. Aber sie verfügen (wie auch der Mensch) über ein angeborenes Immunsystem, das über viele Jahrmillionen genetisch aufgebaut wurde und in der Lage ist, Antigene zu identifizieren. Im Vergleich zu Tieren verfügen Pflanzen über eine wesentlich höhere Anzahl von Rezeptoren, die durch hunderte von Resistenz-Genen kodiert werden, um den Befall mit Bakterien, Pilzen, Viren und Würmern zu erkennen und deren Ausbreitung abzuwehren. Diese Art zu reagieren ist vergleichbar mit der durch die angeborene Immunität vermittelten adaptiven Immunität bei den Wirbeltieren.

Das Prinzip der Komplementarität (Schlüssel-Schloss-Prinzip) wird bei verschiedenen diagnostischen Untersuchungsver= fahren umfangreich genutzt, so für die Immundiagnostik (Blutgruppenbestimmung, Gewebetypisierung, Infektionsdia= gnostik) oder in molekularbiologischen („genetischen") Dia= gnostikverfahren wie dem „genetischen Fingerabdruck", dem Vaterschafts-Ausschlusstest oder dem Nachweis genetischer Anomalien. Alle diese Untersuchungen beruhen darauf, dass die Testreagenzien mit bekannter molekularer Spezifität komplementär zum Untersuchungsmaterial sind und ihre Bindung oder Reaktion das Vorhandensein der Zielstruktur anzeigt.

Zusammenfassend: Die gezielte Kooperation der Zellen und die Realisierung der meisten makromolekularen Prozesse in einem Organismus resultieren aus der Komplementarität ihrer molekularen Strukturen. Darüberhinaus ist das Schlüssel-Schloss-Prinzip notwendige Voraussetzung für die Zellkooperation und die Unterscheidung von Selbst und Fremd.

Insulin

Um die Körperzellen des Menschen mit Energie zu versorgen, wird Zucker gebraucht. Zucker gelangt in den Körper zum einen über die Nahrung, etwa durch süße oder stärkehaltige Lebensmitteln wie Nudeln und Kartoffeln (Stärke ist eine besondere Form des Zuckers). Zum anderen wird im Körper selbst, z.B. in der Leber, Zucker gebildet. Zucker wird im Magen-Darm-Trakt aus der Nahrung abgespalten und über die Leber ins Blut aufgenommen. Von dort gelangt der Zucker zu den Körperzellen. Reguliert wird der Zuckerhaushalt bei gesunden Menschen durch einen Gegenspieler des Zuckers - das Insulin. Insulin wird in der Bauchspeicheldrüse gebildet und zwar genau in der Menge, die benötigt wird, um die erhöhte Menge an Zucker, der aus dem Essen ins Blut gelangt ist, wieder auf Normalmaß zu senken. Durch diese Regelung wird der Blutzuckerspiegel eines gesunden Menschen immer zwischen 80 und 120 mg/dl gehalten, unabhängig davon, ob und wievel Zucker durch die Nahrung aufgenommen wird. Inusulin ist die Zucker-Transporthilfe und der „Türöffner“ im Blut. Ohne Insulin müssten wir sterben. Denn das Hormon sorgt dafür, dass die Körperzellen mit Traubenzucker versorgt werden. Sie brauchen diesen Zucker dringend als Treibstoff. Damit das Insulin den Zellen ihren Brennstoff liefern kann, muss es die Barriere der Zelloberfläche überwinden. Dafür dienen sogenannte Rezeptoren. In diese Andockstellen passen die Insulinmoleküle so präzise hinein wie ein Schlüssel in ein Schloss. Erst wenn das Hormon die Rezeptoren aktiviert, können die Organe Glukose aus dem Blut auf= nehmen oder speichern. Dadurch fängt der Blutzuckergehalt langsam an zu sinken.

Die belieferten Zellen fangen nun sofort damit an, den Zucker abzubauen, um Energie für ihre Arbeit zu gewinnen. Was sie nicht sofort verbrauchen, landet in den Energiedepots der Leber und der Muskeln. Solche Depots bestehen aber nicht aus Traubenzucker, den die Zellen verbrennen können, sondern aus einer speziellen Speicherform, dem so genann= ten Glykogen. Beim Umbau von Traubenzucker in diesen Speicherzucker hilft Insulin ebenfalls. Das Hormon regt Leber und Muskeln an, Depots von Speicherzucker aufzubauen. Etwa zwei Stunden nach dem Essen ist die Aufnahme des Zuckers aus dem Blut in den Zellen so gut wie abgeschlossen.

Nur ein kleiner Rest kreist noch in den Adern. Der Blutzuckerspiegel hat den Normalwert erreicht.

Das Geheimnis des Lebens

Der österreichische Physiker und Nobelpreisträger Erwin Schrödinger hat in seinem Buch „Was ist Leben? Die lebende Zelle mit den Augen des Physikers betrachtet“ lange vor der Entdeckung der Doppelhelix des Erbgutes in den Zellen (siehe Kapitel „Das Geheimnis des Lebens“) die Vermutung geäußert, dass in den Chromosomen – die unter dem Mikros= kop beobachtet worden waren – ein „Code der Vererbung“ (Schrödinger, 1944) verborgen sein müsse. Formuliert hat er das in der Sprache und dem Denken seiner Zeit: „Wenn wir die Struktur der Chromosomen einen Code nennen, so meinen wir damit, daß ein alles durchdringender Geist, dem jegliche kausale Beziehung sofort offenbar wäre – wie Laplace ihn sich einmal vorgestellt hat -, aus dieser Struktur voraussagen könnte, ob das Ei sich unter geeigneten Bedingungen zu einem schwarzen Hahn, einem gefleckten Huhn, zu einer Fliege oder Maispflanze, einer Alpenrose, einem Käfer, einer Maus oder zu einem Weibe entwickeln werde.“ Die Chromosomenstrukturen, so Schrödinger, seien zugleich „Gesetzbuch und ausübende Gewalt, Plan des Architekten und Handwerker des Baumeisters“. (Schrödinger,

2012:56f.) Als dann 1953 der Schleier des Geheimnisses um die eigentliche Struktur der Chromosomen mit Hilfe der Röntgenstrukturanalyse (siehe die Kapitel „Schrödingers Exkurs über das Leben“ und „Eiweißkörper“) gelüftet wurde, war das eine Weltsensation.

Platonische Körper, Schloss-Schlüssel-Systeme, Spiralen, Kugeln, Elipsen, Kristalle: Sie alle zeigen auffallend strukturierte und immer wieder auch mathematische Systeme in den „Zuständen“ der Materie. Erwin Schrödinger hat sie fasziniert sogar in amorphen Körpern entdeckt: „In ‚amorphen Holzkohlefasern wurde die rudimentäre Graphitstrukur durch Röntenstrahlen aufgedeckt. Also ist Holzkohle ein fester Körper, damit auch kristallin.“ Schrödinger hat dazu das Schema „Molekül = Fester Körper = Kristall“ aufgestellt und erläutert: „Der Grund hierfür ist, daß die ein Molekül zusammensetzenden Atome, seien es nun wenige oder viele, durch Kräfte genau der gleichen Natur aneinander gebunden sind wie die zahlreichen Atome, welche einen wirklich festen Körper, einen Kristall, aufbauen. Das Molekül zeigt die gleiche Festigkeit der Struktur wie ein Kristall.“ (Schrödinger, 2012:109f.) Und das gilt nach Schrödinger auch für die Beständigkeit der Gene, die sich in der Doppel-Helix gruppieren. Der „wirklich bedeutsame Unterschied in der Struktur der Materie“ liege darin, „ob die Atome durch die ‚verfestigenden’ Heitler-London-Kräfte aneinander gebundes sind oder nicht“. (Siehe auch Kapitel „Kosmos der Kristalle“)

Interessant ist, dass die Moleküle auf ihrer elementaren Ebene sich selbst begrenzende Strukturen aufweisen. Raoul Schrott schreibt: „Von den Milliarden an möglichen organischen Molekülen verwendet das Leben nur Verbindungen, die zwischen 10 und 100 Atomen umfassen. Bis zu den Genen besteht alles Leben somit aus mikrokristallinen Strukturen, die inorganischen Ursprungs sind, weil sie ihre Atome nur aus den auf der Erde vorhandenen Mineralien lösen konnten.“ Schrott spricht von „glitzernd sich abspaltenden Kristallen, die von selbst zueinanderfinden“, von Schlamm und Lehm, in denen „das Leben allmählich Gestallt gewinnt“. (Schrott, 2016:728, 208) Eine schöne Beschreibung von Emergenz. (Siehe Kapitel „Emergenz“)

Die Quantenchemie ist die Anwendung der Quantenmechanik auf chemische Problemstellungen, z. B. die Beschreibung des elektrischen Verhaltens von Atomen und Molekülen und die Wirkung auf ihre Reaktionsfähigkeit. Dabei gelten quanten= mechanische Untersuchungen an Atomen als Grenzlinie zwischen Chemie und Physik. Als eines der ersten wurde das Wasserstoff-Molekül quantenchemisch untersucht und be= rechnet: 1927 haben die Physiker Walter Heitler und Fritz London daraus ein quantenmechanisches Näherungsver= fahren zur Beschreibung von Atombindungen entwickelt. In ihrem Modell entsteht eine Bindung zwischen zwei Atomen dadurch, dass jedes dieser Atome ein Elektron für eine Bindung zur Verfügung stellt.

Der genetische Code wurde bis 1966 vollständig ent=schlüsselt. Es zeigte sich, dass er nahezu vollständig universell gültig ist, von Bakterien, Phagen und Viren bis zu den höchstentwickelten Pflanzen und Tier und bis zum Menschen. Alle die Eiweißstoffe, ohne die Organismen nicht leben können, werdem nach diesem Code hergestellt. In der Doppelhelix sind zwei DNA-Ketten gegenläufig umeinander gewunden. Die Grundeinheit besteht aus einem Phosphat, einem Zucker und einer Base. Die Holme der so entstehenden genetischen Strickleiter bestehen aus Zucker und Phosphat, die Sprossen aus den Basenpaaren Andenin und Thymin sowie Guanin und Cytosin. Diese Basenpaare sind komple=mentär, das heißt, sie passen nach den Schlüssel-Schloss-Prinzip zueinander.

Nach diesem Prinzip funktioniert der gesamte komplexe Vorgang der Eiweißproduktion in den Zellen: Die in den Basen der DNA verschlüsselte Botschaft wird zunächst in ein ähnliches Molekül, die Boten RNA (Ribonukleinsäure) umge=schrieben. Es entsteht dabei eine Dublette des zu kopierenden DNA-Stücks, wobei Enzyme eine Rolle spielen. Sie sorgen dafür, dass sich die Doppelhelix genau an der richtigen Stelle zu entdrillen beginnt. Ein Strang wird dann bis zu einem Stoppsignal abgelesen. Danach schließt sich der Doppelstrang wieder.

Letztlich ist das winzige Stückchen Substanz im Zellkern, in dem sich die DNA befindet, das Geheimnis des Lebens, auch nichts anderes als ein Schlüssel, der Informationen aufsperrt, die den Stoffwechsel in lebendigen Strukturen in Gang setzen. Dieser Vorgang ist dem der Enthropie, der stets zunehmenden Unordnung in unserem Universum entgegengesetzt. Die Sache ist simpel: Durch Essen, Trinken, Atmen und, bei den Pflanzen, durch Assimiliation entzieht sich der lebende Organismus dem Zerfall.
Neueste Forschung lehrt, dass wir uns genetisch – also von unseren Erbanlagen in den Zellkernen her - kaum von den uns am nächsten stehenden Primaten, den Schimpansen, unterscheiden. Ihre Gene unterscheiden sich, wie die der Bonobos nur zu 1,2 % von den unseren. Nahe daran folgen Gorillas (1,6 %) und Orang-Utans (3,1 %).

Die Differenz zwischen Schimpanse und Mensch bedeutet immerhin 35 Millionen Basenpaare. Trotzdem sollten wir uns den „Blick von oben mal abgewöhnen“, sagt der deutsche Gehirnforscher Ernst Pöppel. Wer versteht schon die Sprache der Tiere? Wer hat mehr zu bieten als den Tunnelblick des Menschen auf seine Mitgeschöpfe? Sogenannte Sequenzier= roboter haben zwar ausgespuckt, dass diese 35 Millionen geänderte DNA-Buchstaben in den letzten 6 Millionen Jahren der Evolution Schimpansen und Menschen voneinander trennen. An fünf Millionen Stellen fehlen ein paar Buchstaben oder es haben sich neue eingebaut. Aber Forscher wie

Wolfgang Enard und Svante Pääbo vom Leipziger Max-Planck-Institut für evolutionäre Anthropologie wissen noch immer nicht mehr darüber, was *genetisch* den Menschen eigentlich zum Menschen macht. Enard sagt: „Der Mensch ist eben doch ein verhältnismäßig gewöhnliches Tier." (Grolle, 2005)

Wie Physiker und Chemiker sind auch Genetiker Zauber=lehrlinge. Es kommt ihnen zuhilfe, dass die Prinzipien der Natur in allem stecken. Schon 1990 ließ das Experiment eines „DNA-Magie-Lehrlings" (Jürgen Langenbach) an der University of Massachusetts der „scientific community" den Schreck in alle Glieder fahren: Der Student übte den Gentransfer an Kaninchen. Da ihm die Zellen ausgegagen waren, nahm er Material von der Mundschleimhaut des Laborgehilfen und übetrug deren DNA in die entkernten Eizellen von Kaninchen. Zum allgmeinen Erstaunen begannen sich die Zellen zu Embryos zu entwickeln. Laborschef James Roble ließ den Versuch abbrechen. Doch schnell gewöhnt sich der Mensch an die Hybris! 1996 fusionierte Roble selbst das Genom eines Menschen mit der Eizelle einer Kuh und schuf damit einen Minotaurus, in der Patentschrift einigermaßen verschleiernd „Embryonic or Stem-like Cell Lines Produced by Cross Species Nuclear Transplantation" (WO 98/07841) genannt. (Langenbauch, 2004:VI)

Die Humanmediziner haben noch einige Restskrupel. Die Tierärzte nicht. Es war anzunehmen, dass die Veterinäre als erste durchdrehen werden, denn sie sind vor allem an einem interessiert: an der identen Kopie einer besonders viel Milch liefernden Kuh, einem möglichst viele Eier legenden Huhn, einem möglichst fleischigen Rind oder Schwein. Das optimiert den Profit. Und jetzt ist eben der Mensch dran. Der südkoreanische Veterinärmediziner Hwang Woo Suk hat ihn Anfang 2004 erstmals geklont. (Evers, Traufetter, 2004:120ff.) Nachdem Hwang Woo Suk 1999 Kälber, 2002 auch Schweine erfolgreich geklont hatte, nahm er sich eine embryonale Men= schenzelle vor und züchtete sie bis zum 200-Zell-Stadium weiter. Das läuft alles unter dem Vorwand, Ersatzgewebe für die Medizin zu gewinnen, denn Stammzellen sind noch undifferenziert und können sich in jede beliebige Zellart des Körpers verwandeln.

Zur Sorge berechtigt auch das durchgesickerte Ziel einer im Mai 2016 in Boston abgehaltenen Gentechnik-Geheim= konferenz von an die 150 Wissenschaftlern, Anwälten, Industrie- und Behördenvetretern: „Buchstabe für Buchstabe soll das Genom des homo sapiens aus gut drei Milliarden chemischen Einzelteilen synthetisiert werden. Zehn Jahre werden dafür veranschlagt." (Grolle, 2016) Kosten: Bis zu drei Milliarden Dollar. (Langenbach, 2016:20) Die Herstellung maßgeschneiderter Menschen sei dann ohne weiteres vor= stellbar, heißt es. Zur Auswahl: Einstein oder perfekte

Soldaten. Selbst Hobbybastler könnten dann Menschen=genome nachbauen. Die Zukunft hat längst begonnen.

Das holistische Universum

Chaos und Ordnung

In all der anscheinenden Berechenbarkeit sollte nicht über=sehen werden, dass das Universum auch durch nichtlineare, chaotische Prozesse bestimmt wird, durch einmalige Ereig=nisse, die man mit statistischen Mitteln nicht erfassen kann. Es handelt sich dabei um universelle Grundgesetze. Der österreichische Physiker Heinz Oberhummer notierte dazu in seinem Buch „Kann das alles Zufall sein?“: „Eine überraschende Tatsache ist, dass der Mikrokosmos und der Makrokosmos zusammenhängen, das heißt, dass offen=sichtlich das ganz Kleine mit dem ganz Großen im Universum auf das Engste in Beziehung steht.“ (Oberhummer, 2008:79)

Tatsache wohl nicht, mehr eine Vision, denn eine einheitliche Theorie von Makro- und Mikrokosmos existiert bis heute nicht.

Die neuesten Erkenntnisse der Chaosforschung müssen jedenfalls berücksichtigt werden, und auch die der Biologie, der Psychologie, der Physik und Mathematik. Sie sollten in eine zusammenhängende Theorie gebracht werden, ins Konzept einer neuen Wissenschaft, die zugleich eine Kunst ist. Naturwissenschaft und Mathematik begleiten die Mensch=heit seit den astronomischen Beobachtungen und Interpreta=tionen der Sumerer und Maya, seit den Steinzeitmenschen. Wir müssen nun endlich die Konsequenzen daraus ziehen.

Schon die Alten haben gewusst, was selbst für Einstein ein „Spuk" (Zeilinger, 2007; siehe Kapitel „Einsteins Spuk") geblieben ist: dass alle Dinge im Universum eine Einheit bilden. Dabei hatte Einstein - aufbauend auf den Erkennt=nissen von Michael Faraday, James Clerk Maxwell, Gottfried Wilhelm Leibniz, Lise Meitner und anderen - die Physik genau auf dieser Basis revolutioniert, hatte die Verschränkung von Raum und Zeit, von Energie und Masse gezeigt. Eine neue holistische (von griechisch *hólos* = ganz), eine ganzheitliche Disziplin ist angesagt, die das Ganze im Auge hat, nicht die Zersplitterung der Wirklichkeit und des Wissens in vereinzelte Teile. Zu-fall und Chaos sind integrierende Elemente der Weltordnung.

Die moderne Chaosforschung untersucht komplexe, nichtlineare Systeme, deren Verhalten nicht oder zumindest nicht langfristig vorhersagbar ist. Nichtlineare mathematische Gleichungen können zwar das Chaos darstellen, sie können aber keine Vorhersagen treffen. Nichtlineare Gleichungen sind durch Rückkoppelung charakterisiert. Wie beim ohrenbe= täubenden Pfeifen einer Rückkoppelung in einem Tonstudio kommt es zu chaotischen Verstärkungen, die sich gegenseitig aufschaukeln. In ihrem höchst informativen Buch „Die Entdeckung des Chaos" halten der Psychologe John Briggs und der Physiker F. David Peat fest: „Rückkoppelung verkörpert wie die Nichtlinearität eine grundsätzliche Span= nung zwischen Ordnung und Chaos." (Briggs, Peat, 1990:33) Wenn man eine Videokamera auf ihren eigenen Monitor richtet, so entsteht durch eine unendliche Rückkoppelung - ähnlich wie wenn ein Spiegelbild sich in einem gegen= überliegenden Spiegel immer wieder spiegelt – ein Bild des Chaos.

Die Gleichungen in Einsteins Relativitätstheorie sind im Wesentlichen nichtlinear, führen aber zu einer Vorhersage, nämlich von Schwarzen Löchern, „Rissen im Gewebe der Raumzeit" (Briggs, Peat, 1990:31). In diesen sind die physikalischen Gesetze auf den Kopf gestellt, das heißt es kommt zu einer Umkehrung der Entropie: Statt der Entstehung von immer mehr Unordnung außerhalb der Schwarzen Löcher entsteht immer mehr Ordnung in deren Innerem. Die Galaxien sind meist in Spiralen angeordnet – dem Urbild wie aus Chaos Ordnung entsteht. Die Dynamik der Spiralen, ob von Taifunen oder Galaxien, kommt immer aus der Mitte. Seltsam, dass im Zentrum der Galaxien riesige Schwarze Löcher vermutet werden, also der Gipfel von Ordnung. Yin und Yang in schönster Harmonie?

Die Spirale ist offenbar eine archetypische Form, die in vielen Weltgegenden unabhängig voneinander als Motiv verwendet wird. Ein Steinkreis aus dem 3. Jahrtausend vor Christus in Newgrange in Irland (Boyne Valley) zeigt tonnenschwere behauene Steine, die über und über mit Spiralen bedeckt sind. Die Steinzeitmenschen konnten Spiralformen an Schneckenhäusern und Farnen beobachten. Dass auch Galaxien sich in Spiralen drehen, konnten sie noch nicht wissen. Aber offensichtlich ahnten sie die kosmische Dimension der Spirale als formgewordenes Symbol für das Ineinander von Chaos und Ordnung, aus dem allein Kreativität entspringt. Friedrich Nietzsche (1844 – 1900) hat es ins seinem „Zarathustra“ so formuliert: „Ich sage euch, man muß noch Chaos in sich haben, um einen tanzenden Stern gebären zu können.“ Im „Zarathustra“ gibt es noch einen anderen Schlüsselsatz über das Chaos, der durchaus eine Vorwegnahme dessen ist, was sich erst heute abzuzeichnen beginnt: „Der Gesamtcharakter der Welt ist in alle Ewigkeit Chaos.“

Ein anschauliches Beispiel für die Nichtberechenbarkeit des Seins sind Glücksspiele wie das Roulette. Vorherzusagen, wo die Kugel beim Roulette hinfällt, ist unmöglich. Das hängt vom chaotischen Gesetz des Zufalls ab. Die Kugel zieht aber ihre Bahn nach den pyhsikalischen Gesetzen. Die Bahn ist von diesen determiniert. Aber es gibt keine Vorhersehbarkeit, in welchem Fach die Kugel schließlich landen wird. Das nennt man deterministisches Chaos. Das Chaos bestimmt das Wetter ebenso wie Wirtschaftskreisläufe (Haag/Küppers, 1996:229ff.), Verkehrsstaus ebenso wie die Gehirntätigkeit (Başar, Roth/Küppers, 1996:290ff.), den Herzschlag ebenso wie das Entstehen von Riesenwellen, die Entstehung von Sternen ebenso wie das Werden eines Buches, den Ursprung und die Evolution des Lebens. Es hat seine eigenen Gesetze und die sind auch die des Zufalls, weil es unendlich viele Möglichkeiten und Freiheiten gibt.

Sherwood Chang vom Ames Research Center der NASA vermutet, dass die Strukturen, die vor etwa vier Milliarden Jahren auf der Erde zur Entstehung von Leben führten, im chaotischen Zwischenbereich gasförmiger, fester und flüsssiger Körper ihren Ursprung hatten, wo es zu einem starken Energiefluss kam. Die Geburt des Lebens kam danach aus dem Nichtgleichgewichtszustand. Aus diesen Strukturen hätten sich dann durch ständige Rückkoppelung und selbstähnliche Reproduktion aus Aminosäuren Ribo= nukleinsäureketten entwickelt, die Steuerungselemente lebendiger Organismen, wie sie heute noch in der Erbsubstnz jeder Organismuszelle zu finden sind. Neue Experimente im Weltraum haben bewiesen, dass diese Aminosäuren selbst in der Eiseskälte des Weltraums „fast von selbst“ entstehen. (Stumpf, 2002:152ff.)

Die ersten Lebensspuren auf der Erde reichen mehr als vier Milliarden Jahre zurück. (Siehe Kapitel „Wie das Leben entstand“) Die Mathematiker Alexander Gutfraind und Achim Kempf publizierten 2006 ein erstaunliches Ergebnis ihrer Recherchen: Die Geburt des Lebens schafften RNA-Moleküle mit der Fähigkeit, sich selbst zu vermehren. Das entspricht genau den Erkenntnissen der jüngsten Forschung zur Selbstorganisation, zur Entstehung von Ordnungsmustern aus chaotischen Strukturen. Eine fortdauernde Selektion durch Zusammenarbeit (Symbiose) und Konkurrenz scheint dann die Anpassung des Lebens an den sich anreichernden Sauerstoff und damit an die Photosynthese – die Nutzung der Kraftquelle Sonnenlicht - bewirkt zu haben. Vor einer Milliarde Jahren lag der Sauerstoffgehalt der Luft erst bei einem Prozent, vor etwa 300 Millionen Jahren pendelte er sich beim heutigen Wert von rund 21 % ein. Durch den Aufbau der Ozonschicht in der oberen Atmosphäre, die einen Schutzschild gegen die harte UV-Strahlung der Sonne bietet, konnte sich das Leben auch außerhalb des Meeres ausbreiten.

Die amerikanische Mikrobiologin Lynn Margulis nimmt an, dass die neuartigen Urzellen, die vor etwa 2,2 Milliarden Jahren auf der Erde entstanden, nicht das Ergebnis von Mutationen im Erbmaterial, sondern von symbiotischen Ent= wicklungen gesteuert waren. Symbiosen sind Lebens= gemeinschaften zum gegenseitigen Nutzen. (Siehe Kapitel „Schlüssel und Schloss“, Das Prinzip) Nicht Konkurrenz und Überlebenskampf standen am Anfang des Lebens, sondern Kooperation. (Briggs, Peat, 1990:232ff.) Die natürliche Aus= lese kam erst viel später, als die Wiege des Lebens abgesichert war. Darwin habe danach nur zum Teil Recht. Der Mensch sei letzlich, so Margulis, eine Ansammlung von Mikroben, die durch symbiotische Kooperation zusammen= gehalten werden.

Auch die im 19. Jahrhundert entwickelte Thermodynamik (Wärmelehre) führte zu neuen Erkenntnissen über Chaos, Zufall und Notwendigkeit. Im 20. Jahrhundert wurde die Thermodynamik irreversibler Prozesse entwickelt, die zeigte, dass das Prinzip der minimalen Entropieproduktion für offene Systeme gilt, welche nur wenig vom thermodynamischen Gleichgewicht abweichen. (Entropie = Unordnung) Der deutsche Physiker Rudolf Clausius (1822 – 1888) hat 1865 den zweiten Hauptsatz der Thermodynamik entworfen und damit den Begriff Entropie geprägt, abgeleitet vom griechischen tropos, Wende, Umkehr. Während der erste Hauptsatz die Unzerstörbarkeit der Energie postuliert, besagt der zweite Hautpsatz, dass alle abgeschlossenen Systeme sich in einer unumkehrbaren Zustandsfolge auf das Gleich= gewicht der maximalen Entropie zu bewegen. „Systeme streben im Allgemeinen von Selbst den Zustand größerer Unordnung an."

Dies ist der Bereich der so genannten linearen Nichtgleich= gewichtsthermodynamik. Weicht ein offenes System stark vom Gleichgewicht ab, kommt die nichtlineare Thermodynamik irreversibler Prozesse zum Zug. Wichtiges Ergebnis in diesem Bereich ist das Stabilitätskriterium von Ilya Prigogine und Paulus Glansdorff, das angibt, unter welchen Bedingungen der Zustand mit der minimalen Entropieproduktion instabil wird und ein System bei gleichzeitigem Entropieexport eine höher geordnete Struktur annehmen kann. In diesem Bereich können also spontan so genannte dissipative Strukturen entstehen, die experimentell bestätigt wurden – beispielsweise Bénard-Zellen.

Wenn ein Topf mit Flüssigkeit von unten geheizt wird, bleibt die Flüssigkeit zunächst ruhig und glatt, d.h. nahe dem Gleichgewicht. Verstärkt man die Energiezufuhr, wächst die Temperaturdifferenz zwischen den beiden Grenzschichten und der Zustand ist nun weit vom Gleichgewicht entfernt. Die Schwerkraft beginnt stärker an der oberen Schicht zu ziehen, die kühler und daher dichter ist. Es erscheinen Strudel und Wirbel, die immer turbulenter werden, bis die Flüssigkeit in völlige Unordnung umkippt. Die kritische Verzweigung (Bifurkation) wird erreicht, wenn die Wärme nicht mehr ohne großräumige Konvektionsströme transportiert werden kann. An dieser Stelle verlässt das System seinen chaotischen Zustand und die vorher ungeordneten Wirbel ordnen sich in einem wabenförmigen (sechseckigen) Strömungsmuster an: den so genannten Bénard-Zellen. Solche Zellen entstehen auch im Wüstensand, in Schneeflächen und im Treibeis. Da in diesem nichtlinearen Bereich auch biologische Prozesse anzusiedeln sind, ist dieses Resultat besonders auch in Hinsicht auf die Entwicklung des Lebens von großer Bedeutung. Auf die Frage nach dem Geheimnis seiner Entdeckungen sagte Progogine: „Wissen Sie, ich glaube an die Rolle des Zufalls auch im Leben. Deshalb liegt keine Logik darin, ob man den einen oder den anderen Weg nimmt.“ (zitiert nach Briggs, Peat,1990:199) Damit meinte Prigogine offenbar auch, dass seine Eltern nach der Flucht aus Russland sich ausgerechnet in der Stadt niederließen, die ein Zentrum der thermodynamischen Forschung war: in Brüssel.

Die Chaosforschung basiert unter anderem auf Arbeiten von Henri Poincaré, Edward N. Lorenz, Benoit Mandelbrot und Mitchell Feigenbaum. Neuerdings sprechen manche Chaostheoretiker wie etwa Hermann Haken, Professor am Institut für Theoretische Physik der Universität Stuttgart, lieber von Synergetik. Begründung: Erhöht man beim üblichen „chaotischen Licht“, bei dem die Photonen frei herumschwirren, die Stromstärke, ordnen sich die Lichtwellen „wie von Geisterhand“ zu gleichmäßigen Lichtwellen – zu Laserlicht. Anfangs hat das Laserlicht noch verschiedene Wellenlängen. Aber nach Haken „gewinnt“ eine bestimmte Welle den „Konkurrenzkampf“ und tritt als „Ordner“ auf. Es handle sich, so Haken, „um einen typischen Prozess der Selbstorganisation“. (Haken, 2004:18)

Die Chaostheorie behandle, führt Haken weiter aus, „nur wenige Freiheitsgrade“, wie etwa beim Doppelpendel. Beim Laser, bei Flüssigkeiten oder Gehirnvorgängen, bei denen Myriaden von Neuronen aktiv sind, seien aber „sehr viele Freiheitsgrade involviert“. Warum das Chaos aber dann doch zur Ordnung komme, erklärt Haken so: „Die grundlegende Idee liegt im Versklavungsprinzip der Synergetik, nach dem das Verhalten vieler Teile jeweils an Instabilitätspunkten durch wenige Größen, die Ordner, bestimmt wird. Insofern ist die Chaostheorie ein Teil der Synergetik.“ (Haken, 2004:37)

Ein Dilemma ist zu klären: Nach dem Entropiegesetz, das der österreichische Physiker Ludwig Boltzmann (1844 – 1906) für geschlossene Systeme ohne Energieabfuhr oder -zufuhr entdeckt hat, ist die Entropie ein Maß für das Chaos, für die Unordnung. Umgekehrt ist die Entstehung von Ordnung aus Unordnung ausgeschlossen. Der Vorgang ist irreversibel, nicht umkehrbar. Kann daher aus dem Chaos keine Ordnung entstehen? Doch, denn in offenen Systemen, z. B.

biologischen, herrscht im Unterschied zu den geschlossenen Systemen ein Fließgleichgewicht, in dem Energie zu- und abgeführt wird.

Auch die Entstehung von Galaxien und Sternen aus den kosmischen Gaswolken ist ein Beispiel für die Entstehung von Ordnung aus dem Chaos durch die Energie von Abermilliarden von Sonnen. „Auch hier treffen wir auf Inseln der Ordnung und Strukturbildung durch Selbstorganisation in einem Meer von Zufall und Chaos. (Mainzer, 2007:79)

Der österreichische Biologe Ludwig von Bertallanffy (1901 – 1972), der in den USA lehrte, hat nachgewiesen, dass das Fließgleichgewicht nur dann entsteht, wenn Sonnenlicht zugeführt wird. Das ist aber in unserem Sonnensystem nur auf begrenzte Zeit der Fall. Unsere Sonne stirbt, wenn auch sehr langsam. In etwa 7 Milliarden Jahren (Kippenhahn, 1984:22) wird sie ein roter Riese werden, der dann in einer Supernova explodiert. Das reine Chaos. Und mit der Sonne stirbt auch das Leben und die Ordnung in unserem System. Da helfen keine Ordner und Versklavungsprinzipien. Das Chaos kann nicht versklavt werden. Es versklavt sich auch nicht selbst. Es hält sich die Freiheiten offen, die ihm immanent sind. Bei laufender Entropiezunahme geht das gesamte Weltall in den Wärmetod, einen Zustand ohne Energie- und Temperatur= differenzen.

Schmetterling und Wirbelsturm

Der zarte Windhauch des Flügelschlags eines Schmetterlings könne an ganz anderer Stelle einen Tornado auslösen. Dieser „Schmetterlingseffekt“ wurde von dem Meteorologen Edward N. Lorenz entdeckt. Er veröffentlichte 1972 eine Studie über die Vorhersagbarkeit, dass der Flügelschlag eines Schmetterlings in Brasilien einen Tornado in Mexiko auslösen kann. (Lorenz, 1972) Kleinste Ursachen können schwer= wiegende und unvorhersehbare Folgen haben. Anders gesagt: Wenn die Anfangsbedingungen von Abläufen nur mit endlicher Genauigkeit bestimmt werden können, ist es unmöglich, ihr Verhalten für längere Zeit vorherzusagen. Der „Vater der Chaostheorie“, Mathematiker und Meteorologe Edward Lorenz starb 2008 im Alter von 90 Jahren.

Der französische Mathematiker, Politiker und Philosoph Emile Borel (1871 – 1956) hat schon Anfang des 20. Jahrhunderts Daten publiziert, die diesen „Schmetterlingseffekt“ vorweg= nahmen: Eine durch Gravitation verursachte Positions= änderung von 1 Gramm Materie auf dem Stern Sirius auf die Position jedes Gasmoleküls der Erdatmosphäre bewirke nach ein bis zwei Wochen, „dass es zu globalen Änderungen der Wetterlage kommt“. (an der Heiden, 1996:111; unter Berufung auf Borel, Emile: Introduction géométrique à la physique.

Paris, 1912) Bildlicher gesprochen: Wenn es auf dem Sirius, dem hellsten Fixstern des Himmels im Sternbild Großer Hund, Fliegen gäbe, könnte der Flug einiger solcher Fliegen das Wetter auf der Erde beeinflussen! Der Sirius oder Hundsstern, ist ein Doppelstern. Sein Begleiter ist ein Weißer Zwerg.

Selbst wenn die ganze Erdoberfläche mit Sensoren bedeckt wäre und diese nur geringfügig voneinander entfernt lägen, bis in die höchsten Lagen der Erdatmosphäre reichten und exakte Daten lieferten, wäre ein unbegrenzt leistungsfähiger Computer nicht in der Lage, langfristig exakte Prognosen der Wetterentwicklung abzugeben, weil das Computermodell die Räume zwischen den Sensoren nicht erfasst. So kommt es zu geringfügigen Unterschieden zwischen Modell und Realität, die wiederum – siehe Schmetterlingseffekt - zu großen Unter= schieden führen. Beispielsweise lassen sich aus den Daten von 10.000 Wetterstationen einigermaßen zuverlässige Prognosen über einen Zeitraum von vier Tagen machen. Für entsprechende Vorhersagen über 11 Tage bräuchte man bereits 100 Millionen gleichmäßig über die Erde verteilte Messstationen. Absurd wird das Vorhaben, wenn sich die Vorhersage über einen Monat erstrecken soll. Dann wären 10^{20} Wetterstationen erforderlich, das heißt je eine auf je 5 Quadratmillimeter Erdoberfläche. (an der Heiden, 1996:111)

Interessanterweise stieß Lorenz auf das chaotische Verhalten seines Modells eher „zufällig“. Um Rechenzeit zu sparen, hatte er bei der numerischen Lösung der Gleichungen auf Zwischenergebnisse bereits durchgeführter Berechnungen zurückgegriffen, dabei jedoch nur drei Dezimalstellen berück=sichtigt, obwohl der Computer mit einer Genauigkeit von sechs Dezimalstellen rechnete. Das Resultat waren überraschend gravierende Abweichungen im Zeitverlauf zwischen den alten und neuen Berechnungen, was Lorenz zu seinen Aussagen über die Sensitivität gegenüber den Anfangsbedingungen bewog. Von nahezu demselben Ausgangspunkt divergierten die Wetterkurven, bis sie schließlich keine Gemeinsamkeit zeigten.

Die Luft in der Atmosphäre braucht rund eine Woche, um den Erdball zu umrunden. Genau das ist der Zeitraum, für den sich das Wetter wenigstens einigermaßen voraussagen lässt. Davon leben die Vorhersagen der Flugwetterdienste. Längst nicht immer zuverlässig, wie wir trotz aller Bemühungen der „Wetterfrösche“ in den Medien wissen. Relativ genau kann man das Wetter nur für den nächsten Tag prognostizieren, während die Vorhersage für einen Monat unmöglich ist.

Wissenschaftlich formuliert tritt der Schmetterlingseffekt bei komplexen Systemen auf, die chaotisches Verhalten zeigen. Sie besitzen die Eigenschaft, dass sich kleine Abweichungen in den Anfangsbedingungen im Laufe der Zeit exponentiell verstärken. Die Unterschiede können sich so weit auswirken, dass instabile Systeme durch Bifurkation (siehe Kapitel

„Apfelmännchen") von einem Zustand in den anderen übergehen.

Komplexe Systeme mit entsprechend vielen Komponenten neigen zu chaotischen Strukturen, die nach dem Zufalls= verhalten zu bewerten sind. Zufall ist dabei das nicht Voraus= berechenbare, Spontane, Überraschende, vom Normalzu= stand Abweichende. Im Prinzip ist es wie bei jenem Instrument, mit dem wir alles beobachten: beim menschlichen Gehirn. Wir kennen die elektrochemischen Prozesse, die in ihm ablaufen. Wir müssten also genau voraussagen können, wie das Gehirn funktioniert. Aber, so hat es der britische Physiker Stefen Hawking ausgedrückt, „die Gleichungen, die für das Gehirn maßgeblich sind, zeigen mit an Sicherheit grenzender Wahrscheinlichkeit chaotisches Verhalten". (Hawking, 2005:144)

Apfelmännchen

Wenn man ein Diagramm mit den Preisschwankungen der Baumwollpreise über viele Jahre anfertigt, kommt heraus, dass die Veränderungen im Minutentakt die Jahres= schwankungen spiegeln. Diese Strukturen hat der in in einer litauisch-jüdischen Familie geborene, in Frankreich ausgebil= dete Mathematiker Benoît B. Mandelbrot (1924-2010) 1975 entdeckt und „fraktale Ordnung" genannt. (Mandelbrot, 1975, 1977) Mandelbrot entwickelte damit Ideen des tschechischen Geografen, Demografen und Statistikers Jaromír Korčák (1895–1989) weiter, die dieser bereits 1938 in einer Arbeit über zwei Grundtypen statistischer Verteilung veröffentlicht hatte (Korčák,1938)

Während Mandelbrot bei IBM arbeitete, stellte er fest, das auch andere Phänomene fraktale Eigenschaften besitzen. Es war sein Verdienst, die fraktale Geometrie für die Beschreibung realer Objekte anzuwenden, deren „raue", nicht durch einfache Idealisierungen beschreibbare Konfiguration (wie z.B. Küstenlinien oder Preiskurven) sich bis dahin der wissenschaftlichen Untersuchung entzogen. Er zeigte, dass all diese Objekte bestimmte Eigenschaften gemeinsam haben, vor allem die Selbstähnlichkeit. Von Selbstähnlichkeit ist die Rede, wenn bei unendlicher Vergrößerung des untersuchten Objekts die ursprüngliche Struktur immer wiederkehrt. Auch ein Punkt oder eine Gerade sind selbstähnlich. Allgemein gilt: „Der Grundgedanke hinter fraktalen Strukturen ist Selbst=ähnlichkeit." (Laughlin, 2007:212, Anm. 3)

Beispiele natürlicher Fraktale reichen von feinsten Verästelungen in Blutgefäßen bis zu Sternhaufen in Galaxien. Fraktale Strukturen finden sich auch in der Musik, der Malerei, der Architektur oder in Börsenkursen. Mandelbrot dachte daher, dass Fraktale viel eher der intuitiven Erfassung zugänglich sind als die künstlich geglätteten Idealisierungen der traditionellen euklidischen Geometrie. In seinem Haupt= werk „The Fractal Geometry of Nature“ schrieb er: „Wolken sind keine Kugeln, Berge keine Kegel, Küstenlinien keine Kreise. Die Rinde ist nicht glatt – und auch der Blitz bahnt sich seinen Weg nicht gerade.“ (Mandelbrot, 1977, 1987) Dieses Buch machte Fraktale einer breiteren Öffentlichkeit bekannt und brachte auch viele der Kritiker zum Schweigen, die Fraktale bis dahin als bloßes Programmier-Artefakt abgetan hatten.

Anschaulich beobachten kann man das Wechselspiel zwischen Chaos und Ordnung mit Hilfe der „Apfelmännchen“. So hat sie Benoît B. Mandelbrot getauft. Er hat sie mit Hilfe der nach ihm benannten Mandelbrot-Menge computergrafisch erstmals 1980 dargestellt. Die “Fraktale Geometrie der Natur“ hatte er schon 1977 entdeckt. Die mathematischen Grund= lagen dafür wurden bereits 1905 von dem französischen Mathematiker Pierre Fatou erarbeitet. Die Mandelbrotschen Apfelmännchen liefern ästhetische Beispiele für die filigrane Selbstdarstellung des Chaos, Bilder mit höchst erstaunlichen Verzweigungen an den Rändern, die aus unendlich vielen „Satelliten“ bestehen. Trotz dieser offensichtlichen hohen inneren Ordnung wurde die Mandelbrot-Menge zum Symbol für das mathematische Chaos.

Die Darstellung der Selbstähnlichkeit in der Kunst hat eine bisher wenig beachete Tradition. Sie ist schon in den Mustern des „Spiegels von Desborough" zu sehen, einem keltischen Broncespiegel aus dem ersten Jahrhundert nach Christus. Mit Recht wurde darauf hingewiesen, dass der Farbholzschnitt „Die große Woge" aus dem Zyklus der 36 Ansichten des Fuji-san von Katsushika Hokusai (1760 – 1849) diese Aspekte der fraktalen Welt, in der sich alles in allem spiegelt, aufs herrlichste eingefangen hat. Das Bild ist zugleich die Darstellung einer Riesenwelle, die durch chaotische Be= wegungen im Meer ensteht, eines Tsunami.

Die Geometrie der Fraktale (von lateinisch frangere = brechen abgeleitet), die Mandelbrot entwickelte, zeigt sich nicht nur in faszinierenden Computergrafiken, sondern auch in der Natur: in Küstenlinien, Eisformationen, Baumverästelungen, Berg= kämmen, Wolkenformationen, Gehirnwindungen, Reifkristal= len, Farnen, im Nervensystem und im Bronchialbaum. Da gibt es jede Menge Verwirbelungen, Turbulenzen, Schäume (Quantenschäume) und Überraschungen. Die Formen sind ineinandergeschachtelt wie russische Puppen. Das Irreguläre, Chaotische schafft faszinierende, kunstvolle Formen. Jedes Teilstück ist ein Mikrokosmos des Ganzen und zeigt, wie aus dem Chaos Ordnung geboren wird.

Der enorme geometrischen Formenreichtum der Apfel= männchen steht in extremem Kontrast zur Einfachheit des zugrunde liegenden Algorithmus, der an biologische Systeme erinnert, bei denen aus naturwissenschaftlicher Sicht ebenfalls aus einer vergleichsweise geringen Zahl von Regeln äußerst komplexe Systeme entstehen können. Algorithmen nennt man auf den persischen Mathematiker Ibn Musa Al Chwarismi (9. Jahrhundert) zurückgehende schematische Rechenvorgänge. Jede Aufgabe, deren Lösung sich durch einen Algorithmus beschreiben lässt, kann auch mit Hilfe eines Rechenauto= maten gelöst werden.

Manche Experten weisen darauf hin, dass sich dieses Phänomen „allerdings vom Chaos im umgangssprachlichen Sinne grundsätzlich unterscheidet". Sie nennen es „deter= ministisches Chaos". Dabei heißt „deterministisch" nicht, dass es um eine „kausale Vorbestimmtheit des Geschehens" (Duden) geht, sondern bezeichnet einfach einen ursächlich bestimmten (determinierten) Vorgang. Dazu kommt noch, dass der Prozess nach kurzer Zeit nicht vorhersagbar und völlig unregelmäßig wird. Chaos und Ordnung sind keine unversöhnlichen Gegensätze. Sie gehen unaufhörlich ineinander über. Es ist eine sehr junge Erkenntnis - etwa 30 Jahr alt -, dass Chaos und Ordnung zwei Seiten ein und derselben Medaille sind. Günter Küppers hat diesen Ansatz so formuliert: „Chaos und Ordnung sind Erscheinungsformen ein und derselben Organisationsform dynamischer Prozesse, deren Kennzeichen die Rückkopplung von Wirkungen auf ihre Ursache ist." (Küppers, 1996:7)

Für diese Vorgänge sind Ungleichgewichte die treibenden Kräfte, die seit den sechziger Jahren des 20. Jahrhunderts als „Selbstorganisation" erforscht werden. Selbstorganisation des Chaos wohlgemerkt, nicht der Ordnung. Heißt: Die Ordnung kommt aus dem Chaos und kehrt dahin zurück. Wem das alles zu „chaotisch" ist, der sollte einen treffenden Satz des österreichischen Physikers Hans Thirring (1888 – 1976) bedenken: „Wer nicht den Mut hat, sich auslachen zu lassen, ist keine echte Forschernatur". Hans Thirring legte mit seinen Arbeiten den Grundstein für die Erforschung der Gravitation, war Mitbegründer der Pugwash-Friedensbewegung und scheute nicht davor zurück, sich mit Parapsychologie auseinander zu setzen. Und die „Quantenverrücktheit"? Wer sie verstanden hat, wird sich über nichts mehr wundern.

Die Mandelbrot-Apfelmännchen werden interessanterweise überaus poetisch geschildert, wie immer, wenn etwas auftaucht, das den Ordnungssinn oder die beschränkte Vorstellungskraft des Menschen übersteigt: Die Spalte zwischen Kopf und Körper der Apfelmännchen wird „Tal der Seepferdchen" genannt. Es gibt skurrile Spiralen und Doppelspiralen. Ein Seepferdchen wird von 25 Speichen gebildet, dessen „Nabe" ein Misiurewicz-Punkt ist. Die beiden Seepferdchenschwänze bilden den Auftakt für eine Folge von konzentrischen Kränzen mit Satelliten im Zentrum. Im Bereich der äußeren Fortsätze sind stets inselartige Strukturen eingestreut, die „Julia-Mengen ähneln". Und aus den Satelliten sprießen Knospen, Antennen. Überall herrscht herrlich chaotisches, also nicht vorhersagbares Verhalten im freien Spiel der Kräfte. Und immer machen die Mathematiker An= leihen in der Tier- und Pflanzenwelt. Das hat, wie wir gesehen haben, seinen guten Grund. Die gemeinsame Klammer von Biologie und Mathematik sind Chaos und Zufall.

Bei den Apfelmännchen geht es um wahrlich kosmische Dimensionen. Zur Untersuchung interessanter Strukturen der Apfelmännchen sind oft Vergrößerungen erforderlich, die mit der üblichen Rechengenauigkeit gängiger Programmier= sprachen aufgrund von Rundungsfehlern nicht darstellbar sind. Mit Spezialprogrammen kann man Vergrößerungs= faktoren von etwa 10^{100} erzielen. Das übersteigt selbst das Verhältnis vom Durchmesser des bekannten Kosmos zu dem eines Protons um einen astronomischen Faktor.

Die Periodenverdopplung beginnt übrigens mit dem Kopf des Apfelmännchens und setzt sich zu Knospen und Antennen hin fort. Dafür ist die nach dem US-amerikanischen Physiker und Pionier der Chaos-Forschung Mitchel Jay Feigenbaum benannte Feigenbaum-Konstante maßgeblich, eine funda= mentale Größe der Chaostheorie. Sie ist typisch für den Übergang zu chaotischer Dynamik. Feigenbaum gilt als Entdecker der Universalität der Periodenverdopplung.

Feigenbaum wurde als Sohn jüdischer Immigranten aus Polen und der Ukraine 1944 geboren. 1970 machte er seinen Doktor mit einer Arbeit im Bereich der elementaren Teilchenphysik. Im Jahre 1974 untersuchte er Turbulenzen in Flüssigkeiten. Eine erklärende Theorie für die chaotischer Vorgänge gab es damals noch nicht. 1975 entdeckte Feigenbaum mit Hilfe seines programmierbaren Taschenrechners, die nach ihm benannte Konstante. Er war daraufhin in der Lage, den mathematischen Beweis für dieses Phänomen zu liefern und zeigte, dass eine große Anzahl mathematischer Funktionen das gleiche Verhalten und die gleiche Konstante kurz vor dem Eintritt ins Chaos aufweisen. Mit Hilfe dieser universellen Konstante war es Forschern erstmals möglich, das scheinbar unlösbare zufällige Verhalten chaotischer Systeme zu untersuchen.

Die Feigenbaum-Konstante 4,6692016091029...ist der Fix= punkt einer logistischen Gleichung und stellt den Übergang ins Chaos dar.

Bei den Wechselwirkungen zwischen Chaos und Ordnung sind die Übergänge interessant. Beim Übergang von Ordnung ins Chaos kommt es zur Verästelungen, zu Verzweigungen, welche die Chaosforscher Bifurkationen (von lat. bifurcus = zweizackig, zweizinkig; siehe Kapitel „Chaos und Ordnung“) nennen. In der Gewässerkunde bedeutet Bifurkation die Abflussmöglichkeit eines Flusses in zwei Richtungen. Um

Bifurkation geht es auch, wenn sich ein Wirbel in kleinere Wirbel teilt und diese wiederum in noch kleinere – in einem fortschreitenden Verzweigungsprozess. Ordnung gerät, wenn die Komponenten instabil werden, leicht in Turbulenzen. Das ist das Bild der Wirklichkeit: Ruhige Phasen wechseln - unvorhersagbar wann – mit turbulenten, erratischen Schwan= kungen. Ordnung und Chaos sind ineinander verwoben.

Nach dem österreichischen Physiker, Systemtheoretiker und Philosophen Fritjof Capra, geboren 1939 (er lebt in Berkeley, Kalifornien) können Bifurkationen Evolutionsschritte verur= sachen. Evolution ist nach seiner Systemtheorie ein ständig fortschreitendes offenes Abenteuer, das seinen eigenen Zweck erschafft. Der Ausgang ist nicht prognostizierbar, aber es gibt allgemeine Muster: Vernetzung, Integration und ständige Verbesserung. „Offenes Abenteuer“: Das heißt, der Lebensprozess ist nicht deterministisch, sondern wird vom Zufall gesteuert.

Nach Capra bauen Organismen komplexe Netze von Beziehungen mit dynamischen, flexiblen und doch stabilen Strukturen auf. Sie funktionieren durch zyklische Feedback-Schleifen (Rückkoppelungen), unterliegen evolutionärer Ent= wicklung durch Lernprozesse und sind hochgradig nichtlinear.

Eindruckvoll ist die Bifurkation beim menschlichen Embryo zu beobachten. Er durchläuft noch immer das Stadium der

Entstehung des Lebens aus dem Wasser: Im Fruchtwasser eingebettet, verschwinden beim Übergang zum Fetus am Ende des dritten Monats die Kiemenspalten. Die gesamte Evolution des Menschen wird in neun Monaten zusammen= gefasst, eine Geschichte, die durch Notwendigkeit und Zufall bestimmt wird. Auf der einen Seite Stabilität durch Jahr= milliarden, auf der anderen Offenheit gegenüber Ver= änderungen durch Zufall, geboren aus chaotischen Struk= turen. Und am Ende, wenn der Mensch stirbt, kehrt er dorthin zurück, woher er kam: ins Chaos.

In der modernen Physik, so Capra, wird das Universum als unteilbares dynamisches Ganzes gesehen, dessen Teile durch ein kompliziertes Geflecht von Beziehungen miteinander verbunden sind. Im subatomaren Bereich hängen alle Phänomene zusammen. Eine isolierte Betrachtung einzelner Teilchen ist unmöglich. Nur als integrierte Teile eines Ganzen können ihre Eigenschaften verstanden und mit Hilfe der Statistik stochastisch, das heißt zufallsabhängig beschrieben werden. Die Wahrscheinlichkeit anstelle des Determinismus wurde als grundlegende Eigenschaft der atomaren Realität erkannt.

Auch in der Mathematik versteht man unter Bifurkation eine qualitative Zustandsänderung in nichtlinearen Systemen. Der Begriff der Bifurkation wurde von dem französischen Mathematiker Henri Poincaré (1854 – 1912), einem der Vor=

läufer Albert Einsteins in der speziellen Relativitätstheorie, eingeführt. Nichtlineare Systeme, deren Verhalten von einem Parameter abhängt, können bei einer Änderung des Parameters ihr Verhalten plötzlich ändern. Zum Beispiel kann ein System, das zuvor einem Grenzwert zustrebte, nun zwischen zwei Werten hin und her springen, also zwei Häufungspunkte aufweisen. Diese Periodenverdopplung nennt man Bifurkation. Charakteristisch für solche Systeme ist, dass ihr Verhalten schließlich chaotisch wird. Die meisten in der Natur vorkommenden Systeme sind nichtlinear. Sie oszillieren zwischen Ordnung und Chaos.

Der elegante Mathematiker Poincaré kam dem Chaos auf die Schliche, als er die simple Frage stellte, ob denn unser Sonnensystem so stabil sei, wie seit Kepler und Newton angenommen wurde. Poincaré entdeckte, dass die Newtonschen Gleichungen unlösbar werden, wenn man den einfachen Schritt von zwei zu drei Körpern macht, dass selbst bei winzigsten Störungen einige Bahnen von Himmelskörpern „launenhaftes“, chaotisches Verhalten zeigen. Seine Be= rechnungen ergaben, dass die geringfügigste Anziehung durch die Schwerkraft eines dritten Körpers einen Planeten dazu bringen können, auf seiner Bahn „wie betrunken im Zickzack herumzutorkeln und sogar völlig aus dem Sonnensystem zu fliegen“ (Briggs, Peat, 1990:36) Das Chaos, das da hervorlugte, brachte Poincaré selbst zum Wanken:

„Diese Dinge sind so bizarr, dass ich's nicht ertrage, darüber weiter nachzudenken."

Gut, dass Poincaré noch nicht wissen konnte, was sein Landsmann, der Astropyhsiker Jacques Laskar später mit Hilfe von Supercomputern simulativ berechnet hat: Eine Vorschau auf unser Sonnensystem über einen Zeitraum von 200 Millionen Jahren deutet eher auf eine chaotische Entwicklung hin. Das heißt: Es könnte instabil werden und die Planeten samt der Erde auseinander fliegen. Was Poincaré spürte - die ganze Macht des Chaos -, hat später der amerikanische Chaostheoretiker Joseph Ford so ausgedrückt: „Chaos stellt eine äußerste Begrenzung menschlicher Fähigkeiten dar. Chaos wird stets ein Mysterium bleiben, vielleicht das endgültige, allumfassende Mysterium." (Ford, 1989:3511; zit. nach Kanitscheider 1994:22)

Kein Wunder, dass Poincarés Entdeckung erst 1953 völlig verstanden wurde. Erst da begriffen die Physiker allmählich, dass „das Sonnensystem nicht jene relativ einfache mechanische Uhr" ist, wie man sie sich zur Zeit Newtons vorstellte, „sondern ein sich ständig wandelndes, unendlich komplexes System, das zu ganz unerwartetem Verhalten fähig ist".

Bedeutet das, dass sogar unser Sonnensystem in einen Todeskampf eintreten und sterben kann? Die Antwort von

Briggs und Peat ist einigermaßen beunruhigend: „Wie sich herausstellt, könnte schon ein bisschen Reibung genügen, um es dazu kommen zu lassen.“ Es braucht also keinen Impakt von einem Gesteinsbrocken aus dem Keupergürtel, keinen Kometen. Jeden Tag spielt sich das Chaos-Drama im ganzen Universum ab. Sterne explodieren und bilden Supernovae, ganze Galaxien prallen zusammen. 2007 entdeckte die NASA einen Zusammenstoß von gleich vier Galaxien in einer Region, die fünf Milliarden Lichtjahre von der Erde entfernt ist. Beruhigend, dass die Fusion unserer Milchstraße mit der Nachbargalaxie Andromeda erst in fünf Milliarden Jahren stattfinden wird. Da tut uns allen kein Bein mehr weh.

Tsunamis, Wetterkapriolen aller Art, Erdbeben, Wirtschafts=krisen: alles Ergebnisse chaotischer Ereignisse. Wen wundert es da, dass unser Sonnensystem, das gesamte Universum, sich nach dem Gesetz des Chaos verhält? Wir reiten ständig über den Bodensee (wenn er zugefroren ist), bewegen uns auf einem Terrain scheinbarer Ordnung, die jederzeit ins Chaos umschlagen kann.

Tsunamis sind nach den Begriffen der Chaostherie Solotone, das heißt irreguläre, solitäre, enorm langgezogene Wellen, bei denen sich alle Kräfte durch chaotische Prozesse koppeln und bündeln. Meile um Meile bleiben alle Teile durch Rückkoppelung miteinander verbunden und entwickeln eine ungeheure Kraft. Erst im seichten Wasser der Küsten sorgen die Effekte am Meeresboden dafür, dass die Wellenlänge sich verkürzt und die Wellenhöhe bis zu 30 Metern wächst. 1700 vor Christus verursachte ein Tsunami durch den Ausbruch des Santorin-Vulkans das Ende der Minoischen Kultur auf Kreta. (Wahrscheinlich beschreibt der von Platon beschriebene Untergang von „Atlantis“ dieses umwälzende Ereignis.) Der Vulkanausbruch war stärker als der des Krakatau 1882. Ende 1702 ertranken in Japan 100.000 Menschen durch einen Tsunami. Am 26. Dezember 2004 kostete ein von Indonesien ausgehender Tsunami über 200.000 Tote. Und der Tsunami im Jahr 2011 in Japan brachte mehr als 20.000 Menschen den Tod und verursachte den Supergau im Atomkraftwerk Fukushima, der durch die frei gewordene Radioaktivität noch viele weitere Menschenleben kostete und kosten wird. Das verursachende Seebeben erreichte eine bis dahin nie gemessene Stärke. Die Wellen hatten eine Höhe zwischen 10 und 38 Metern Höhe. 470.000 Menschen mussten in Notunterkünften untergebracht werden. 375.000 Gebäude waren vollständig oder teilweise eingestürzt. 2015 mussten noch immer 118.000 Menschen in Notunterkünften hausen.

Briggs und Peat weisen auf Forschungen hin, dass sich Nervenimpulse im Gehrin wie Solitonen fortbewegen. Wir sehen in allen Bereichen der Natur: Das Kleine und Kleinste ist ausschlaggebend für das Große und Größte. Robert B. Laughlin schreibt, dass sich durch Bifurkation „im Nanomaßstab neue organisatorische Gesetze herausbilden, dass diese Gesetze potentiell bedeutsam für das Leben sind und dass sich daraus wichtige Entdeckungen ergeben können". (Laughlin, 2017:208f.)

Emergenz

Denken und Kommunikation sind ebenso emergente Er= scheinungen wie die Evolution, die Ökonomie oder Soft= waresysteme. Als Emergenz (von lateinisch *emergere* = auftauchen, zum Vorschein kommen) wird allgemein die Herausbildung von neuen Eigenschaften oder Strukturen eines Systems infolge des Zusammenspiels seiner Elemente bezeichnet. Dabei lassen sich die emergenten Eigenschaften des Systems nicht direkt auf Eigenschaften der Elemente zurückführen, die diese isoliert aufweisen. Einige Beispiele: Bestimmte Metalle können magnetische Felder genau dann abstoßen, wenn man sie auf sehr tiefe Temperaturen abkühlt. Aber die einzelnen Atome, aus denen diese Metalle bestehen, haben diese Eigenschaft nicht. Oder: Wasser ist bei Zimmertemperatur flüssig, ein einzelnes Wassermolekül ist es nicht. Diese Eigenschaft ist daher emergent, weil sie sich erst aus dem Zusammenspiel vieler Wassermoleküle ergibt. In einem Liter Wasser sind etwa $3{,}3.10^{25}$ (33 000 000 000 000 000 000 000 000) Wassermoleküle enthalten. Oder: Viele

Eigenschaften eines Waldes lassen sich in den Eigenschaften eines einzelnen Baumes nicht wiederfinden. Es existiert für jedes System eine Mindestanzahl von interagierenden Bausteinen, die für die Entwicklung einer emergenten Eigenschaft notwendig ist. Wird ein neues Subsystem integriert, kann das System neue, emergente Eigenschaften aufweisen, die nicht vorhersehbar waren. Der deutsch-amerikanische Evolutionsbiologe Ernst Mayr hat es so auf den Punkt gebracht: „Emergenz ist in Systemen das Auftreten von Merkmalen auf höheren Organisationsebenen, die nicht aufgrund bekannter Komponenten niedrigerer Ebenen hätten vorhergesagt werden können." (Mayr, 2000:403)

„Was wir sehen, ist eine Veränderung der Weltsicht, in deren Verlauf das Ziel, die Natur durch Zerlegung in immer kleinere Teile zu verstehen, durch das Ziel ersetzt wird, dass man versteht, wie die Natur sich selbst organisiert." Das ist der Schlüsselsatz in Robert B. Laughlins Werk „Abschied von der Weltformel. Die Neuerfindung der Physik". (Laughlin, 2007:122) Wo aber ist das Schloss, das dieser Schlüssel öffnet? Das ist nicht leicht zu finden. Der Tiroler Wissenschaftler Raoul Schrott bleibt in seinem Epos „Erste Erde" skeptisch, dass es überhaupt eine Antwort gibt: Ebenso wie bei den Elementarteilchen oder beim „Urknall, den wir als Emergenz aus dem Nichts berechnen", sei ein Auslöser erfassbar. (Schrott, 2016:690)

Klaus Mainzer, Professor für Philosophie und Wissen= schaftstheorie an der Universität Augsburg, wartet in seinem Buch „Der kreative Zufall" mit folgender Definition auf: „Emergente Eigenschaften sind makroskopische Eigen= schaften eines dynamischen Systems, die weder in den mikroskopischen Systemelementen auftreten noch daraus ableitbar sind. Man sagt: Das Ganze ist mehr als die Summe seiner Teile (Nichtlinearität). Beispiele: Wassermoleküle sind nicht feucht wie Wasser. Neuronen können nicht Denken wie Gehirne." (Mainzer, 2007:262) Ein dynamisches System ist nach Mainzer ein System von Elementen, die in bestimmten Zuständen (z.B. Feuern einer Nervenzelle) sind und deren Dynamik durch ein zeitabhängiges Entwicklungsgesetz beschrieben werden kann - deterministisch oder stochastisch (zufallsabhängig). Die Nichtlinearität wird durch Rück= koppelungen und komplexe Wechselwirkungen der Systemelemente bestimmt, die Selbstorganisation (Emergenz) neuer Strukturen, aber auch Chaos auslösen können.

Eine charakteristische Eigenschaft der Emergenz in der Kognitionspsychologie ist die plötzliche Eingebung, die als Fulguration oder Emergenz bezeichnet wird. Der brilliante deutche Mathematiker, Astronom und Physiker Carl Friedrich Gauß (1777-1855) hat in einem Brief an den deutschen Arzt und Astronomen Wilhelm Olbers vom 3. September 1805 ein solches Erlebnis geschildert, nachdem er lange über einem Problem gebrütet hatte: „Wie der Blitz einschlägt, hat sich das

Rätsel gelöst; ich selbst wäre nicht imstande gewesen, den leitenden Faden zwischen dem, was ich vorher wusste, dem womit ich die letzten Versuche gemacht hatte und dem, wodurch es gelang, nachzuweisen." (zitiert nach Mainzer, 2007:229)

Typisch Emergenz: Die Voraussetzung war das komplexe Gehirn von Gauß, aber das auslösende Einzelereignis war nicht voraussagbar. „Kreativität bleibt also spontan und unberechenbar." Sie bewegt sich nach Mainzer zwischen zusammenhanglosen Zufällen und starrer Regularität. „Dort ist auch der Komplexitätsgrad von sich selbst organisierenden Systemen der physikalischen, chemischen und biologischen Evolution angesiedelt. Als emergente Systeme bringen sie neue Strukturen und Ordnungen hervor... Der Zufall steht dabei am Anfang... Ohne Zufall entsteht also nichts Neues... Aus dem blinden wird der kreative Zufall. Aus Tyche wird Kairos." (Mainzer, 2007:229f.) Aus der deterministischen Schicksalsfügung entsteht der günstige Moment, der richtige Augenblick, in dem Schlüssel und Schloss zusammenpassen. Ohne Chaos, ohne sich irregulär und nichtperiodisch entwickelnde dynamische Systeme, keine Kreativität und keine Evolution. „Der Zufall ist für die Quantenwelt prinzipiell und grundlegend." (Mainzer, 2007:87)

In einem speziellen Kapitel hat Mainzer das Verhältnis von Zufall, Chaos und Selbstorganisation (Emergenz) im Detail beleuchtet. Maximale Zufälligkeit, so Mainzer, entspreche maximaler Unbestimmheit und Entropie (Zunahme der Unordnung). Führe man einem System Energie zu, bildeten sich spontan neue makroskopische Formen und Eigen= schaften (Emergenzen). Es komme zu baumartigen Ver= zweigungen (Bifurkationen) die durch Symmetriebrechungen charakterisiert seien. Das führe zu Zufallsfluktuationen und damit zu Emergenz und Selbstorganisation von Ordnung. (Mainzer, 2007:68ff. Siehe die Kapitel „Chaos und Ordnung" sowie „Schmetterling und Wirbelsturm") Zusammefassend erklärt der Wissenschaftstheoretiker Mainzer: „Die Emergenz bzw. das spontane Entstehen von Strukturen aus zufälligen Wechselwirkungen, das in Philosophie und Psychologie lange als geheimnisvoll galt, wird daher durch die nichtlineare Dynamik eines Systems erklärt." (Mainzer, 2007:72) Oder anders formuliert: In nichlinearen dynamischen Systemen komme es zu Rückkoppelungen und komplexen Wechsel= wirkungen der Systemelemente, die Selbstorganisation (Emergenz) von neuen Strukturen, aber auch Chaos auslösen können. (Mainzer, 2007:263)

Dem US-amerikanischen Physiker Laughlin (siehe Kapitel „Expansion") und einer Reihe anderer Physiker geht es darum, „aus dem Zeitalter des Reduktionismus ins Zeitalter der Emergenz" überzuwechseln. Der Reduktionismus, den sie hinter sich lassen wollen, ist eine isolierte Betrachtung von Einzelelementen ohne Berücksichtigung ihrer Verflechtung mit dem Ganzen. Durch die immer energiereichere Zertrümmerung von Teilchen in den großen Beschleunigern zerfällt das Universum in immer kleinere Einzelteile. Das Ganze gerät aus dem Blickfeld. Das Ganze ist aber viel mehr als die Summe seiner Einzelteile. Es ist etwas völlig Eigenständiges, Neues. Das Einzelne lässt nicht einmal ahnen, was aus dem synergetischen Zusammenspiel der Vielen werden könnte. „Eine Zelle ist noch kein Tiger. Ebensowenig ist ein einzelnes Goldatom gelb und glänzend", sagt der US-amerikanische Physiker und Nobelpreisträger Philip Warren Anderson.

Laughlin hatte 1998 zusammen mit Daniel Tsui und Horst Ludwig Strömer den Physiknobelpreis für seine Arbeiten über den fraktionalen Quanten-Hall-Effekt erhalten. Der Hall-Effekt wurde zuerst vom US-amerikanischen Physiker Edwin Herbert Hall (1855-1938) im Jahr 1897 entdeckt. (Hall, 1879) Bringt man einen Magneten in die Nähe eines stromdruchflossenen Leiters, so baut sich eine senkrecht zum Stromfluss gerichtete Spannung auf, bis diese exakt die magnetische Ablenkung kompensiert. Hall hatte den nach ihm benannten Effekt in seiner Doktorarbeit an Gold gezeigt. Der Nachweis wurde als eine der größten Entdeckung auf dem Gebiet elektrischer Eigenschaften der Metalle seit der Zeit Faradays angesehen.

Normalerweise wird der Hall-Effekt als Widerstand verstanden, den man berechnet, indem man die auf diese Weise erzeugte Spannung durch die Stromstärke dividiert. Bei normalen Temperaturen misst der Hall-Widerstand die Elektronendichte im Leiter und ist deshalb für die Halb= leitertechnik wichtig. Sie basiert auf kristallinen Stoffen wie Silizium oder Germanium, welche reine Valenzkristalle bilden, die in der Diamantstruktur kristallisieren. Elektrotechnik, Informationsverarbeitung und Optoelektronik sind heute ohne Halbleiter undenkbar geworden. Es gäbe weder Mikro= prozessoren für Computer, Mobiltelefone oder Wech= selrichter in der Solar- und Windenergie. Jede digitale Anzeige ist auf die Halbleitertechnik angewiesen. Die Miniaturisierung hat zu einer enormen Verbreiterung der Anwedungsgebiete geführt. Der erste frei programmierbare Computer, der in den vierziger Jahren von Konrad Zuse gebaut wurde, funktionierte noch mit Relais und Vakuumröhren. Ein der Leistung eines modernen PC entsprechendes Gerät würde in dieser Bau= weise ein ganzes Haus füllen und müsste andauernd repariert werden.

Bei sehr niedrigen Temperaturen nach dem absoluten Nullpunkt kommt bei der Messung des Hall-Widerstandes die Quantenmechanik ins Spiel – und die Arbeiten des deutschen Physikers Klaus-Olaf von Klitzing (geboren 1943), der 1985 für die Entdeckung des quantisierten Hall-Effekts im Hochfeld-Magnetlabor von Grenoble den Nobelpreis für Physik erhielt. Die entscheidende Messung erfolgte 1980 (Klitzing, 1980) und zeigte, dass die gemessenen Hall-Widerstände ganzzahlige Teile einer Größe sind, die durch zwei Naturkonstanten, nämlich das Plancksche Wirkungsquantum *h* und die Elementarladung *e* bestimmt sind und damit selber wieder eine universelle Naturkonstante darstellen – die Von-Klitzing-Konstante, eine universelle Bezugsgröße für Widerstände, die überall auf der Welt gleich ist. (Siehe Kapitel „Natur= konstanten")

Die Plancksche Naturkonstante steht für die universelle Beziehung zwischen Impuls und Länge, welche die Wellennatur der Materie kennzeichnet. Beide sind nach Laughlin hochgradig reduktionistische Vorstellungen, die üblicherweise mit riesigen Apparaten bestimmt werden, die die Eigenschaften einzelner, von den Atomen abgetrennter Elektronen messen. Die genaueste Bestimmung bedürfe aber dieser Apparate nicht. Es genügten die beiden Konstanten und ein Kühlaggregat für sehr tiefe Temperaturen sowie ein Voltmeter. Dabei habe sich gezeigt, dass die Messung durch chemische Verunreinigungen, Atome an falschen Stellen und andere Faktoren nicht gestört werden. Es seien starke Ordnungsprinzipien am Werk. (Laughlin, 2007:40)

Mangelnde Perfektion, so Laughlin auch aufgrund eigner Forschung, „*verursacht* die Perfektion der Messung – eine dramatische Wendung, die des schönsten griechischen Dramas würdig wäre. Tatsächlich ist der Quanten-Hall-Effekt ein großartiges Beispiel dafür, wie Perfektion aus Unvollkommenheit hervorgeht...Wenn der Quanten-Hall-Effekt den Vohang vor dem Zeitalter der Emergenz aufgezogen hat, dann war die Entdeckung des fraktionalen Quanten-Hall-Effekts der Schachzug, durch den es eröffnet wurde." Der fraktionale Quanten-Hall-Effekt enthüllt, dass angeblich unteilbare Größen wie die elektrische Elementarladung *e* durch die Selbstorganisation von Phasen zerlegt werden können: „Die fundamentalen Dinge sind nicht not=wendigerweise grundlegend." (Laughlin, 2007:122 ff.) Worum handelt es sich bei dieser ominösen Emergenz? Hat sie tatsächlich eine Neuerfindung der Physik eingeläutet?

Insbesondere in der Physik finden sich Beispiele für die Emergenz von Merkmalen, da die Eigenschaften der gesamten makroskopischen Welt im Grunde emergente Eigenschaften sind. Eine Ansammlung weniger Eisenatome hat keine Eigenschaft, die nennenswert über die Summe der Eigenschaften der Einzelatome hinausginge. Sind es aber einige Millionen oder mehr, bilden sich spontan kristalline Strukturen.

Während etwa ein Gas über Eigenschaften wie Druck oder Temperatur verfügt, ist dies für keines der konstituierenden Moleküle der Fall. Die genannten Attribute sind emergent. Dies gilt für die gesamte Thermodynamik. Auch bei Phänome=nen wie dem Gefrieren von Wasser zu Eis, der Supra=leitfähigkeit, den Eigenschaften schwerer Sterne, dem Wetter oder dem Spektrum eines Schwarzen Strahlers (siehe Kapitel

„Im Anfang war das Nichts") handelt es sich um emergente Eigenschaften.

Robert B. Laughlin geht noch einen Schritt weiter: „Einstein war Künstler und Gelehrter, aber vor allem war er Revolu= tionär. ... Die unbegründete Überzeugung seiner Zeit war der Äther, genauer gesagt, die der Relativität vorangehende, naive Version des Äthers. Die unbegründete Überzeugung unserer Zeit ist die Relativität selbst. Es würde vollkommen seinem Naturell entsprechen, sich die Fakten erneut vorzunehmen, sie im Geist umzuwerfen und zu dem Schluss zu kommen, dass sein geliebtes Relativitätsprinzip keines= wegs fundamental, sondern emergent ist – eine kollektive Eigenschaft der die Raumzeit konstituierenden Materie... Ich würde meinen, dass das Gewebe der Raumzeit nicht nur die Bühne bildet auf der Leben sich abspielt, sondern ein Ordnungsphänomen darstellt, hinter dem vielleicht noch mehr liegt." (Laughlin, 2007:189f.)

Wie schaffen es Pflanzen, dass ihre Wurzeln in den Boden wachsen und die Blüten und Blätter nach oben noch bevor sie ans Licht kommen? Der Pflanzengenetiker Jiri Friml hat für die Antwort auf diese und ähnlich Fragen 2015 zusammen mit dem Mikrobiologen Michael Wagner den Erwin Schrödinger Preis der Österreichischen Akademie der Wissenschaften erhalten. Die Planzen kommen unfertig zur Welt und wachsen mit Hilfe des Hormons Auxin, einer Art Superkoordinator, in

Anpassung an ihre Umwelt. Auxin dürfte im Lauf der Evolution plötzlich in den Pflanzen erschienen und wahrscheinlich aus Bakterien gekommen sein. (Stanzl, 2015:29; siehe Kapitel „Wie das Leben entstand“)

Der Begriff Emergenz wurde zum ersten Mal vom englischen Schriftsteller und Philosophen George Henry Lewes (1817-1878) im Zusammenhang mit der Erklärung von Bewusstsein verwendet. (Lewes, 1875) Was ist stärker: das Gesetz, der Teil, der Atomismus, der „Laplace'sche Dämon“, oder das Gesetz des Kollektivs, die Emergenz – oder, wie es der Verhaltensforscher und Nobelpreisträger Konrad Lorenz formulierte, die Fulguration (von fulguratio = Blitzstrahl).

Nach Lorenz tritt „Fulguration“ dann ein, wenn zwei voneinander unabhängige Systeme zusammengeschaltet werden und „schlagartig völlig neue Systemeigenschaften“ entwickeln, „die vorher nicht, und zwar auch nicht in Andeutungen, vorhanden gewesen waren“. (Lorenz, 1999:47) Lorenz nennt ein Beispiel: „Das Lernen durch Erfolg und Misserfolg ist als eine typische Fulguration ... dadurch entstanden, dass eine neue Verbindung zwischen schon vorhandenen und unabhängig voneinander funktionsfähigen nervlichen Mechanismen zustande gekommen ist.“ (Lorenz, 1999:112) Wurde da erstmals eine Quantentheorie der Biologie beschrieben?

Witzig ist Lorenz' Ansatz deshalb, weil der Biologe hier Anleihen bei Technik und Mechanik nimmt, welche die ungeheure Vielfalt und exponentielle Entwicklung des Leben= digen nicht annähernd darstellen können. Und dass der menschliche Erkenntnisapparat, die „Rückseite des Spiegels", wie Lorenz schreibt, in einer untrennbaren Wechselwirkung von Subjekt und Objekt, Mensch und Umwelt, entstanden ist:

Biologen wollten mit dem Emergenz-Begriff erklären, wieso bestimmte Aspekte von Lebewesen stabil und reproduzierbar sind, obwohl die mikroskopischen Gesetze der Chemie, aus denen sie sich ableiten, zufalls- und wahrscheinlich= keitsbestimmt sind. In erster Linie geht es ihnen um die Funktionsweise großer Organismen, zu denen auch der Mensch gehört. (Laughlin, 2007:235)

Der Mathematiker, Physiker und Astronom Pierre Simon Marquis de Laplace (1749 – 1827) konstatierte, dass ein Wissenschaftler, dem der Zustand der Welt in einem einzigen Zeitpunkt vollständig bekannt ist, imstande sei, auch alle vorhergehenden und zukünftigen Zustände zu berechnen. Für Laplace gab es kein Chaos, keinen Zufall. Sein Determinismus ist das fatalistische Prinzip schlechthin. (Hingst, 2011: 321ff.) Es mangelt grundsätzlich an Freiheit, welche die Natur braucht, um sich zu entfalten. Robert B. Laughlin beschreibt nach dem heutigen Stand der Physik den Gegenpol: „Die Vorstellung, der Kampf um das Verständnis der natürlichen Welt sei an sein Ende gelangt, ist nicht nur falsch, sondern lachhaft falsch. Wir sind von geheimnisvollen physikalischen Wundern umringt, und die fortdauernde unvoll= endete Aufgabe der Wissenschaft ist es, sie zu enthüllen... Wir leben nicht in der Endzeit der Entdeckungen, sondern am Ende des Reduktionismus, einer Zeit, in der die falsche Ideologie von der menschlichen Herrschaft über die Dinge mittels mikroskopischer Ansätze durch die Ereignisse und die Vernunft hinweggefegt wird." (Laughlin, 2007:316ff.) Die Erkenntnis der Mikrowelt der Atome war ein erster Schritt. Nun muss der nächste folgen: das Begreifen ihres kollektiven Zusammenspiels nach den Gesetzen der Emergenz.

Die Entwicklungen in der Systemtheorie (einer interdiszi= plinären Betrachtungsweise mit dem Ziel, der Zersplitterung des Wissens in den wissenschaftlichen Disziplinen entgegen= zuwirken) und der Chaosforschung zeigt, dass an die Stelle der hierarchischen Ableitung aus mathematisch-physika= lischen Gesetzen ein transdisziplinärer Dialog auf der Grundlage der Selbstorganisation getreten ist. (Zum Thema Selbstorganisation siehe auch die Kapitel „Chaos und Ordnung" und „Apfelmännchen"). Der US-amerikanische Physiker Gell-Mann (siehe Kapitel „Urkräfte") hat es so zusammengefasst: „Es braucht nicht noch mehr, um mehr zu bekommen. Das ist, was Emergenz bedeutet. Leben kann aus Physik und Chemie und einer Vielzahl von Zufälligkeiten emergieren (hervorgehen). Das menschliche Bewusstsein kann durch Neurobiologie und einer Vielzahl von Zufälligkeiten entstehen. Ebenfalls: die chemische Bindung entsteht durch Physik und gewisse Zufälligkeiten. Die Wichtigkeit dieser Dinge wird nicht etwa geschmälert, nur weil wir wissen, dass sie aus noch grundlegenderen Gegebenheiten, plus Zufälligkeiten, folgen. Es ist eine allgemeine Regel! Und dies zu erfassen ist von größter Wichtigkeit. Es braucht nicht noch mehr, um mehr zu bekommen!" (Gell-Mann, 2007)

Die Emergenz entsteht grosso modo auf Basis der spontanen Selbstorganisation: Eine Vielzahl von Elementen verbindet sich durch ihre Wechselwirkungen, die meist nur zwischen den nächsten Nachbarn wirken, spontan zu Systemen mit bestimmten neuen Strukturen, Eigenschaften und Fähigkeiten in der unbelebten und der belebten Welt. Bezogen auf den Energiehaushalt können emergente Prozesse sowohl im thermischen Gleichgewicht verlaufen, also ohne Energie=austausch mit der Umgebung, als auch unter Abgabe oder Aufnahme von Energie. Zur zweiten Gruppe gehören vor allem die Entstehung und Entwicklung des Lebens, die Evolution, die geistigen Prozesse im Gehirn und die Entwicklung der menschlichen Gesellschaft.

Ein interessantes Beispiel aus dem Gebiet der Selbst=organisation ist auch die Wigner-Kristallisation, benannt nach dem US-amerikanischen Physiker ungarisch-jüdischer Her=kunft Eugene Paul Wigner (1902-1995). Er war am

Manhattan-Projekt (siehe Kapitel „Gott würfelt leidenschaftlich gern") beteiligt und erhielt 1962 den Nobelpreis für Physik. Wigner erkannte als erster in den 1930er Jahren, dass ausreichend kalte und dünn verteilte quantenmechanische Elektronen kristallisieren. (Wigner, 1934) Die Beobachtung der Wigner-Kristallisation gelang erst 1970 mit Elektronen, die auf die Oberfläche von flüssigem Helium aufgesprüht wurden. (Laughlin, 2007:214, Anm. 12)

Die emergente Selbstorganisation verbindet als durch= gängiges Prinzip die materielle Welt mit der Welt des Geistes. Der US-amerikanische Physiker Robert Betts Laughlin sieht es so: „Die Gesetze der Bewegung von Elektronen zeugen die Gesetze der Thermodynamik und der Chemie, welche die Gesetze der Kristallisation zeugen, die wiederum die Gesetze hervorbringen, von denen Härte und Formbarkeit gesteuert werden, woraus die Gesetze der Technik hervorgehen... Demnach ist die Tendenz der Natur, eine hierarchische Gesellschaft physikalischer Gesetze zu bilden, weit mehr als ein Thema für akademische Debatten. Sie ist der Grund, weshalb die Welt erkennbar ist... Aufgrund dieser Tendenz können wir leben, ohne die ultimativen Geheimnisse des Universums zu verstehen." (Laughlin, 2007:26f.)

Eine Quantentheorie der Geschichte

In der Quantenphysik, die das All aus der Perspektive des Mikrokosmos definiert, wird das Universum zu etwas, das aus unendlich vielen Bausteinen zusammengesetzt erscheint. Der slowenische Philosoph Slavoj Žižek formuliert das so: „Es ist, als ob wir uns einer Person immer weiter nähern, bis wir plötzlich merken, dass sie gar nicht ‚echt', kein organisches Wesen ist, sondern aus vielen kleinen Legosteinen besteht." (Žižek, 2012:1262) Auf die Frage: Woraus besteht also letztlich alles? antwortet Max Tegmark: Wir wissen es einfach noch nicht, aber es gibt gute Gründe anzunehmen, dass alles, was wir heute kennen – wozu auch das Gewebe der Raumzeit selbst gehört -, letztlich aus denselben elementaren Bausteinen zusammengesetzt ist." (Tegmark, 2015:245)

Das Ganze existiert nur als Summe dieser unendlich vielen einzelnen Teilchen, die aus der Leere kommen. Jedes dieser Teilchen ist ein eigener Kosmos. Das, was uns als Ganzes erscheint, ist eine Illusion, eine Emanation der Leere. Noch dazu sind die Teilchen von Wellen nicht zu unterscheiden. Sie sind Welle und Teilchen zugleich. Um das zu verstehen, wurde schon vorgeschlagen, Wellen nicht als Wechselwirkung von Teilchen, sondern Teilchen als Knotenpunkt der Wechselwirkung von Wellen zu betrachten. (Žižek, 2012:1262)

Alle Wissenschaft, die sich diesen widersprüchlich bis absurden Phönomenen mit der Zwangsjacke eines starren Instrumentariums nähert, ist nach dem österreichischen Philo= sophen Paul Feyerabend „chaotisch und voll von Fehlern". Das zeige die Geschichte der Wissenschaft. (Feyerabend, 1986:16) Das Weltbild der Rationalisten, so der wissen= schaftstheoretische Anarchist, sei inhuman und humorlos. Mit seinem Ansatz, keine Theorie sei allgemein wahr oder falsch, begründete er eigentlich eine Quantentheorie der Geschichte. Wenn Quanten hier oder auch da, wenn sie Welle und Teilchen zugleich sein können – warum sollte dann eine Theorie nicht zugleich richtig und falsch sein? Ein winziges, scheinbar nichtiges Detail kann ein ganzes Gebäude zum Einsturz bringen. Ein einziger Punkt kann das ganze Weltall verändern - oder auch kosmologische Systeme.

Entsprechend der Raumzeit Albert Einsteins ist eine Geschichtszeit zu vermuten. Sie muss, ebenso wie die Raum= zeit, vier Dimensionen haben. Das Kontinuum der Geschichts= zeit könnte man ansatzweise aus vier Komponenten bestehend definieren: Natur, Geist, Mensch und Zeit. Diese vier Dimensionen der Geschichtszeit sind, durch die Freiheitsgrade bedingt, chaotisch und lassen keine Eschatologie zu.

Tegmark fordert jeden Historiker zum Nachdenken über seine Wissenschaft auf, wenn er schreibt: „Die Zeit ist keine Illusion, aber der Fluss der Zeit ist in der Tat eine Täuschung. Das gilt auch für den Wandel. In der Raumzeit existiert die Zukunft, und die Vergangenheit verschwindet nicht. Wenn wir Einsteins klassische Raumzeit mit der Quantenmechanik verbinden, erhalten wir Quantenparalleluniversen. Dies bedeutet, es gibt viele Vergangenheiten und Zukünfte, die alle wirklich sind." (Tegmark, 2015:400)

Geht man von der String-Theorie aus (siehe Kapitel „Kos= mische Hintergrundstrahlung" und „Die seltsame Welt der Physik") muss man mit elf Dimensionen rechnen. Dazu müsste man allerdings Mathematiker sein. Und die Frage ist, ob sieben bis acht „eingerollte" Dimensionen einen Er= kenntnisgewinn bringen, wenn es um die drei- bis vierdimensionale Wirklichkeit geht, in der wir leben.

Wohl nur insofern, als wir akzeptieren müssen, dass die Welt einige doppelte Böden hat. Hinzu kommt das Problem der „Quantenverrücktheit". Brian Greene hat dazu folgende Lösung vorgeschlagen: „Wenn eine quantentheoretische Berechnung vorhersagt, dass ein Teilchen hier oder dort sein könnte, *ist* es in einem Universum hier und im andern *ist* es dort. Und in jedem derartigen Universum befindet sich auch ein Exemplar von uns, die wir das eine oder andere Ergebnis beobachten und – zu Unrecht – glauben, unsere Realität sei die einzige." (Greene, 2012:16; siehe Kapitel „Unendlich viele Welten")

Wenn Schrödingers Katze tot und lebendig zugleich ist, dann muss es, folgert Greene, unendlich viele Welten geben, in denen die Katze lebt, und unendlich viele Welten, in denen sie tot ist. Das entspricht Max Tegmarks Satz, jede Version von Geschichte, die man sich vorstellen könne, ereigne sich tatsächlich in einem Quantenparalleluniversum. Das Problem ist nur, dass jede dieser Wirklichkeiten vor allen anderen verborgen ist. Aus der „Viele-Welten-Theorie" ergibt sich, dass es unendlich viele „alternative geschichtliche Abläufe" gibt. Die Frage ist dann nicht, dass es hätte auch anders kommen können, sondern Faktum ist, dass es auch tatsächlich anders kam. Eine Quantentheorie der Geschichte muss im Mikrobereich arbeiten, in der Welt der kleinsten Teilchen, die sich genauso verrückt und koboldartig benehmen wie in der Physik.

„Die Geschichte neu schreiben" fordert Brian Clegg. Alles laufe, und wenn es noch so lange her ist, auf eine Illusion hinaus. Nicht nur der Pfeil Zenons (siehe Kapitel „Die Welt ist Mathematik"), auch der Urknall ist mysteriös: „Das Universum könnte gestern, letzten Monat, letztes Jahr oder vor 14 Milliarden Jahren – wie es tatsächlich der Fall zu sein scheint – begonnen haben... Wäre unser Universum gestern in einem Simulator für Quantenuniversen entstanden, gäbe es absolut keinen Unterschied zwischen diesem und dem bereits seit 14 Milliarden Jahren existierenden Universum." Vielleicht, so Clegg, leben wir wirklich in der „Computersimulation eines

Universums". Vielleicht werde der Simulator schon morgen entdeckt. In diesem Fall könnten die Wesen, die das Universum betreiben, „hereinschauen und Hallo sagen. Ob wir sie von Göttern unterscheiden könnten, ist eine andere Angelegenheit." (Clegg, 2012:290f.)

Was die philosophischen Grundlagen einer Quantenphysik der Geschichte betriffft, gibt Slavoj Žižek in seinem bravourösen Buch „Weniger als Nichts" eine Anregung: „Die ultimative philosophische Konsequenz der Quantenphysik liegt vielleicht darin, dass sie in ihren brillantesten und kühnsten Experimen= ten zeigen kann, dass nicht die Realitätsbeschreibung, die sie liefert, unvollständig ist, sonder dass die Realität selbst ontologisch ‚unvollständig', unbestimmt ist – der Mangel, den wir für eine Wirkung unseres beschränkten Wissens über die Realität halten, ist Teil der Realität selbst." (Žižek, 2012:1257)

Die Geschichte neu zu schreiben bedeutet, neue Grundlagen einzuführen, die über die bisher zugrundegelegten Kriterien weit hinausgehen. Alles gehorcht einigen ubiquitären Prin= zipien: dem Verkettungs-Prinzip, dem Schlüssel-Schloss-Prinzip, den chemischen Bindungen, dem Axiom der Gegen= satzpaare, der Mathematik, der Spiral- und der Kristallform, der Knospung, der Unvereinbarkeit des majestätisch lang= samen galaktischen Makrokosmos mit dem spukhaft quirligen koboldhaften Mikrokosmos, der Welt des Zufalls und des Chaos, der Synchronizität und der Zauberformel, dass

Gedanken schneller sind als das Licht, der verborgenen Identität von Eros und Thanatos. „Das Paradox des Todes= triebes ist strikt homolog zu dem des Higgs-Feldes: Unter dem Aspekt der libidinösen Ökonomie ist es ‚billiger' für das System, den Kreislauf des Triebes immer wieder zu durchlaufen, als im Zustand der absoluten Ruhe zu bleiben." (Žižek: 2012:1285, Anm.62)

Wenn man Einsteins Aussage ernst nimmt, dass der Unterschied zwischen Vergangenheit, Gegenwart und Zukunft eine hartnäckige Illusion ist, dann müsste man eigentlich die Zeit aus der Geschichte eliminieren. An ihre Stelle würde die Zeitlosigkeit rücken. Eine zeitlose Geschichtsschreibung wäre neu zu entdecken, in der Zeitangaben nur als relative Bezugs= punkte vorkommen, nie ohne zu berücksichtigen, dass Zeit eine Illusion ist.

Isoliert betrachtet existiert die Zeit tatsächlich nicht. Die Ereignisse der Vergangenheit und der Zukunft sind im kosmischen Maßstab in alle Ewigkeit präsent. Ein neuer Ansatz der Historiographie könnte eine Art Kamerarückfahrt von den unzähligen, zufällig zusammengwürfelten, unvor= stellbar winzigen „Legosteinen" der Geschichte sein, bis sich möglicherweise ein emergenter Überblick bietet, ein Gesamtbild, eine zeitlose Weltraum-Weltgeschichte. Die Legosteine sind ein Symbol für einer gigantische Zersplitterung der Welt. Aber gleichzeitig wird die Gegenkraft wirksam, die die Geschichte von Anfang an zusammen=gehalten hat: eine symbiotische Emergenz. Die Geschichte ist eine Emanation des Nichts. Wo ein Schlüssel ist, ist auch ein Schloss – und umgekehrt.

Literaturverzeichnis

Abbott, B. P., et al.: Observation of Gravitational Waves from a Binary Black Hole Merger. In: Physical Review Letters. 2016,

Abe, Masao: Zen and the Western Thought. Honolulu, 1985

Adler, Adam, Mackwitz, Hanswerner: Öko-Tricks und Bio-Schwindel, Wien, Frankfurt, Bern, 1990 (Adam Adler = Pseudonym von Wolfgang Hingst)

Agnew, Neville, Demas, Martha: Rettung der Hominiden-Spuren von Laetoli. In: Spectrum der Wissenschaft. Dossier Die Evolution des Menschen, 2004

Althaus, Tilmann: Frühes Universum: Erste Galaxien entstan= den früher als angenommen. In: Spectrum der Wissenschaft, 12. 4. 2011

Anderson, P. W.: Plamons, Gauge Invariance and Mass. In: Physics Review 1963, 130, S. 439

Arndt, Markus, Nairz, Olaf, Voss-Andreae, Julian, Keller, Claudia, van der Zouw, Gerbrand, Zeilinger, Anton: Wave-particle duality of C_{60} molecules. In: *Nature*. 401, Nr. 6754, 1999, S. 680–682

Arzt, Thomas, Gräfin Dürckheim, Maria Hippius, Dollinger, Roland (Hg.): Unus Mundus. Kosmos und Sympathie. Beiträge zum Gedanken der Einheit von Mensch und Kosmos. Franfurt/M., 1992

Avery, Oswald T., Colin, M. MacLeod, McCarty, Maclyn: Studies on the chemical nature of the substance inducing transformation of pneumococcal types. Induction of trans= formation by a desoxyribonucleic acid fraction isolated from pneumococcus type III. In: Jounal of Experimental Medicine, Bd. 79, Nr. 2, 1944:137–158

Ball, Philip: H_2O. Biographie des Wassers. Aus dem Englischen von Helmut Reuter. München, Zürich, 2. Aufl. 2002 (Originaltitel: H_2O. A Biography of Water, London 1999)

Barad, Karen: Meeting the Universe Halfway. Quantum Physics and the Entanglement of Matter and Meaning. 2007

Başar, Erol, Roth, Gerhard: Ordnung aus dem Chaos: Kooperative Gehirnprozesse bei kognitiven Leistungen. In: Küppers, Günter (Hg.): Chaos und Ordnung. Formen der Selbstorganisation in Natur und Gesellschaft. Stuttgart, 1996

Başar, Erol, Roth, Gerhard: Ordnung aus dem Chaos: Kooperative Gehirnprozesse bei kognitiven Leistungen. In: Küppers (Hg.): Chaos und Orndung, 1996

Bell, Elizabeth A., Boehnke, Patrick, Harrison, T. Mark, Mao, Wendy L.: Potentially biogenic carbon preserved in a 4.1 billion-year-old zircon. PNAS, November 24, 2015 | vol. 112 | no. 47, 14518–14521

Benson, Michael: Otherworlds. Reise durch das Sonnen=system. Austellung des Naturhistorische Museums 2016

Bianconi, E., et al.: An estimation of the number of cells in the human body. Ann. Human Biol. 40, 463-471

Bischof, Marco: Biophotonen. Das Licht in unseren Zellen. Frankurt/M., 1995

Blech, Jörg, Grolle, Johann: „Die neue Ära der Physik", Spiegel-Gespräch mit Lisa Randall, in: Der Spiegel, 4/2006

Blech, Jörg, von Bredow, Rafaela: „Zellen zum Gedanken=lesen". Spiegel-Gespräch mit dem amerikanischen Neuro=logen Vilayanur Ramachandran, in: Der Spiegel 10/2006

Bottini, Oliver: Das Große O.W.Barth-Buch des Zen. Bern, München, Wien, 2002

Bredow, Rafaela von. Grolle, Johann: „Was ist ein ‚Was'?", Gespräch mit Derek Bickerton, in: Der Spiegel 43/2002

Breuer, Reinhard, Könneker, Carsten: „Es geht ans Einge=machte", Interview mit dem Neurobiologen Gerhard Roth und dem Philosophen Gerhard Vollmer. In: Spektrum der Wissenschaft, Dossier Grenzen des Wissens, 2/2002

Briggs, John, Peat, F. David: Die Entdeckung des Chaos. Eine Reise durch die Chaos-Theorie. München, Wien, 1990

Burckhardt, Jacob: Weltgeschichtliche Betrachtungen. Stutt=gart, 1955 (Erstausgabe 1905)

Campbell, Joseph: Die Kraft der Mythen. Bilder der Seele im Leben des Menschen. In Zusammenarbeit mit Bill Moyers. Zürich und München, 1989

Campbell, Joseph: Die Kraft der Mythen. Bilder der Seele im Leben des Menschen. In Zusammenarbeit mit Bill Moyers. Zürich und München, 1989

Capelle, Wilhelm: Die Vorsokratiker. Leipzig, 1935

Capra, Fritjof: Wendezeit. Bausteine für ein neues Weltbild. Franfurt/Main, 1983

Chossudovsky, Michel: Global brutal. Der entfesselte Welt=handel, die Armut, der Krieg. Frankfurt/M., 2002

Clegg, Brian: Vor dem Urknall. Eine Reise hinter den Anfang der Zeit. Reinbek bei Hamburg, 2012

Colella, H., Overhauser, A.W., Werner, S.A.: Observation of Gravitationally Induced Quantum Interference, Phys. Rev. Lett. 34 (1975) S. 1472

Conway, Morris Simon: „Delphine waren uns überlegen". Spiegel-Gespräch mit dem Evolutionsbiologen Simon Conway Morris, in: Der Spiegel 40/2003

Csikszentmihalyi, Mihaly: Kreativität. Stuttgart, 2000

Damasio, Antonio R.: Wie das Gehirn Geist erzeugt, in: Spektrum der Wissenschaft, Dossier Grenzen des Wissens, 2/2002

Darwin, Charles: On the Origin of species by means of natural selection, 2. Aufl. London, 1860

De Broglie, Louis-Victor Pierre Raymond: Recherches sur la théorie des quanta. Diss.. Paris, 1924

Demandt, Alexander: Kleine Weltgeschichte. München, 2003

Der Spiegel 32/2016: „Das Leben entstand nur einmal". Interview mit William Martin, Univ. Düsseldorf

Der Spiegel 7/2001, Sensor fürs Sakrale, Prisma

Der Spiegel: Eine hartnäckige Illusion, 15.05.1989

Der Spiegel: Schnalzlaute im Paradies, 6/1992

Die Bibel in der Einheitsübersetzung der Heiligen Schrift. Klosterneuburg, 1980

Diels, Hermann: Die Fragmente der Vorsokratiker, Hamburg, 1957

Dodd, Matthew S., Papineau, Dominic, Grenne, Tor, Slack, John F., Rittner, Martin, Pirajno, Franco, O'Neil, Jonathan, Little, Crispin T. S.: Evidence for early life in Earth's oldest hydrothermal vent precipitates. In: *Nature.* Bd. 537, 2017, S. 60–64

Dworschak, Manfred: Meuterer gegen die Königin, in: Der Spiegel 25/2000

Dworschak, Manfred: Todeszone der Mathematik. In: Der Spiegel 51/2015

Eckermann, Johann Peter: Gespräche mit Goethe. Leipzig 1884

Eddington, Arthur Stanley: Why I Believe in God: Science and Religion, as a Scientist Sees It. Haldeman-Julius Publications, 1930

Edward N. Lorenz: Predictability: Does the Flap of a Butterfly's Wings in Brazil Set Off a Tornado in Texas. 1972

Einstein, A., Born, M.: Briefwechsel 1916-1955. München, 1991

Einstein, Albert: Mein Weltbild. Hg. v. Carl Seelig, Zürich 2005 (Erstveröffentlichung 1934)

Endres, Franz Karl, Schimmel, Annemarie: Das Mysterium der Zahl. Zahlensymbolik im Kulturvergleich. Köln, 1985

Engeln, Henning: Pilze. Weder Tier noch Pflanze. In: GEO-Kompakt Nr. 23, 2010, Seite 127ff.

Engeln, Henning: Vom Killeraffen zum Kulturbanausen. Der Paläoanthropologe Phillip Tobias zieht Bilanz nach hundert Jahren Urmenschenforschung. Gespräch mit Henning Engeln. In: Die Zeit, 23.12.2002

Erkelens, Herbert van: Wolfgang Pauli und der Geist der Materie. Studien aus der Existential-psycholog. Bildungs– und Begegnungsstätte Todtmoos-Rütte Bd. 7, herausgegeben v. Thomas Arzt et al., Würzburg 2002

Ette, Ottmar: Alexander von Humboldt und die Globalisierung: Das Mobile des Wissens. Frankfurt/Main, 2009

Evers, Marco, Traufetter, Gerald: „Da explodierte gerade etwas", in: Der Spiegel 8/2004

Evers, Marco: Zauberer der Gene, in: Der Spiegel, 49/2002

Feyerabend, Paul: Wider den Methodenzwang. Frankfurt am Main, 1986

Feynman, Richard P.: QED – The strange theory of light and matter, Princeton University Press 1985

Fischer, Ernst Peter: „Was ist Leben?" – mehr als vierzig Jahre später. In: Erwin Schrödinger: Was ist Leben? Ein=führung. 12. Aufl., München 2012

Fort, Charles Hoy: Lo! New York, 1931 (deutsch : Da ! Frankfurt/Main, 1997)

Fort, Charles Hoy: Wild Talents. New York, 1932 (deutsch : Wilde Talente, Frankfurt/Main, 1997)

Franz, Marie-Louise von: Wissen aus der Tiefe. Über Orakel und Synchronizität. München, 1987

Franz, Marie-Louise von: Zahl und Zeit, Psychologische Überlegungen zu einer Annäherung von Tiefenpsychologie und Physik. Rotenburg ob der Tauber, 1970

Friedman, J. I., Kendall, H. W., Taylor, R. E: Experimental Search for a Heavy Electron, DOE Technical Report, September 1967

Fritzsch, Harald: Das absolut Unveränderliche. Die letzten Rätsel der Physik. München, Zürich, 2. Aufl. 2005

Fritzsch, Harald: Das absolut Unveränderliche. Die letzten Rätsel der Physik. München, Zürich, 2005

Gärtner, Harald: Biologie. Grundwissen und Gesetze, 2009

Gell-Mann, Murray: A schematic model of baryons and mesons. In: *Physics Letters B.* Band 8, 1964, S. 214

Gell-Mann, Murray: „Beauty and truth in physics", Vortrag März 2007 in Monterey, Californien, TED TV – Ideas worth spreading

Gerlich, Stefan , Eibenberger, Sandra, Tomandl, Mathias, Nimmrichter, Stefan, Hornberger, Klaus, Fagan, Paul J. , Tüxen, Jens, Mayor, Marcel, Arndt, Markus: Quantum interference of large organic molecules. In: Nature Communications 2, 2011, Article 263

Gillessen, S. *et al.*: Monitoring Stellar Orbits Around the Massive Black Hole in the Galactic Center. In: Astroph. Journ.. Bd. 692, 2009

Gleick, James: Chaos – die Ordnung des Universums. Mün= chen, 1987

Goethe, Johann Wolfgang von: Werke. Hamburger Ausgabe, München, 1986

Goethe, Johann Wolfgang: Die Wahlverwandtschaften. Ro= man. In: Goethes Wekre, Hamburger Ausgabe in 14 Bänden, hg. v. Erich Trunz, Band 6, 14. Aufl. 1996

Gray, Theodore: Die Elemente. Bausteine unserer Welt. Köln, 2013 (Originalausgabe: „The Elements. A Visual Exploration of Every Known Atom in the Universe", 2010)

Greene, Brian: Das elegante Universum. Superstrings, verborgene Dimensionen und die Suche nach der Weltformel. München, 2000 (Originaltitel: The Elegant Universe, Oxford, 1999)

Greene, Brian: Der Stoff aus dem der Kosmos ist: Raum, Zeit und die Beschaffenheit der Wirklichkeit. München, 2004

Greene, Brian: Die verborgene Wirklichkeit. Paralleluniversen und die Gesetze des Kosmos. München, 2012 (Originaltitel: The Hidden Reality. Parallel Universes an the Deep Laws of the Cosmos. New York, 2011)

Grolle, Johann, Koch, Julia: „Einfach und schön". Interview mit A. Beutelspacher. In: Der Spiegel, 50/2004

Grolle, Johann: Baustoff der Gedanken. In: Der Spiegel 42, 2003

Grolle, Johann: Fahndung im Buchstabensalat, in: Der Spiegel, 36/2005

Grolle, Johann: Labor der Geheimnisrkämer. In: Der Spiegel 21/2016 (21. 5. 2016), S. 112f.

Groth, Jürgen: Meine Moleküle – deine Moleküle. Berlin, 2013

Gumbrecht, Hans Ulrich: Die Nachhaltigkeit von Erwin Schrödingers Denken. In: Geist und Materie – Was ist Leben? Zur Aktualität von Erwin Schrödinger. Aus dem Englischen von Sabine Baumann. Frankfurt/Main, 2008

Gumbrechtt, Hans Ulrich et al.: Geist und Materie – Was ist Leben? Zur Aktualität von Erwin Schrödinger. Frankfurt/Main, 2008

Guth, Alan: Die Geburt des Kosmos aus dem Nichts. Die Theorie des inflationären Universums. Aus dem Amerika= nischen von Gerhard Ingold und Martina Sonntag. München, 2002 (Original: The Inflationary Universe, 1997)

Guth, Alan: Inflationary universe: A possible solution to the horizon and flatness problems, Physical Review D, Band 23, 1981

Haag, Günter: Modelle zur Stabilisierung chaotischer Prozesse in der Ökonomie. In: Küppers, Günter (Hg.): Chaos und Ordnung. Formen der Selbstorganisation in Natur und Gesellschaft. Stuttgart, 1996

Haag, Günter: Modelle zur Stabilisierung chaotischer Pro= zesse in der Ökonomie. In: Küppers (Hg.): Chaos und Orndung, 1996

Hagner, Michael (Hg.): Ansichten der Wissenschafts= geschichte. 2001

Haken, Hermann: Die Selbstorganisation komplexer Systeme – Ergebnisse aus der Werkstatt der Chaostheorie. Wien, 2004

Hall, Edwin H.: On a New Action of a Magnet on Electric Currents. In: American Journal of Mathematics. Bd.2, 1879, S. 287–292

Hamel, Jürgen: Geschichte der Astronomie. Essen, 2004

Han, Jian, Morris et al.: Meiofaunal deuterostomes from the basal Cambrian of Shaanxi (China), nature 21072, 30. 1.2017

Harrison, Robert Pogue: Schrödinger über Gesit und Materie. . In: Geist und Materie – Was ist Leben? Zur Aktualität von Erwin Schrödinger. Aus dem Englischen von Sabine Baumann. Frankfurt/M., 2008

Hartmann, William K., Davis, Donald R.: Satellite-sized planetesimals and lunar origin. In: Icarus. Band 24, Nummer 4, 1975, S. 504–515

Hartmut Abele, Helmut Leeb: Gravitation and quantum interference experiments with neutrons, New Journal of Physics 14 (2012)

Hawking, Stefen: Einsteins Traum. Expeditionen an die Grenzen der Raumzeit. Reinbek bei Hamburg, 2005

Hawking, Stephen, Mlodinow, Leonard: Der große Entwurf. Eine neue Erklärung des Universums. Reinbek bei Hambur, 2010

Hawking, Stephen: Das Universum in der Nussschale. Ham= burg, 2001

Hegel, Georg Wilhelm Friedrich: Encyclopädie der philosophischen Wissenschaften im Grundrisse. In zweiter Auflage neu herausgegeben von Georg Lasson. Sämtliche Werke, Band V. Leipzig, 1911

Heiden, Uwe an der: Chaos und Ordnung, Zufall und Notwendigkeit. In: Günter Küppers (Hg.): Chaos und Ordnung. Formen der Selbstorganisation in Natur und Gesellschaft. Stuttgart, 1996

Hemleben, Johannes: Galileo Galilei. Reinbek bei Hamburg, 1991

Herschel, William: Über den Bau des Himmels. Abhandlungen über die Struktur des Universums und die Entwicklung der Himmelskörper 1784-1814. Hrsg. Von Jürgem Hamel. Frankfurt a. M. 2001 (= Ostwalds Klassiker der exakten Wissenschaften, Band 288)

Hershey, A., Chase, M.: Independent Function of Viral Protein and Nucleic Acid in Growth of Bacteriophage. In: Journal of General Physiology 36, 1952:39-56

Hingst, Wolfgang: Botschaften aus der Zukunft, Petersberg, 2011

Hingst, Wolfgang: Handy-Fieber. Wien, 1999, Zweite Auflage: 2001

Hingst, Wolfgang: Immunologie. Im menschlichen Körper wehrt sich ein vernetztes System auf natürliche Weise gegen Angriffe von Viren, Mikroorganismen und Krebszellen. Wien, 1992

Hingst, Wolfgang: Lise Meitner war keineswegs „die Mutter“ der A-Bombe. www.5nach12, 2014

Hingst, Wolfgang: Paradies oder Weltuntergang – wir haben die Wahl. Soziale, ökonomische und ökologische Überlebensmodelle gegen das Versagen von Wirtschaft, Wissenschaft und Politik. Zürich, 2003

Hingst, Wolfgang: Total meschugge. Alles ist ein Witz. Humoristisch betrachtete „Verrücktheiten“ im Himmel und auf Erden, in Wissenschaft und Kunst. Wien, 2006

Hingst, Wolfgang: Zeitbombe Gentechnik. Wien, 1988

Hingst, Wolfgang: Zeitbombe Radioaktivität. Wien, 1987

Hoffmann, Klaus: Schuld und Verantwortung: Otto Hahn – Konflikte eines Wissenschafttlers, 1993

Hoffmann, Yoel: 281 Zen Koans with answers. New York, 1977

Holleman, A. F., Wiberg, Egon: Lehrbuch der Anorganischen Chemie. Berlin, 1964

Huber, Johannes: Im Bannkreis der Sphinx. Gentechnik: Die Entschlüsserlung des Lebens begründet eine theologische Relativitätstheorie und eine neue Medizin. Wien,

Hunklinger, Siegfried: Festkörperphysik. München, Wien, 2007

Iwanenko, Dmitri, Gapon, Jewgeni: Zur Bestimmung der Isotopenzahl, Naturwissenschaften, Bd. 20, 1932, S.792

Jung, C. G.: Archetypen. München, 2001

Jung, C. G.: Symbolik des Geistes. Studien über psychische Phänomenologie mit einem Beitrag von Riwkah Schärf. Zürich, 1947

Jungk, Robert: Heller als tausend Sonnen. Das Schicksal der Atomforscher, Hamburg 1980

Kaft, Ulrich, Niehaus, Jochen: Die Suche nach dem Ich, in: Profil, 30.7.2001

Kanitscheider, Bernulf: Philosophische Reflexion über Chaos und Ordnung. In: Peitgen, Heinz-Otto, Jürgens, Hartmut, Saupe, Dietmar: Chaos: Bausteine der Ordnung, Stuttgart, 1994

Kay, Lily E.: The Molecular Vision of Life. 1993

Kay, Lily E.: Wer schrieb das Buch des Lebens? In: Ansichten der Wissenschaftsgeschichte, hg. von Michael Hagner, Frankfurt/Main, 2001 (ursprünglich 1994 erschienen)

Kay, Lily E.: Who Wrote the Book of Life? 1999

Kegel, Bernhard: Die Herrscher der Welt. Wie Mikroben unser Leben bestimmen. Köln, 2015

Kekulé, August: Ueber einige Condensationsproduckte des Aldehyds. Liebigs Ann. Chem. 1872, 162 (1), S. 77-124

Kesten, Dietmar: 60 Jahre Bau der Atombombe. März, 2003

Kippenhahn, Rudolf: 100 Milliarden Sonnen. Geburt, Leben und Tod der Sterne. München, 4. Aufl. 1984

Kleine, Thorsten, Palme, Herbert, Mezger, Klaus, Halliday, Alex N.: Hf-W Chronometry of Lunar Metals and the Age and Early Differentiation of the Moon. In: *Science*. Band 310, Nummer 5754, 2005, S. 1671–1674

Klitzing, K. von, Dorda, G, Pepper, M.: Phys. Rev. Lett. 45, 494 (1980)

Knauer, Roland: Landleben in der Urzeit. In: Wiener Zeitung, 17. 11. 2016

Koch, Julia: Deutsch für Hunde. In: Der Spiegel 25/2004

Koch, Luitgart: Eine komplizierte Pionierin. Mika Kaurismäki über seinen Film über Königin Christina von Schweden und warum er in Schweden nicht gezeigt wird. In: Wiener Zeitung, 5. 8. 2016, Seite 19

Koestler, Arthur: Die Wurzeln des Zufalls. Frankfurt/M., 1974

Kohn, Walter: Electronic structure of matter – wave functions and densityfunctionals. Nobelpreis-Vortrag 1999

Korčák, Jaromír: Deux types fondamentaux de distribution statistique. In: Bull. de l'Institute International de Statistique. vol. 3, Prag, 1938, S. 295–299

Kornfield, Jack: Das Tor des Erwachens. Wie Erleuchtung das tägliche Leben verändert. München, 2001

Kramar, Thomas: Angriff auf die Dunkle Energie. In: Die Presse, Wien, 19. 6. 2008

Kramar, Thomas: Mindestens 10.000mal so schnell wie das Licht. In: Die Presse, 16. 8. 2008

Kramar, Thomas: Neutrino, das Teilchen mit zwei Massen. In: Die Presse, Wien 23. 7. 2008

Krauss, Lawrence M.: Ein Universum aus dem Nichts... und warum da trotzdem etwas ist. Aus dem Amerikanischen von Helmut Reuter. München, 2013 (Original: A Universe from Nothing", New York, 2012)

Kreibich, Rolf: Von der konkreten Utopie zur realen Vision. Nachhaltige Entwicklung in der Zeit des globalen Kapitalis= mus, 1. Juni 2000. www.izt.de/veröffentlichungen.
Küppers, Günter (Hg.): Chaos und Ordnung. Formen der Selbstorganisation in Natur und Gesellschaft. Stuttgart, 1996
Küppers, Günter (Hg.): Chaos und Ordnung. Formen der Selbstorganisation in Natur und Gesellschaft. Stuttgart, 1996
Lane, Nick: Leben: verblüffende Erfindung der Evolution. Darmstadt, 2013
Landscheidt, Theodor: Wir sind Kinder des Lichts. Kosmisches Bewusstsein als Quelle der Lebensbejahung. Freiburg im Breisgau, 1987
Lane, Nick: Leben. Verblüffende Erfindungen der Evolution. Aus dem Englischen von Ilona Hauser. Darmstadt, 2013 (Original: Life Ascending. The Ten Great Inventions of Evolution. London, 2009)
Lange, Axel: Darwins Erbe im Umbau. Die Säulen der Erweiterten Synthese in der Evolutionstheorie. Würzburg, 2012
Langenbach, Jügen: Den Menschen neu bauen, von Grund auf, „from scratch“? In: Die Presse, 7. 6. 2016
Langenbach, Jürgen: Kam das Leben schon vor über vier Milliarden Jahren? In: Die Presse, 21.10. 2015
Langenbach, Jürgen: Wie nahe ist das Ende? In: Die Presse, Wien, 12. 3. 2008
Langenbach, Jügen: Meister des Worts. In: Die Presse, 31.12.2004

Laotse: Taoteking. Das Buch des Alten vom Sinn und Leben. Aus dem Chinesischen verdeutscht und erläutert von Richard Wilhelm. Düsseldorf-Köln, 1957

Laplace, Pierre Simon de: Philosophischer Versuch über die Wahrscheinlichkeit, 1814. Zitiert nach

Laughlin, Robert Betts: Abschied von der Weltformel. Die Neuerfindung der Physik. Aus dem Amerikanischen von Helmut Reuter. München, Zürich, 4. Auflage 2008 (Original= titel: A Different Universe – Reinventing Physics from the Bottom Down, New York, 2005)

Laughlin, Robert Betts: Das Verbrechen der Vernunft. Betrug an der Wissenschaft. Aus dem Englischen von Michael Bischoff. Frankfurt/Main, 2008 (Originalausgabe)

Laughlin, Robert Betts: Der Urknall ist nur Marketing. In: Der Spiegel 1/2008

Laughlin, Robert Betts: Schrödingers Problem. Oder: Was bei der Erfindung der Quantenmechanik nicht logisch zu Ende gedacht wurde. In: Gumbrechtt, Hans Ulrich et al.: Geist und Materie – Was ist Leben? Zur Aktualität von Erwin Schrödinger. Frankfurt/Main, 2008, Seite 44 ff.

Laughlin, Robert Betts: Abschied von der Weltformel. Die Neuerfindung der Physik. München, 2007 (Original: A different Universe – Reinventing Physics from the bottom down, 2005)

Lemaître, Georges: Un Univers homogene de masse con= stante et de rayon croissant rendant compte de la vitesse radiale des nebuleuses extra-galactiques. In: Annales de la Societe Scientifique de Bruxelles, A47, 1927, S. 49–59

Levy, David M., Peart, Sandra J.: Eugenics Rides a Time Machine: H. G. Wells's outline of genocide". Reason Magazine. 26 March 2002

Lewes, G. H.: Problems of Life and Mind. (First Series), vol. 2, London 1875

Linhart, Andreas: Prof. Quantingers Welt, in: News 48/05

Löffler, Stefan: „Scheitert China, so scheitert die Welt". Interview mit Maurice Strong. In: Der Standard, Wien, 11. Juli 2009, Album, A 3

Lorenz, Edward N.: Deterministic Nonperiodic Flow. In: Jour= nal of the Atmospheric Sciences, Vol. 20, No. 2, März 1963, S. 130-141

Lorenz, Edward N.: Predictability: Does the Flap of a Butterfly's Wings in Brazil Set Off a Tornado in Texas? 1972

Lorenz, Konrad: Die Rückseite des Spiegels. Versuch einer Naturgeschichte menschlichen Erkennens. München, Zürich, 2. Aufl., 1999

Luyken, Reiner: Der Krieg der Knochenjäger, in: Die Zeit, 25. Juni 2002

Macrone, Michael: Heureka! Das archimedische Prinzip und 80 weitere Versuche, die Welt zu erklären. Eine kleine Geschichte unseres Denkens von der Antike bis heute. Wiesbaden, 2004

Mainzer, Klaus: Der Kreative Zufall. Wie das Neue in die Welt kommt. München, 2007

Mainzer, Klaus: Die Berechnung der Welt. Von der Weltformel zu Big Data. Müchen, 2014

Malewitsch, Kasimir: Suprematismus. Die gegenstandslose Welt. Köln, 1962

Malin, David: Das unsichtbare Universum. Köln, 1999

Mancuso, Stefano, Viola, Alessandra: Die Intelligenz der Pflanzen. Übersetzung: Christina Ammann. München, 2015

Mandelbrot, Benoît: Les objets fractals, forme, hasard et dimension, 1975 (englische Übersetzung: Fractals: Form, Chance and Dimension, 1977)

Mandelbrot, Benoît: The Fractal Geometry of Nature. New York, 1977

Mandelbrot, Benoît:: Die fraktale Geometrie der Natur. Basel/ Boston 1987

Marx, Karl, Engels, Friedrich: Der achtzehnte Brumaire des Louis Bonaparte, Karl Marx/Friedrich Engels - Werke, Band 8, Berlin, 1982

Mayr, Ernst: Das ist Biologie – Die Wissenschaft des Lebens. Heidelberg, Berlin 2000

Meier, Carl Alfred (Hg.): Wolfgang Pauli und C. G. Jung. Ein Briefwechsel 1932-1958. Unter Mitarbeit von C. P. Enz und M. Fierz. Berlin, 1992

Mendelejew, Dmitri Iwanowitsch: Ueber die Beziehungen der Eigenschaften zu den Atomgewichten der Elemente. In: Zeitschrift für Chemie. 1869, S. 405–406

Morbidelli, A. et al.: Source regions and timescales for the delivery of water to the Earth. Meteoritics & Planetary Science 35, 2000

Musil, Robert: Der Mann ohne Eigenschaften. Band 1, Reinbek bei Hamburg, 1983 (Sonderausgabe)

Musil, Robert: Der Mann ohne Eigenschaften. Band 2, Rein=bek bei Hamburg, 1981 (Sonderausgabe)

O'Neil, Jonathan, Carlson, Richard W., Francis, Don, Stevenson, Ross K.: Neodymium-142 Evidence for Hadean Mafic Crust, Science 26 Sep 2008:Vol. 321, Issue 5897, pp. 1828-1831

Oberhummer, Heinz: Kann das alles Zufall sein? Geheimnis=volles Universum. Salzburg, 2008

O'Neil, Jonathan, Carlson, Richard W., Francis, Don, Stevenson, Ross K.: Neodymium-142 Evidence for Hadean Mafic Crust. Science, Bd. 321, Nr. 5897, 26. September 2008, S. 1828–1831

Pauli, Wolfgang: Der Einfluss archetypischer Vorstellungen auf die Bildung naturwissenschaftlicher Theorien bei Kepler. In: Jung/Pauli, Naturerklärung und Psyche. Zürich 1952

Peat, F. David: Synchronizität. Die verborgene Ordnung. Das sinnvolle Zusammentreffen kausal nicht verbundener Geschehnisse – die moderne Wissenschaft auf der Suche nach dem zeitlosen Ordnungsprinzip jenseits von Zufall und Notwendigkeit. Bern, München, 1989 (Das amerikanische Orginal erschien 1987)

Pietschmann, Herbert: Geschichten zur Teilchenphysik. Physiker sind auch Menschen. Wien, 2007

Platon: Sämtliche Werke, nach der Übersetzung von Friedrich Schleiermacher und Hieronymus Müller hg. V. Walter F. Otto, Ernesto Grassl und Gert Plamböck. Hamburg, 1958

Radisch, Iris: „Das Absurde ist unserer Natur", Interview mit Andrej Bitow, in: Die Zeit, 9.10.2003

Rauner, Max, Schnabel, Ulrich: Gravitationswellen: Der Geburtsschrei des Universums erreicht die Erde. Astrophysiker wollen Gravitationswellen aus der ersten Sekunde nach dem Urknall nachgewiesen haben. Erfährt die Menschheit damit endlich, wie alles begann? In: Die Zeit, 17.3.2014

Rees, Martin: Unsere letzte Stunde. Bertelsmann Verlag, München, 2003

Riedl, Rupert: Clarissa oder das blaue Kamel. Wien, 2003

Riedl, Rupert: Evolution und Erkenntnis. Antworten auf Fragen aus unserer Zeit. München, Zürich, 1990

Ringbauer, M., Duffus, B., Branciard, C., Cavalcanti, E.G., White, A.G., Fedrizzi, A.: Measurements on the reality of the wavefunction. *Nature Physics.* Vol. 11, 249–254 (2015)

Robert B. Laughin: Schrödingers Problem. Oder: Was beid er Erfindung der Quantenmechanik nicht logisch zu Ende gedacht wurde. . In: Geist und Materie – Was ist Leben? Zur Aktualität von Erwin Schrödinger. Aus dem Englischen von Sabine Baumann. Frankfurt/Main, 2008

Rosenbladt, Sabine: Gentechnologie (Serie). Natur 9/1987 – 6/1988

Rufu, Raluca, Aharonson, Oded, Perets, Hagai B.: A mulitple-impact origin for the Moon. Nature Geocience, 9. 1. 2017

Russell, Bertrand: The Philosophy of Logical Atomism, 1918, in: The Collected Papers of Bertrand Russell, 1914-19, Vol 8

Scheider, Gerhard (Hg.): Psychoanalyse und Bildende Kunst. Tübingen, 1999

Schrödinger, Erwin: Die gegenwärtige Situation in der Quantenmechanik. In: Die Naturwissenschaften 23, 1935, S. 807, 823, 844

Schrödinger, Erwin: Geist und Materie. Hg. von W. Westphal. (Originaltitel: Mind and Matter, Cambridge, 1956) Braun=schweig, 1959

Schrödinger, Erwin: Was ist Leben? Die lebende Zelle mit den Augen des Physikers betrachtet. Einführung von Ernst Peter Fischer. Ungekürzte Taschenbuchausgabe Müchen 2012, basierend auf der Ausgabe München, 1987 (Originaltitel: „What is Life?“ Cambridge, 1944)

Schrott, Raoul: Erste Erde Epos. München, 2016

Schüring, Joachim: Wie viele Zellen hat der Mensch? In: Spektrum der Wissenschaft, 27.7.2003

Seidl, Achim: Das Weisheitsbuch des Zen. Koans aus dem Bi-Yän-Lu. München, Wien, 1988

Seiffert, Erik R., Perry, Jonathan M. G., Simons, Elwyn L. und Boyer, Doug M.: Convergent evolution of anthropoid-like adaptations in Eocene adapiform primates. Nature 461, 2009

Springer, Michael: Die Wirklichkeit der Natur. Spektrum der Wissenschaft 2/2016, Seite 50ff.

Stampf, Olaf: *Der erschöpfte Schöpfer.* In: Der Spiegel 52/1998

Stampf, Olaf: Zeugung aus dem All. In: Der Spiegel 32/2002

Stanzl, Eva: Fremde Lebenswelten im All. In: Wiener Zeitung, 12.5.2016, Seite 20

Stanzl, Eva: Milliarden von winzigen Freunden . In: Wiener Zeitung, 14./15.5.2016, Seite 29

Stapp; H.P.: Light as a Foundation of Being. In: Quantum Implications. London, 2007, S. 257

Suzuki, Shunryu: Zen-Geist – Anfänger-Geist. Aus dem Amerikanischen von Silvius Dornier und Pirmin Ragg. Zürich, 5. Aufl. 1990 (Originaltitel: Zen Mind, Beginner's Mind, New York, Tokio, 1970)

Taschner, Rudolf: Zahl, Zeit, Zufall. Alles Erfindung? Mün= chen, 2007

Tegmark, Max: Unser mathematisches Universum. Berlin, 2015

Thimm, Kathja, Traufetter, Gerald: Schauder des Schaffens, Gespräch mit dem Lyriker Durs Grünbein und dem Neurowissenschaftler Ernst Pöppel, in: Der Spiegel 51/2000, Seite 215

Traufetter, Gerald: Stimmen aus der Steinzeit, in: Der Spiegel 43/2002

Tryon, Edward P.: Is the Universe a Vacuum Fluctuation?, in Nature, 246 (1973)

Tügel, Hanne: Kreativität. In: GEO, September 2003

Urquhart, J. S. et al.: *The RMS Survey: Galactic distribution of massive star formation*. In: Monthly Notices of the Royal Astronomical Society, 2013

Vašek, Thomas: Zahlen, bitte! In: Profil, 30.8.1999

Vilenkin, Alexander: Physics Letters B, Bd.117, 1982, S.25

Vilenkin, Alexander: The birth of inflationary universes, Physical Review D, Bd. 27, 1983, S.2848

Vollmar, Klausbernd: Das große Handbuch der Farben. Symbolik – Wirkung – Bedeutung. Krummwisch, 2005

Warnke, Ulrich: Der Mensch und die 3. Kraft. Elektroma= gnetische Wechselwirkung zwischen Stress und Therapie. Saarbrücken, 2.Aufl., 1997

Waters, Colin et al.: The Anthropocene is functionally and stratigraphically distinct from the Holocene. Science, 2016

Watson, James D.: Die Doppel-Helix. Hamburg 1969

Wegeler, Franz Gerhard, Ries, Ferdinand:: Biographische Notizen über Ludwig van Beethoven. Koblenz 1838

Weinberg, Steven: Dreams of a Final Theory. New York, 1992

Wells, Herbert George: Geschichte unserer Welt, 1932 (1. deutsche Übersetzung 1926, Originaltitel: A Short History of the World, 1922)

Wigner, Eugen: On the Interaction of Electrons in Metals. In: Physical Review, Bd. 46, Nr. 11, 1934, 1002–1011

Wimmer, Willy: „Alle Gefahren gehen derzeit von den Vereinigten Staaten aus“. In: Zeit-Fragen, 8. 11. 2016

Wöhler, F.: Ueber künstliche Bildung von Harnstoff in Ann. Phys. 88 (1828) 253–256

Zeilinger, Anton: Einsteins Spuk. Teleportation und weitere Mysterien der Quantenphysik. München, Februar 2007

Zhe-Xi Luo: Transformation and diversification in early mammal evolution. Nature, 450, 2007, S. 1011–1019.

Žižek, Slavoj: Weniger als nichts. Hegel und der Schatten des dialektischen Materialismus. Aus dem Englischen von Frank Born. Berlin, 2014 (Original: Less Than Nothing. Hegel and the Shadow of Dialectical Materialism, 2012)

Tabelle der Erdzeitalter

Alter in Millionen Jahren	Zeitalter
4600	Entstehung der Erde
4300	Beginn des Lebens
4000 – 541	**Erdfrühzeit** (Präkambrium)
541 – 252,2	**Erdaltertum** (Paläozoikum)
541 – 485,4	Kambrium
	Kambrische Revolutio
485,4 – 443,4	Ordovizium
443,4 – 419,2	Silur
419,2 – 358,9	Devon
358,9 – 298,9	Karbon
298,9 – 252,2	Perm
252,2 – 66	**Erdmittelalter (Mesozoikum)**
252,2 – 301,3	Trias
um 250	Sibirischer Trapp
201,3 – 145	Jura
145 – 66	Kreide
66 bis heute	**Erdneuzeit (Känozoikum)**
66	Impact im Golf von Mexiko
66 – 2,5	Tertiär
56 – 33,9	Eozän
2,5 bis heute	Quartär
Pleistozän 2,588 – 0,0117	Pleistozän

Über den Autor

Wolfgang Hingst ist Historiker und Jounalist. Jahrzehnte lang war er Redakteur, Reporter, Filmemacher und Dokumentarist im Österreichischen Rundfunk/Fernsehen. Er hat vor allem auf den Gebieten Konsumentenschutz, Umweltschutz, Biolandbau und Energiepolitik gearbeitet. 1990 erhielt er den Konrad-Lorenz-Preis. Neben zahlreichen Essays und Artikeln hat er über ein Dutzend Sachbücher veröffentlicht.